土 力 学

陈洪凯　编著

北京工业大学出版社

图书在版编目（CIP）数据

土力学 / 陈洪凯编著． — 北京：北京工业大学出版社，2022.3
ISBN 978-7-5639-8279-0

Ⅰ．①土… Ⅱ．①陈… Ⅲ．①土力学－高等学校－教材 Ⅳ．①TU43

中国版本图书馆 CIP 数据核字（2022）第 048506 号

土力学

TULIXUE

编　　著：陈洪凯
责任编辑：刘　蕊
封面设计：知更壹点
出版发行：北京工业大学出版社
　　　　　（北京市朝阳区平乐园 100 号　邮编：100124）
　　　　　010-67391722（传真）　bgdcbs@sina.com
经销单位：全国各地新华书店
承印单位：三河市腾飞印务有限公司
开　　本：710 毫米 ×1000 毫米　1/16
印　　张：15.5
字　　数：310 千字
版　　次：2023 年 4 月第 1 版
印　　次：2023 年 4 月第 1 次印刷
标准书号：ISBN 978-7-5639-8279-0
定　　价：68.00 元

作者简介

陈洪凯，二级教授，博士生导师，枣庄学院城市与建筑工程学院副院长。从事工程减灾与环境修复研究。曾获得“新世纪百千万人才工程”国家级人选、重庆市“两江学者”特聘教授、交通运输青年科技英才等国家级和省部级人才称号，以及国务院政府特殊津贴、全国优秀教师、振兴重庆争光贡献奖、重庆市杰出专业技术人才、淮海科学技术奖（科技英才奖）、枣庄市墨子创新奖等荣誉称号。授权发明专利58项，出版专著13部，发表论文460余篇，获得国家科技进步二等奖1项，省部级科技进步一等奖11项、二等奖21项。

前　言

土体是一种地质体，属于多孔介质。土体既是一种承载介质，又是一种工程结构体，在荷载和水体作用下易发生变形和破坏。我国幅员辽阔，地理环境分异明显，尤其是新中国成立以来，百废待兴，长大干线公路铁路建设、城市发展、大型特大型水利水电工程建设，如三峡工程、引滦入津工程、黄河小浪底水利工程、青藏铁路、港珠澳跨海大桥、黄泛区整治、长江三角洲开发、珠江三角洲开发等，遇到了各种各样亟待研究解决的土力学重大科学问题，其中特别突出的是地基与边坡的变形与破坏、地基承载力、挡土结构物土压力、路基填筑变形、坝基渗流与渗透破坏、黄土湿陷性、膨胀土、高原土体冻胀性等。土力学是一门研究土体物理力学特性及其行为过程的应用基础学科，以解决重要基础理论和工程应用为宗旨。土力学的发展历史可分为三个阶段。

感性认知阶段（18 世纪中叶前）：远在古代，由于生产和生活上的需要，人们已懂得利用土来进行工程建设。例如，我国很早就修建了长城、秦始皇陵等伟大的建筑物；古埃及和古巴比伦修建了不少农田水利工程；古罗马的桥梁工程和腓尼基的海港工程也都具有重要意义。但是，由于社会生产发展水平和技术条件的限制，直到 18 世纪中叶，土力学这门学科仍停留在感性认知阶段。

学科孕育阶段（18 世纪中叶至 19 世纪末）：从 18 世纪 60 年代开始，欧洲进入产业革命时期，大型建筑物的兴建和相关学科的发展为研究地基及基础问题提供了条件，人们开始从已得的感性认知来寻求理性解释。不少学者开展土的力学问题的理论和试验研究，如法国科学家库仑（Coulomb）于 1773 年发表了著名的土的抗剪强度理论和土压力理论；英国物理学家朗肯（Rankine）于 19 世纪 50 年代分析土对挡土墙的压力和挡土墙的稳定性问题，并于 1857 年首次提出了地基承载力概念。20 世纪初，土力学学科进入快速发展时期，法国的达西（Darcy）于 1856 年在研究水在砂土中渗透的基础上提出了著名的线性渗透定律，即达西定律；朗肯分析半无限空间土体在自重作用下达到极限平衡状态时的应力条件，提出了著名的朗肯土压力理论，与库仑土压力理论一起构成了古典土压力理论；法国力学家博西内斯克（Bossinnesq）于 1885 年提出的半无限弹性体中应力分布的计算公式（Bossinnesq 解答），成为地基土体中应力分布的重要计算方法，使土力学真正从土质学范畴进入土的力学分析阶段；德国科学家莫尔（Mohr）于 1900 年提出的判断材料剪切破坏的莫尔强度理论，是对最大剪应力理论的修正，该理论认为材料发生破坏是由于材料的某一面上剪应力达到一定的限度，而这个剪应力与材料本身性质和正应力在破坏面上所造成的摩擦阻力有关，即材料发生破坏除了取决于该点的剪应力外，还与该点正应力相关。在该阶段，土体渗流理论、土强度理论及基于此构建的土压力理论等使土力学这门学科具有雏形。

学科成熟阶段（20 世纪以来）：进入 20 世纪，全球性巨大工程兴建、地基勘探、土工试验和现场观测技术的发展，促使人们开展土力学理论研究并系统地总结实验成果，如美籍奥地利土力学家、现代土力学的创始人太沙基（Karl Terzaghi）于 1923 年提出了渗透固结理论，第一次科学地研究了土体的固结过程，同时提出了土力学的一个基本原理——有效应力原理，他于 1925 年发表的世界上第一本土力学专著《建立在土的物理学基础的土力学》被公认为进入现代土力学时代的标志，随后他发表的《理论土力学》和《实用土力学》全面总结和发展了土力学的原理和应用经验，至今仍为工程界的重要参考文献；1931 年，苏联学者格尔谢万诺夫出版了《土体动力学原理》；加拿大学者梅耶霍夫（Meyerhof）于 1957 年发表了《斜坡地基承载力》一文，并讨论了斜坡和临近斜坡的地基极限承载力问题。新中国成立后，随着我国道路、城市、水利水电等大型特大型工程建设的快速推进，土力学在我国得到了飞速发展，中国科学院地球物理研究所陈宗基研究员于 1954 年将流变学基本概念引进土力学，首创土流变学；中国土力学学科奠基人清华大学黄文熙教授于 1942—1957 年创建了地基沉降与地基中应力分布的新计算方法，对饱和土体承载后发生的初始孔隙水压力、瞬时变形和最终变形的计算方法提出了新建议；

清华大学沈珠江教授于20世纪60年代初期至70年代中期提出了软土地基稳定分析的有效固结应力计算方法，提出了多重屈服面、等价应力硬化理论和三剪切角破坏准则等新概念，在此基础上提出了新型实用的双屈服面模型，即著名的南水模型；河海大学钱家欢教授在软土流变理论、动力固结理论、土坝震后永久变形和土工数值分析等方面在国内做了开拓性工作；中国人民解放军陆军勤务学院郑颖人教授于1987年最早提出了弹塑性半解析元法，建立了多重屈服面与应变空间塑性理论；浙江大学龚晓南教授于1992年首次提出了广义复合地基理论框架和系统的复合地基理论体系；香港理工大学殷建华教授构建了填海砂土本构理论；枣庄学院陈洪凯教授提出了类土体抗剪强度参数等效方法。迄今，土力学这门学科理论体系已比较完备，并完成了从初等土力学向高等土力学的学科演进。

初等土力学包括土质学和土力学两部分，主要由四个理论和三个理论应用组成。土力学四个理论是指土体三相理论、渗透理论、土体变形理论和强度理论。其中，土体三相理论和渗透理论属于土质学范畴，土体变形理论、强度理论及其在土压力、土坡稳定性和地基承载力三方面的应用属于土力学范畴。在分析土体沉降变形时，将土体视为弹性介质；在分析土体强度时，将土体视为理想塑性介质。换言之，在初等土力学中，土体的沉降变形与强度变化不存在关联性，这与实情显然不符。引入土体本构关系（应力－应变关系），可将土体的变形与强度同时考虑进来，这是高等土力学的理论关键。但是由于土体的复杂性和工程建设的迫切需求，初等土力学一般不考虑土体本构关系。

本书重视对土力学基本知识体系和原理的介绍，延伸论证了浸润线、类土质岩体抗剪强度、桩间挡土板土压力、传递系数法等工程应用问题，紧密结合工程实践和相关技术规范，突出了算例分析，具有土力学基本原理阐述清楚、土体物理力学参数概念清晰、瞄准工程实用需求的特点，适用于土木工程、水利工程、交通运输工程、地质工程等专业本科教学。

本书共8章，第1～4章由陈洪凯和王圣娟编撰，第5章由陈洪凯、王圣娟、黄永发、王鑫编撰，第6章由陈洪凯、王圣娟和王桂林编撰，第7～8章由陈洪凯和梁学战编撰。陈洪凯负责全书的统稿和校对工作，黄永发、罗爽、王鑫、郭亮负责全书的图表制作工作。

笔者在编撰本书的过程中，得到山东科技大学宋振骐院士、重庆大学鲜学福院士、中国人民解放军陆军勤务学院郑颖人院士、山东大学李术才院士、山东理工大学贾致荣教授、郑州大学陈淮教授、西南交通大学胡卸文教授、华东交通大学郑明新教授、三峡大学李建林教授、枣庄学院曹胜强教授等的大力支持和鼓励，在此一并致以诚挚的感谢。向出版社的领导及为本书出版付出艰苦劳动的编辑等致以深深的谢意。

2021 年 12 月

目　　录

第 1 章　土的物理性质及工程分类 …… 1
1.1　土的物质组成与粒度特征 …… 1
1.2　土体三相理论 …… 6
1.3　黏性土的物理特征 …… 10
1.4　砂土密实度 …… 14
1.5　土的胀缩性、湿陷性和冻胀性 …… 16
1.6　土的工程分类 …… 20
第 2 章　土体渗流理论 …… 25
2.1　土体渗透性影响因素 …… 25
2.2　达西定律 …… 27
2.3　渗透系数 …… 29
2.4　渗透力和浸润线 …… 34
2.5　流网 …… 39
第 3 章　土中应力 …… 43
3.1　土中应力分类 …… 43
3.2　有效应力原理 …… 45
3.3　自重应力 …… 47
3.4　基地压力和附加应力 …… 52
第 4 章　土体变形和固结理论 …… 80
4.1　土体变形参数 …… 80
4.2　前期固结压力 …… 89

4.3 地基沉降量……94
4.4 太沙基单向渗透固结理论……112
4.5 土体固结度……117
第 5 章 土体强度理论……123
5.1 土体强度参数……123
5.2 土体极限平衡理论……131
5.3 类土体抗剪强度参数……137
第 6 章 土压力……143
6.1 土压力分类……143
6.2 朗肯土压力理论……147
6.3 库仑土压力理论……159
6.4 桩间挡土板主动土压力计算……173
第 7 章 土坡稳定性……180
7.1 概述……180
7.2 边坡稳定性评价标准……181
7.3 平面滑动分析法……182
7.4 瑞典圆弧法与条分法……184
7.5 简布法……194
7.6 传递系数法……202
第 8 章 地基承载力……208
8.1 浅基础地基破坏模式……208
8.2 地基承载力确定方法……212

第1章　土的物理性质及工程分类

1.1　土的物质组成与粒度特征

1.1.1　土的物质组成

土是岩石经过物理风化和化学风化作用形成的产物，是由大小不同的土粒按各种比例组成的集合体，土粒之间的孔隙中包含水和气体，所以土是一种固、液、气复合介质。在进行土体物理力学特性分析时，均假定土体颗粒、水和空气为不可压缩介质，换言之，土体物理力学特性变化均是固、液、气三相性质变化，主要是体积变化。

1. 土的固相

原生矿物是岩浆在冷凝过程中形成的矿物，如石英、长石、云母等。

次生矿物是原生矿物经过化学风化作用形成的新矿物，如三氧化二铝、三氧化二铁、次生二氧化硅、黏土矿物及碳酸盐等。次生矿物按其与水的作用程度可分为易溶的、难溶的和不溶的三类，次生矿物的水溶性对土的性质有着重要的影响。黏土矿物主要包括高岭石、伊利石和蒙脱石等矿物。高岭石和伊利石为1∶1型矿物，蒙脱石为2∶1型矿物，所以亲水性差异大，当其含量不同时，土的工程性质也随之变化。

在以物理风化为主的过程中，岩石破碎但其成分并不改变，岩石中的原生矿物得以保存；但在化学风化的过程中，有些矿物分解成为次生的黏土矿物。黏土矿物是很细小的扁平颗粒，表面具有极强的与水相互作用的能力，颗粒越细，表面积越大，亲水的能力就越强，对土的工程性质的影响也就越大。

在风化过程中，由于微生物作用，土中会产生粗杂的腐殖质矿物。此外，还会有动植物残体等有机物，如泥炭等。有机质颗粒紧紧地吸附在矿物颗粒的表面，形成了颗粒间的联结，但是这种联结的稳定性较差。

2. 土的液相

土的液相是指存在于土孔隙中的水。在能源工程领域，土的液相主要指的是石油。通常认为水是中性的，在零度时冻结。但土中的水实际上是一种成分非常复杂的电解质水溶液，与亲水性的矿物颗粒表面有着复杂的物理化学作用。按照水与土相互作用程度的强弱，我们可将土中水分为结合水和自由水两大类。

结合水是指处于土颗粒表面水膜中的水，受到表面引力的控制而不服从静水力学规律，其冰点低于零度。结合水又可分为强结合水和弱结合水。强结合水存在于最靠近土颗粒表面处，水分子和水合离子排列得非常紧密，以致其密度大于 1，并有过冷现象（温度降到零度以下而不发生冻结的现象）。在距土粒表面较远地方的结合水则称为弱结合水，由于引力降低，弱结合水的水分子排列不如强结合水紧密。弱结合水可能从较厚水膜或浓度较低处缓慢地迁移到较薄水膜或浓度较高处，亦即弱结合水可能从一个土粒的周围迁移到另一个土粒的周围，这种运动与重力无关。我们通常将这层不能传递静水压力的水定义为弱结合水。

自由水包括毛细水和重力水。毛细水不仅受到重力的作用，还受到表面张力的支配，能沿着土的毛细孔隙从潜水面上升到一定的高度。毛细水上升对公路路基土的干湿状态及建筑物的防潮有重要影响。重力水在重力或压力差作用下能在土中渗流，对于土颗粒和结构物都有浮力作用，在土力学计算中应当考虑这种渗流及浮力的作用。自然风干作用可使土中的自由水散失，而结合水必须采用高温烘烤才能除去。

3. 土的气相

土的气相是指充填在土孔隙中的气体，包括与大气连通的气体和密闭的气体。在能源工程领域，土的气相主要是指天然气或油气、瓦斯。与大气连通的气体的成分与空气相似，对土的工程性质没有多大影响。当土受到外力作用时，这种气体很快从土孔隙中挤出。但是，密闭的气体对土的工程性质有很大影响。在压力作用下，这种气体可被压缩或溶解于水中；当压力减小时，气泡则会恢复原状或重新游离出来。我们将土孔隙中充满水而不含气体的土称为饱和土，而将含气体的土称为非饱和土，非饱和土的工程性质研究已成为土力学的一个新的分支。

1.1.2 土的粒度特征

土中固体颗粒（简称土粒）的大小和形状、矿物成分及其组成情况是决定土的物理力学性质的重要因素。粗颗粒往往是岩石经物理风化作用形成的碎屑，或是岩石中未产生化学变化的原生矿物颗粒，如石英和长石等；而细颗粒主要是原生矿物经化学风化作用形成的次生矿物和生成过程中混入的有机物质。粗颗粒的形状常呈块状或粒状，而细颗粒的形状主要呈片状，土力学中假定土粒为球体。土粒的组合情况就是大大小小土粒含量的相对数量关系。

1. 土的颗粒级配

土的固体颗粒都是由大小不同的土粒组成的，粒径由粗到细变化时，土的性质相应地发生变化，如土的性质随着粒径的变细可由无黏性变为有黏性。颗粒的大小通常以粒径表示，称为粒组。我们可以将土中不同粒径的土粒，按适当的粒径范围分为若干粒组，各个粒组随着分界尺寸的不同而呈现出一定质的变化。划分粒组的分界尺寸称为界限粒径。目前，土的粒组划分方法并不完全一致，表 1.1 提供的是一种常用的土粒粒组的划分方法，根据界限粒径 200 mm、60 mm、2 mm、0.075 mm 和 0.005 mm 把土粒分为六大粒组：漂石（块石）颗粒、卵石（碎石）颗粒、圆砾（角砾）颗粒、砂粒、粉粒及黏粒。

表 1.1 土粒粒组划分

粒组名称		粒径范围 /mm	一般特征
漂石（块石）颗粒		> 200	透水性很强，无黏性，无毛细水
卵石（碎石）颗粒		200 ～ 60	
圆砾（角砾）颗粒	粗	60 ～ 20	透水性很强，无黏性，毛细水上升高度不超过粒径大小
	中	20 ～ 5	
	细	5 ～ 2	
砂砾	粗	2 ～ 0.5	易透水，当混入云母等杂质时透水性减弱，而压缩性增强，无黏性，遇水不膨胀，干燥时松散；毛细水上升高度不大，随粒径变小而增大
	中	0.5 ～ 0.25	
	细	0.25 ～ 0.1	
	极细	0.1 ～ 0.075	
粉粒	粗	0.075 ～ 0.01	透水性弱，湿时稍有黏性，遇水膨胀小，干时稍有收缩；毛细水上升高度较大、速度较快，极易出现冻胀现象
	细	0.01 ～ 0.005	

续表

粒组名称		粒径范围 /mm	一般特征
黏粒		< 0.005	透水性很弱，湿时稍有黏性，可塑性，遇水膨胀大，干时收缩显著；毛细水上升高度大，但速度较慢

注：①漂石、卵石和圆砾颗粒均呈一定的磨圆形状（圆形或亚圆形）；块石、碎石和角砾颗粒都带有棱角。

②黏粒也称黏土粒，粉粒也称黏土粒。

③黏粒的粒径上限也有采用 0.002 mm 为标准的。

④粉粒的粒径上限也有直接以 200 号筛的孔径 0.074 mm 为标准的。

土粒的大小及组成情况，通常以土中各个粒组的相对含量（各粒组占土粒总量的百分数）来表示，称为土的颗粒级配。

土的颗粒级配是通过土的颗粒大小分析试验测定的。对于粒径大于 0.075 mm 的粗粒组可用筛分法测定：试验时，让风干、分散的代表性土样通过一套孔径不同的标准筛（例如 20 mm、2 mm、0.5 mm、0.25 mm、0.1 mm、0.075 mm），称出留在各个筛子上的土重，即可求得各个粒组的相对含量。粒径小于 0.075 mm 的粉粒和黏粒难以筛分，一般可以根据土粒在水中匀速下沉时的速度与粒径的理论关系，用比重计法或移液管法测得颗粒级配。实际上，土粒并不是球体颗粒，用理论公式求得的粒径并不是实际的土粒尺寸，而是与实际土粒在液体中有相同沉降速度的理想球体的直径称为水力当量直径。

根据土的粒度实验，可以绘制如图 1.1 所示的颗粒级配曲线。其横坐标表示粒径，因为土粒粒径相差常在百倍、千倍以上，所以宜采用对数坐标表示。纵坐标表示小于（或大于）某粒径的土重含量（或称累计百分含量）。由曲线坡度可以初步判断土的均匀程度：曲线较陡，表示粒径大小相差不大，土粒较均匀，级配不好；反之，曲线较缓，表示粒径大小相差悬殊，土粒不均匀，级配良好。

当小于某粒径的土重含量为 10% 时，相应的粒径称为有效粒径 d_{10}；当小于某粒径的土重含量为 30% 时，相应的粒径用 d_{30} 表示；当小于某粒径的土重含量为 60% 时，相应的粒径称为限定粒径 d_{60}。

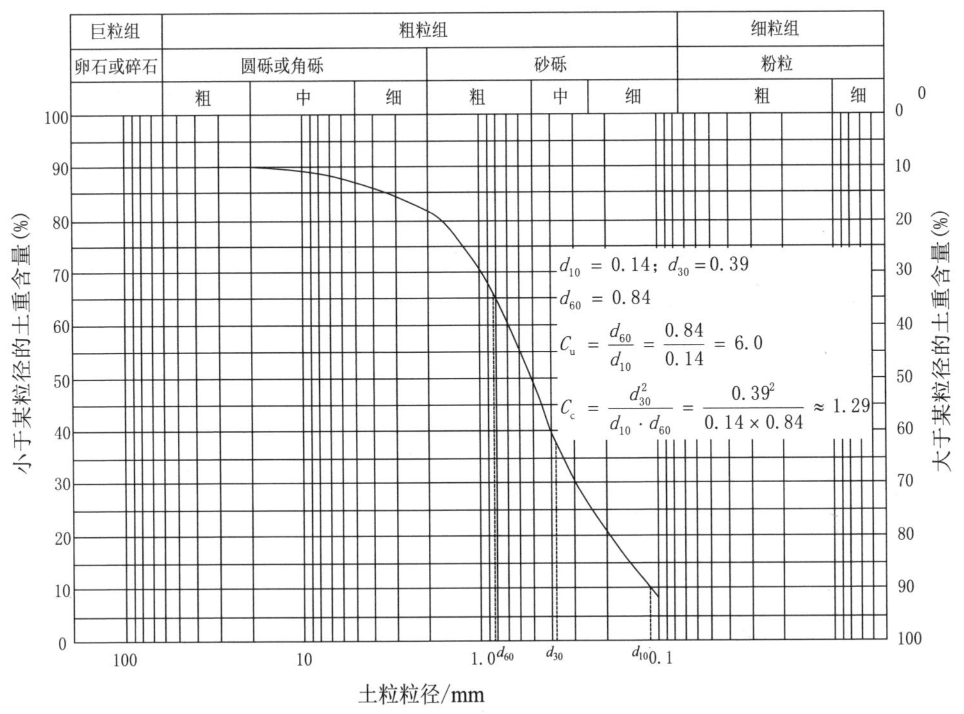

图 1.1　颗粒级配曲线

利用颗粒级配曲线可以确定土粒的级配指标，主要有不均匀系数 C_u 和曲率系数 C_c

$$C_u = d_{60}/d_{10} \tag{1.1}$$

$$C_c = \frac{d_{30}^2}{d_{10} \cdot d_{60}} \tag{1.2}$$

不均匀系数 C_u 反映大小不同粒组的分布情况，即土粒大小及粒度的均匀程度。C_u 越大，表示粒组的分布范围越大，其级配越良好，当作为填方工程的土料时，细颗粒易于填充较大粒径之间的孔隙，则比较容易获得较大的密实度。曲率系数 C_c 描写的是颗粒级配曲线的粒组分布范围，反映的是颗粒级配曲线上的粒组分布形状。

一般情况下，工程上把 $C_u < 5$ 的土看成均粒土，属级配不良的土体；$C_u > 10$ 的土，属级配良好的土体。实际上，单独只用一个指标 C_u 来确定土的颗粒级配情况是不够的，要同时考虑颗粒级配曲线上的粒组分布形状，所以还需参考另一个指标 C_c。一般认为，若砾类土（或砂类土）同时满足 $C_u \geqslant 5$ 和 $C_c = 1 \sim 3$

两个条件，则应将其定名为良好级配砾或良好级配砂。

级配良好的土，由于其较粗颗粒间的孔隙被较细的颗粒所填充，所以土的密实度较好，相应地，地基土的强度和稳定性也较好，透水性和压缩性也较弱，可用作堤坝或其他土建工程的填方土料。对于粗粒土，不均匀系数 C_u 和曲率系数 C_c 是评价渗透稳定性的两个重要指标。

1.2 土体三相理论

土的三相物质在体积和质量上的比例关系称为土的三相比例指标，反映了土的干燥与潮湿、疏松与紧密，是评价土的工程性质最基本的物理性质指标，也是工程地质勘察报告中不可或缺的基本内容。

对于通常的连续介质，例如钢材，其密度就可以表明其密实程度，反映其组成成分。但土体为固、液、气三相介质，要全面反映其性质与状态，就需要了解其三相间在体积和质量方面的比例关系，也就需要更多的指标。

1.2.1 三相图

为了更形象地反映土中的三相组成及其比例关系，在土力学中常用三相图来表示。它将一定量的土中的固体颗粒、水和气体分别集中，并将其质量和体积分别标注在图的左右两侧，如图 1.2 所示。

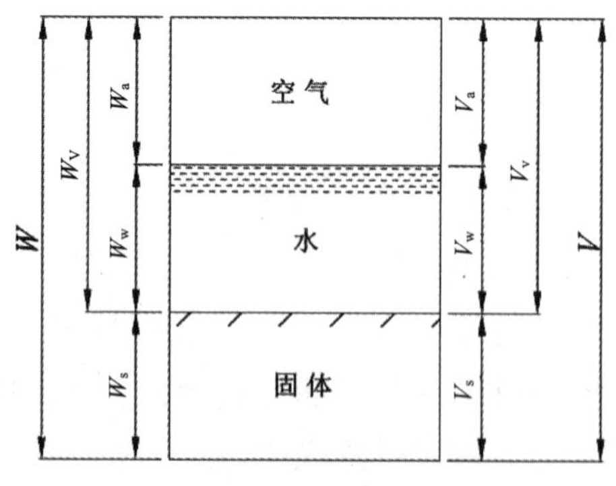

图 1.2 三相图

图中的符号意义如下：

V——土的总体积（m^3）；

V_v——土中孔隙的体积（m^3）；

V_s——土中固体颗粒的体积（m^3）；

V_w——土中水的体积（m^3）；

V_a——土中气体的体积（m^3）；

W——土的总重力（kN）；

W_v——土中孔隙流体的总重力（kN）；

W_s——土中固体颗粒的重力（kN）；

W_w——土中水的重力（kN）；

W_a——土中气体的重力（kN）。

在绘制土的三相图之前，应针对一定量的土样开展土的密度试验、土粒比重试验和土的含水量试验，有关试验方法，参见《公路土工试验规程》（JTG 3430—2020）和《土工试验方法标准》（GB/T 50123—2019）或实验指示书。通过常规土工试验，确定前述 10 个重量参数和体积参数后，则土的三相图制作完成。

1.2.2　三相指标

1. 土的天然重度

土的天然重度 γ 是指天然状态下单位体积土的重力，单位为 kN/m^3

$$\gamma = \frac{W}{V} \tag{1.3}$$

与土的密度 ρ 有如下的关系

$$\gamma = \rho g \tag{1.4}$$

式中，g——重力加速度，$g = 9.81\ m/s^2$，工程上为了计算方便，常取 $g = 10\ m/s^2$。

天然土的密度因土的矿物组成、孔隙体积和水的含量而异。水的重度常取 $10\ kN/m^3$。

2. 土的比重

土的比重 G_S 仅针对土中固体颗粒而言，是指土中固体颗粒的重力与固体颗粒同体积（温度在 4 ℃）水的重力之比

$$G_s = \frac{W_s}{V_s \gamma_w} \tag{1.5}$$

式中，γ_w——4 ℃时，纯蒸馏水的重度（kN/m^3）。

天然土颗粒是由不同的矿物所组成的，这些矿物的比重各不相同，试验测

定的是土粒的平均比重。土粒的比重变化范围不大，细粒土（黏性土）的比重一般为 2.70 ～ 2.75；砂土的比重为 2.65 左右。土中的有机质含量增加时，土的比重减小。

3. 土的含水量

土的含水量 ω 是指土中水的重力与土中固体颗粒的重力之比，通常以百分数表示

$$\omega = \frac{W_w}{W_s} \times 100\% \tag{1.6}$$

4. 土的干重度

土的干重度 γ_d 是指土中固体颗粒的重力与土的总体积之比，单位为 kN/m^3

$$\gamma_d = \frac{W_s}{V} \tag{1.7}$$

土的干重度越大，土越密实，强度也就越高，水稳定性也好。

5. 土粒重度

土粒重度 γ_s 是指土中固体颗粒的重力与土中固体颗粒的体积之比，单位为 kN/m^3

$$\gamma_s = \frac{W_s}{V_s} \tag{1.8}$$

6. 土的饱和重度

土的饱和重度 γ_{sat} 是指土的孔隙全部被水所充满时的总重力与土的总体积之比，单位为 kN/m^3

$$\gamma_{sat} = \frac{W_s + V_v \gamma_w}{V} \tag{1.9}$$

7. 土的有效重度

当土浸没在水中时，土的颗粒受到水的浮力作用。有效重度 γ' 是指饱和土中固体颗粒的重力（此处仍为 W_s）扣除所受浮力后的重量与土的总体积之比，又称浮重度，单位为 kN/m^3

$$\gamma' = \frac{W_s - V_s \gamma_w}{V} \tag{1.10}$$

8. 土的孔隙比

土的孔隙比 e 是指土中孔隙的体积与土中固体颗粒的体积之比

$$e = \frac{V_v}{V_s} \tag{1.11}$$

土的孔隙比可用于评价土的紧密程度，也可从土的孔隙比的变化推算土的压密程度。

9. 土的孔隙率

土的孔隙率 n 是指土中孔隙的体积与土的总体积之比

$$n = \frac{V_v}{V} \times 100\% \tag{1.12}$$

10. 饱和度

土的饱和度 S_r 是指土中水的体积与水中孔隙的体积之比，通常以百分数表示

$$S_r = \frac{V_w}{V_v} \times 100\% \tag{1.13}$$

1.2.3　指标换算

在 10 个三相指标中，已知任意三个指标，便可画出三相图，据此根据每个指标的定义可确定其他指标。

【例题 1.1】 某饱和黏性土（S_r=0.6）的含水量为 ω=40%，比重 G_s=2.70，求土的孔隙比 e 和干重度 γ_d。

【解】 绘制三相草图如图 1.3 所示，设土中固体颗粒的体积 V_s=1.0 cm^3。

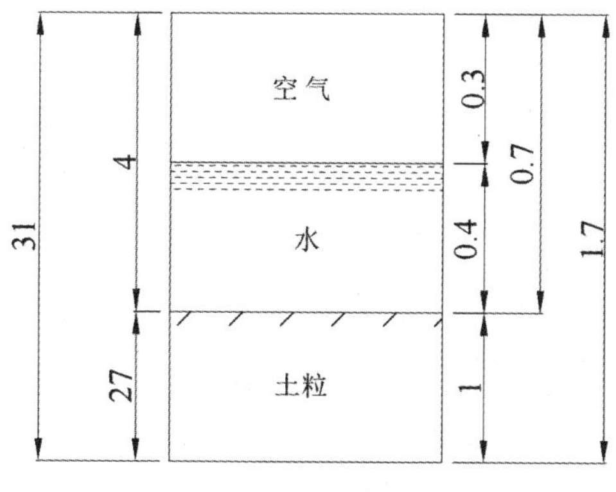

图 1.3　例题 1.1 的三相草图

由于 $S_r=\dfrac{V_w}{V_v}=0.6$，$W=\dfrac{V_w}{V_s}=0.4$，$G_s=\dfrac{W_s}{V_s\gamma_w}=2.7$，在 V_w，V_v，V_s，W_s 四个变量中，令任一变量为 1，如取 $V_s=1$，则有 $V_w=0.4$，$W_s=27$，$W_w=\gamma_w V_w=4$，$W=W_s+W_w=31$，$V_v=0.7$，$V_a=V_v-V_w=0.3$，$V=V_s+V_v=1.7$。

由此可得，$e=\dfrac{V_v}{V_s}=\dfrac{0.7}{1}=0.7$，$\gamma_d=\dfrac{W_s}{V}=\dfrac{27}{1.7}=15.9\ \text{kN/m}^3$。

1.3 黏性土的物理特征

1.3.1 界限含水量

同一种黏性土随其含水量的不同，可分别处于固态、半固态、可塑状态及流动状态。其中，当黏性土在某一含水量范围时，可用外力将黏性土塑成任何形状而不发生裂纹，并当外力移去后黏性土仍能保持既得的形状，黏性土的这种性能叫作可塑性。黏性土由一种状态转到另一种状态的分界含水量，叫作界限含水量，它对黏性土分类及工程性质评价有重要指示性作用。

如图 1.4 所示，土由可塑状态转变为流动状态时的界限含水量叫作液限，也称塑性上限含水量或流限，用符号 ω_L 表示；土由半固态转变为可塑状态时的界限含水量叫作塑限，也称塑性下限含水量，用符号 ω_p 表示；土由半固态不断蒸发水分，体积逐渐缩小，直到体积不再缩小即转变为固态时的界限含水量叫作缩限，用符号 ω_s 表示。

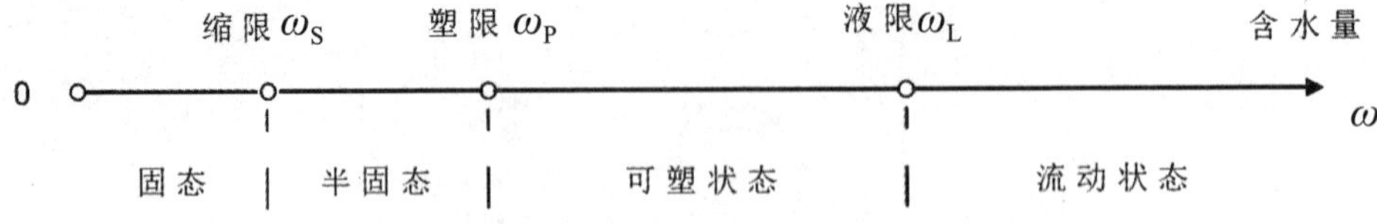

图 1.4 黏性土的物理状态与含水量的关系

我国目前采用锥式液限仪（图 1.5）来测定黏性土的液限，即将调成均匀浓糊状的土样装入盛土杯内（盛土杯置于底座上）。待装满后，刮平杯口表面，将 76 g 圆锥体轻放在土样表面的中心，使其在自重作用下徐徐沉入试样。若圆锥体经 5 s 恰好沉入 10 mm 深度，则这时杯内土样的含水量就是液限。为了避免放锥时的人为晃动影响，可采用电磁放锥的方法来提高测试精度。

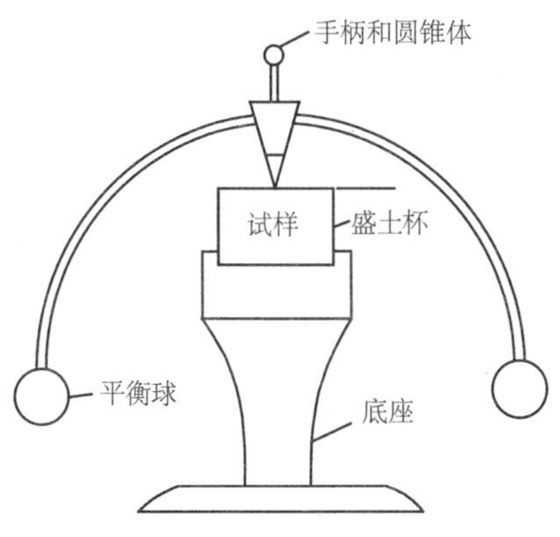

图 1.5　锥式液限仪

美国、日本等国家使用碟式液限仪来测定黏性土的液限：如图 1.6 所示，将调成浓糊状的土样装在碟内，刮平表面，用切槽器在土样中切出一定深度的土槽，槽底宽度为 2 mm；然后将碟子抬高 10 mm，使碟子下落；连续下落 25 次后，若土槽合拢长度为 13 mm，则此时土样的含水量就是液限。

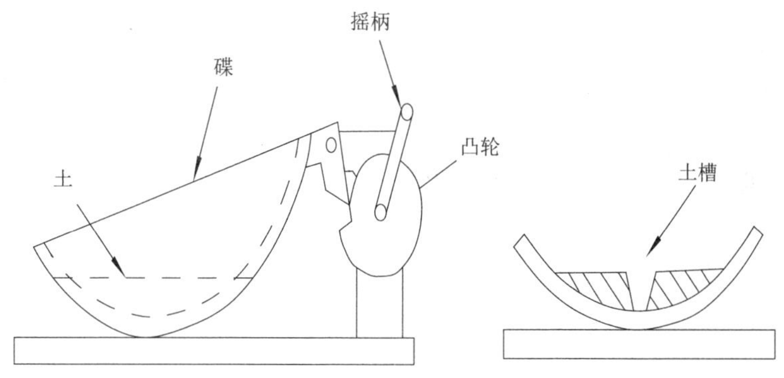

图 1.6　碟式液限仪

黏性土的塑限采用"搓条法"测定，即用双手将天然湿度的土样搓成小圆球（球径小于 10 mm），放在毛玻璃板上再用手掌慢慢搓滚成小土条。若土条搓到直径为 3 mm 时恰好开始断裂，则这时断裂土条的含水量就是塑限。

测定塑限的搓条法存在缺陷：由于采用手工操作，受人为因素的影响较大，所以成果不稳定。目前，国内外测定黏性土的液限和塑限普遍采用联合测定法。

联合测定法求液限 ω_L 和塑限 ω_p 是采用锥式液限仪用电磁放锥法对土样以不同的含水量进行若干次试验，并按测定结果在双对数坐标纸上画出 76 g 圆锥体的入土深度与含水量的关系曲线，该曲线接近于一根直线。如同时采用圆锥仪法和搓条法分别作液限、塑限试验进行比较，则对应于圆锥体入土深度为 10 mm 及 2 mm 时土样的含水量分别为该土的液限和塑限。

因此，在工程实践中，为了准确、方便、迅速地求得某土样的液限和塑限时，则需用电磁放锥的锥式液限仪对土样以不同的含水量做几次（一般做三次）试验，即可在坐标纸上以相应的几个点近似地作出直线，然后可根据直线求出液限和塑限。

自 20 世纪 50 年代以来，我国一直以 76 g 圆锥仪下沉深度 10 mm 为液限标准，《建筑地基基础设计规范》（GB 50007—2011）和《岩土工程勘察规范（2009 年版）》（GB 50021—2007）仍采用该标准，但这与碟式仪测得的液限不一致。国内外一些研究成果分析表明，以圆锥仪下沉深度 17 mm 为液限标准，则与碟式仪相当。为此，国家标准《土的工程分类标准》（GB/T 50145—2007）在关于细粒土分类的塑性图中取消了采用 76 g 圆锥仪下沉深度 10 mm 对应的含水量作为液限的规定，而是采用 76 g 圆锥仪下沉深度 17 mm 对应的含水量作为液限；《公路土工试验规程》（JTG 3430—2020）也规定采用 76 g 圆锥仪下沉深度 17 mm 或 100 g 圆锥仪下沉深度 20 mm 对应的含水量作为液限。

1.3.2 物理状态指标

1. 塑性指标

可塑性是黏性土区别于砂土的重要特征。可塑性的大小可用黏性土处在可塑状态的含水量变化范围来衡量，从液限到塑限的变化范围越大，土的可塑性越好，这个范围称为塑性指数 I_p

$$I_P = \omega_L - \omega_P \tag{1.14}$$

塑性指数习惯上用不带“%”的数值表示。

液限和塑限是细粒土颗粒与土中水相互作用的结果。土中黏粒含量越多，土的可塑性就越大，塑性指数也相应增大，这是因为黏粒部分含有较多的黏土矿物颗粒和有机质。

塑性指数是黏性土的最基本和最重要的物理指标，综合地反映了土的物质组成，广泛应用于土的分类和评价中。但由于液限测定标准的差别，同一土类按不同标准可能得到不同的塑性指数。因此，即使塑性指数相同的土，其土类也可能完全不同。

2. 液性指数

土的天然含水量是反映土中含有水量多少的指标，在一定程度上可说明黏性土的软硬与干湿状况。但仅有含水量的绝对数值并不能确切地说明黏性土处在什么状态。如果有几个含水量相同的土样，它们的液限和塑限不同，那么这些土样所处的状态可能不同。例如，若土样的含水量为 32%，对于液限为 30% 的土来说是处于流动状态，而对于液限为 35% 的土来说是处于可塑状态。因此，需要提出一个能表示天然含水量与界限含水量相对关系的指标来描述黏性土的状态。

液性指数 I_L 是指黏性土的天然含水量和塑限的差值与塑性指数之比。液性指数可被用来表示黏性土所处的软硬状态，其定义式为

$$I_L=\frac{\omega-\omega_P}{I_P}=\frac{\omega-\omega_P}{\omega_L-\omega_P} \tag{1.15}$$

塑性状态的土的液性指数在 0 到 1 之间时，液性指数越大，表示土越软；液性指数大于 1 时，土处于流动状态；液性指数小于 0 时，土处于固体状态或半固体状态。

液性指数固然可以反映黏性土所处的状态，但必须指出：液限和塑限都是用重塑土测定的，没有完全反映出水对土的原状结构的影响。在实际工程中，保持原状结构的土即使天然含水量大于液限，由于存在结构强度，土并不一定呈流动状态。但若此时的原状结构被破坏，导致结构强度丧失，则土将呈流动状态。

《岩土工程勘察规范（2009 年版）》（GB 50021—2001）与《公路桥涵地基与基础设计规范》（JTC 3363—2019）规定黏性土应根据液性指数划分状态，其划分标准和状态定名都是相同的，如表 1.2 所示。但对于表中的液性指数，《岩土工程勘察规范（2009 年版）》（GB 50021—2001）规定应由相应于 76 g 圆锥仪沉入土样中深度为 10 mm 时测定的液限计算求得；而《公路桥涵地基与基础设计规范》（JTG 3363—2019）只规定按 76 g 锥试验确定，没有对沉入深度作明文规定。但应指出的是，表 1.2 中的黏性土状态，只能采用由相应于 76 g 圆锥仪沉入土样中深度为 10 mm 时测定的液限计算得到的液性指数来评价。

表 1.2　黏性土状态划分

液性指数 I_L	状态	液性指数 I_L	状态
$I_L \leqslant 0$	坚硬	$0.75 < I_L \leqslant 1$	软塑
$0 < I_L \leqslant 0.25$	硬塑	$I_L > 1$	流塑
$0.25 < I_L \leqslant 0.75$	可塑		

【例题 1.2】 已知黏性土的液限为 41%，塑限为 22%，土粒比重为 2.75，饱和度为 98%，孔隙比为 1.55。试计算塑性指数、液性指数，并确定黏性土的状态。

【解】 根据液限和塑限可以求得塑性指数，为

$$I_P = \omega_L - \omega_P = 41 - 22 = 19$$

由土的三相性得

$$\omega = 55.2\%$$

则液性指数 I_L 为

$$I_L = \frac{\omega - \omega_P}{\omega_L - \omega_P} = \frac{0.552 - 0.22}{0.41 - 0.22} \approx 1.74 > 1$$

由于 $I_L > 1$，故黏性土的状态应为流塑状态。

1.4　砂土密实度

1.4.1　相对密实度

无黏性土主要是指砂土和碎石土。这类土由于缺乏黏土矿物，不具有可塑性，呈单粒结构，性质主要取决于颗粒粒径及其级配。土的工程性质主要由密实度表征：呈密实状态时，强度较大，是良好的天然地基；呈松散状态时，是一种软弱地基，尤其是饱和的粉细砂，稳定性很差，容易产生流沙，在振动荷载作用下可能发生液化。

无黏性土的密实度根据天然状态下孔隙比 e 的大小，可划分为稍松、稍密、中密和密实 4 种类型。由于无黏性土的级配起着很重要的作用，只有孔隙比一个指标还不够。例如，某一天然孔隙比，对于级配不良的土，可以认为已经达到密实状态；但对于级配良好的土，还是处于中密或者稍松的状态。因此，除 e 外通常还采用相对密实度 D_r 的概念来评价。D_r 的表达式为

$$D_r = \frac{e_{max} - e}{e_{max} - e_{min}} \tag{1.16}$$

式中，e_{max}——土在最松散状态时的孔隙比，即最大孔隙比；

e_{min}——土在最密实状态时的孔隙比，即最小孔隙比；

e——土在天然状态时的孔隙比。

当 D_r=0，表示土处于最松状态；D_r=1，表示土处于最密实状态。

不同矿物成分、不同级配和不同粒度成分的无黏性土，最大孔隙比和最小孔隙比都是不同的。因此，D_r 比 e 能更全面反映上述各种因素的影响。砂土密实度的划分标准参见表 1.3。

表 1.3　砂土密实度的划分标准

按相对密实度 D_r 划分	密实度			
	密实	中密		松散
	指标			
	$0.67 \leqslant D_r < 1.0$	$0.33 < D_r < 0.67$		$D_r \leqslant 0.33$
按孔隙比 e 划分	密实	中密	稍密	稍松
砾砂、粗砂、中砂	$e < 0.60$	$0.66 \leqslant e \leqslant 0.75$	$0.75 < e \leqslant 0.85$	$e > 0.85$
细砂、粉砂	$e < 0.70$	$0.70 \leqslant e \leqslant 0.85$	$0.85 < e \leqslant 0.95$	$e > 0.95$

理论上，采用相对密实度的概念比较合理，但是测定 e_{max} 和 e_{min} 的试验方法不够完善，试验结果常常有很大出入。而最困难的是现场取样，一般条件不可能完全保持砂土的天然结构。所以，砂土的天然孔隙比的数值很不可靠，这就使得相对密实度的指标难以测准，在实际工程中并不普遍使用。

1.4.2　密实度分类

综上所述，在工程实践中通常采用标准贯入锤击数来划分砂土的密实度。标准贯入试验是一种用规定的锤重（63.5 kg）和落距（76 cm），把标准贯入器（带有刃口的对开管，外径 50 mm，内径 35 mm）打入土中，记录贯入一定深度（30 cm）所需的锤击数的原位测试方法。标准贯入试验的贯入锤击数反映了土层的松密和软硬程度，是一种简便的测试手段。《岩土工程勘察规范（2009 年版）》（GB 50021—2001）规定砂土的密实度应根据标准贯入锤击数按表 1.4

的规定划分为密实、中密、稍密和松散四种状态。

表 1.4 砂土密实度按标准贯入锤击数 N 分类

标准贯入锤击数 N	密实度	标准贯入锤击数 N	密实度
$N \leqslant 10$	松散	$15 < N \leqslant 30$	中密
$10 < N \leqslant 15$	稍密	$N > 30$	密实

碎石土的密实度可根据重型（或超重型）动力触探锤击数按表 1.5（或表 1.6）确定，表中的 $N_{63.5}$ 和 N_{120} 应按触探杆长进行修正。

表 1.5 碎石土密实度按重型动力触探锤击数 $N_{63.5}$ 分类

重型动力触探锤击数 $N_{63.5}$	密实度	重型动力触探锤击数 $N_{63.5}$	密实度
$N_{63.5} \leqslant 5$	松散	$10 < N_{63.5} \leqslant 20$	中密
$5 < N_{63.5} \leqslant 10$	稍密	$N_{63.5} > 20$	密实

表 1.6 碎石土密实度按超重型动力触探锤击数 N_{120} 分类

超重型动力触探锤击数 N_{120}	密实度	超重型动力触探锤击数 N_{120}	密实度
$N_{120} \leqslant 3$	松散	$11 < N_{120} \leqslant 14$	密实
$3 < N_{120} \leqslant 6$	稍密	$N_{120} > 14$	极密
$6 < N_{120} \leqslant 11$	中密	—	—

粉土的密实度可根据孔隙比 e 按表 1.7 划分为密实、中密和稍密 3 种类型。

表 1.7 粉土密实度按孔隙比 e 分类

孔隙比	密实度	孔隙比	密实度
$e < 0.75$	密实	$e > 0.90$	稍密
$0.75 \leqslant e \leqslant 0.90$	中密	—	—

1.5 土的胀缩性、湿陷性和冻胀性

1.5.1 土的胀缩性

土的胀缩性是指黏性土具有吸水膨胀和失水收缩两种变形特性。比较典型的例子是膨胀土，它是指黏粒成分主要由亲水性矿物组成且具有显著胀缩性的

黏性土。膨胀土一般强度较高、压缩性低，易被误认为是建筑性能较好的地基土。当膨胀土成为建筑物地基时，如果对它的胀缩性缺乏认识，或在设计和施工中没有采取必要的措施，那么必然会对建筑物造成危害，尤其对低层轻型的房屋或构筑物及土工建筑物造成的危害更大。我国广西、云南、湖北、河南、安徽、四川、河北、山东、陕西、江苏、贵州和广东等地均有不同范围的膨胀土分布。

研究表明，自由膨胀率 δ_{ef} 是反映土的膨胀性的指标之一，与土的黏土矿物成分、颗粒组成、化学成分和水溶液性质等有着密切的关系。土中的蒙脱石矿物含量越多，小于 0.002 mm 的黏粒在土中占较多分量，且吸附着较活泼的钠、钾阳离子时，自由膨胀率就越大，土体内部积储的膨胀潜势也就越强。显示出强烈的胀缩性。自由膨胀率较小的膨胀土，膨胀潜势较弱，建筑物损坏轻微；自由膨胀率较大的土，具有较强的膨胀潜势，则较多建筑物将遭到严重破坏。

自由膨胀率的计算式如式（1.17）所示

$$\delta_{ef}=\frac{V_{we}-V_0}{V_0}\times 100\% \tag{1.17}$$

式中，V_0——土样原有体积（mL）；

V_{we}——土样在水中膨胀稳定后的体积（mL）。

《膨胀土地区建筑技术规范》（GB 50112—2013）规定，具有下列工程地质特征的场地，且自由膨胀率大于或等于 40% 的土，应判定为膨胀土：第一，土的裂隙发育，常有光滑面和擦痕，有的裂隙中充填着灰白、灰绿等杂色黏土，自然条件下呈坚硬或硬塑状态；第二，多出露于二级或二级以上阶地、山前和盆地边缘的丘陵地带，地形平缓，无明显自然陡坎；第三，常见有浅层塑性滑坡、地裂、新开挖坑（槽）壁易发生坍塌等现象；第四，建筑物多出现正八字形裂缝、倒八字形裂缝或水平裂缝，裂缝随气候变化而张开和闭合。

1.5.2　土的湿陷性

土的湿陷性是指土在自重压力作用下或自重压力和附加压力综合作用下，受水浸湿后结构迅速破坏而发生显著附加下陷的特征。湿陷性黄土在我国北方地区分布广泛，除常见的湿陷性黄土外，在我国的干旱或半干旱地区，特别是在山前洪、坡积扇中常遇到湿陷性碎石土和湿陷类砂土等。

遍布在我国甘肃、陕西、山西大部分地区及河南、山东、宁夏、辽宁、新疆等部分地区的黄土是一种在第四纪时期形成的、颗粒组成以粉粒（0.005 ～ 0.075 mm）为主的黄色或褐黄色粉性土。它含有大量的碳酸盐类，往往具有肉眼可见的大孔隙。

具有天然含水量的黄土，如未受水浸湿，一般强度较高，压缩性较差。造成黄土湿陷的原因是管道（或水池）漏水、地面积水、生产和生活用水等渗入地下，或降雨量较大，灌溉渠和水库的渗漏或回水使地下水位上升。然而受水浸湿只不过是湿陷产生所必需的外界条件。黄土的多孔隙结构特征及胶结物质成分（碳酸盐类）是产生湿陷的内在原因。

黄土是否具有湿陷性，以及湿陷性的强弱程度如何，应按某一给定的压力作用下土体浸水后的湿陷系数（δ_s）来衡量。湿陷系数由室内固结试验测定。在固结仪中将原状试样逐级加压到实际受到的压力 P，等压缩稳定后测得试样的高度 h_P，然后加水浸湿，测得下沉稳定后的高度 h_P'。设土样的原始高度为 h_0，则黄土湿陷系数的计算式为

$$\delta_s = \frac{h_P - h_{P'}}{h_0} \tag{1.18}$$

《湿陷性黄土地区建筑标准》（GB 50025—2018）规定：当 $\delta_s < 0.015$ 时，应定为非湿陷性黄土；$\delta_s \geqslant 0.015$ 时，应定为湿陷性黄土。

1.5.3 土的冻胀性

土的冻胀性是指土的冻胀和冻融给建筑物或土工建筑物带来危害的变形特性。在冰冻季节，由于大气负温影响，土体会因土中水分冻结而形成冻土。冻土根据其冻融情况分为季节性冻土、隔年冻土和多年冻土。季节性冻土是指冬季冻结、夏季全部融化的冻土；若冬季冻结，1 ～ 2 年内不融化的土层称为隔年冻土；凡冻结状态持续 3 年或 3 年以上的土层称为多年冻土。季节性冻土在我国分布甚广，其中东北、华北和西北地区是主要分布区，沿天津、保定、石家庄、山西长治、甘肃天水以北地区及拉萨以北、以西地区的标准冻深超过 0.6 m（基础设计最小埋深为 0.5 m）；我国多年冻土主要分布在东北高纬度地区和青藏高原高海拔地区。

冻土的冻胀会使路基隆起，使柔性路面鼓包、开裂，使刚性路面错缝或折断；冻胀还使修建在其上的建筑物抬起，引起建筑物开裂、倾斜，甚至倒塌。

对于工程危害更大的是土层解冻融化后，土层上部积聚的冰晶体融化，使土中含水量大大增加，加之细粒土排水能力差，土层软化，强度大大降低。路基土冻融后，在车辆反复碾压下，易产生路面开裂、冒泥，即翻浆现象（道路翻浆）。另外，冻融也会使房屋、桥梁、涵管发生大量不均匀下沉，引起建筑物开裂破坏。

土发生冻胀一般是土中水分向冻结区迁移和积聚的结果。当土层中温度降到负温时，土中的自由水首先在 0 ℃时冻结成冰晶体。随着气温的继续下降，弱结合水的最外层也开始冻结。这样就使冰晶体周围土中的结合水膜减薄，土粒就产生剩余的分子引力。同时，结合水膜的减薄，使得水膜中的离子浓度增加，又加强了渗透压力（当两种水溶液的浓度不同时，会在它们之间产生一种压力差，使浓度较小溶液中的水向浓度较大的溶液渗透）。在这两种力的作用下，附近未冻结区水膜较厚处的结合水，被吸引到冻结区的水膜较薄处。一旦水分被吸引到冻结区后，水即被冻结，使冰晶体增大，而不平衡引力继续存在。若未冻结区存在着水源（如地下水位较高）和水源补给通道（毛细通道），则未冻结区的水分就会不断地向冻结区迁移积聚，使冰晶体不断扩大，在土层中形成冰夹层，土体发生隆胀，即冻胀现象。这种冰晶体的不断增大，一直要到水源的补给断绝后才停止。

一般粉土颗粒的粒径较小，具有显著的毛细现象。黏性土尽管颗粒更细，有较厚的结合水膜，但毛细孔隙很小，对水分迁移的阻力很大，没有通常的水源补给通道，所以冻胀性较粉土小。至于砂土等粗粒土，孔隙较大，毛细现象不显著，因而不会发生冻胀。基于此，在工程实践中，常在地基或路基中换填砂土以防治冻胀。

地下水位对冻胀有较大影响。当冻结区地下水位较高，毛细水上升高度能够达到或接近冻结线，使冻结区能得到外部水源的补给时，土体将发生比较强烈的冻胀现象。

此外，土的冻前天然含水量也是制约季节性冻土的冻胀类别的重要条件。《冻土地区建筑地基基础设计规范》（JGJ 118—2011）和《建筑地基基础设计规范》（GB 50007—2011）均要求，在确定基础埋深时，必须考虑地基土的冻胀性。根据土名、冻前天然含水量、地下水位及土的平均冻胀率，我们一般将季节性冻土与多年冻土季节融化层土分为Ⅰ级不冻胀、Ⅱ级弱冻胀、Ⅲ级冻胀、Ⅳ级强冻胀、Ⅴ级特强冻胀五类。冻土层的平均冻胀率 η 应按式（1.19）计算：

$$\eta = \frac{\Delta_z}{z_d} \times 100\%, \ z_d = h' - \Delta_z \tag{1.19}$$

式中，Δ_z——地表冻胀量（mm）；

z_d——设计冻深（mm）；

h'——冻层厚度（mm）。

1.6 土的工程分类

1.6.1 土的分类原则

自然界的土类众多，工程性质各异，土的工程分类就是根据土的工程性质差异将土划分成一定的类别，其目的在于：根据土类，可以大致判断土的基本工程特性，并可结合其他因素对地基土做出初步评价；根据土类，可以合理确定不同的研究内容和方法；当土的工程性质不能满足工程要求时，也需要根据土类确定相应的改良和处理方法。

目前，国内外还没有统一的土分类标准，各部门根据其用途和实践经验采用各自的分类方法，但一般应遵循下列基本原则。

①工程特性差异性原则：分类应综合考虑土的主要工程特性，并采用影响土的工程特性的主要因素作为分类依据，以使划分的土类之间有一定的质或显著的量的差别。前面已经分析，影响土的工程性质的三个主要因素是土的三相组成、物理状态和结构性。对于粗粒土来说，其工程性质主要取决于颗粒及其级配；对于细粒土来说，其工程性质则主要取决于土的吸附结合水能力，多用稠度指标来反映。

②地质成因原则：土是自然历史的产物，土的工程性质受土的成因与形成年代控制；不同成因、不同年代的土，其工程性质有显著差异。

③指标易测原则：分类采用的指标，要既能综合反映土的主要工程性质，又要测定方法简便。

土的工程分类体系，目前国内外主要有两种。

一是建筑工程系统分类体系——侧重于把土作为建筑地基和环境，故以原状土为基本对象。因此，对土的分类除考虑土的组成外，还很注重土的天然结构性，即土的粒间黏结性质和强度。例如我国国家标准《建筑地基基础设计规范》（GB 50007—2011）和《岩土工程勘察规范（2009 年版）》（GB 50021—

2001）的分类、美国国家公路协会（AASHTO）的分类以及英国基础试验规程的分类等。

二是工程材料系统分类体系——侧重于把土作为建筑材料，用于路堤、土坝和填土地基等工程，故以扰动土为基本对象，对土的分类以土的组成为主，不考虑土的天然结构性。例如，我国国家标准《土的工程分类标准》（GB/T 50145—2007）和美国材料协会的土质统一分类法等。

1.6.2　建筑地基土分类

建筑工程系统分类体系的主要特点是：在考虑划分标准时，注重土的天然结构特性和强度，并始终与土的主要工程特性——变形和强度特征——紧密联系。因此，建筑地基土的分类首先应考虑按沉积年代和地质成因划分，同时要将某些特殊形成条件和特殊工程性质的区域性特殊土与普通土区别开来。

1. 按沉积年代和地质成因划分

地基土按沉积年代可划分为两种。

①老沉积土：第四纪晚更新世及其以前沉积的土，一般呈超固结状态，具有较高的结构强度。

②新近沉积土：第四纪全新世近期沉积的土，一般呈欠固结状态，结构强度较低。

根据地质成因，土可分为残积土、坡积土、洪积土、冲积土、湖积土、海积土、风积土和冰积土。

2. 按颗粒级配（粒度成分）和塑性指数划分

土按颗粒级配和塑性指数可分为碎石土、砂土、粉土和黏性土四大类。

（1）碎石土

粒径大于 2 mm 的颗粒含量超过全重 50% 的土称为碎石土。碎石土可根据颗粒级配和颗粒形状分为漂石、块石、卵石、碎石、圆砾和角砾 6 种类型，如表 1.8 所示。

表 1.8　碎石土分类

分类名称	颗粒形状	颗粒级配
漂石	以圆形及亚圆形	粒径大于 200 mm 的颗粒含量超过全重 50%
块石	以棱角形为主	

续表

卵石 碎石	以圆形及亚圆形为主	粒径大于 20 mm 的颗粒含量超过全重 50%
	以棱角形为主	
圆砾 角砾	以圆形及亚圆形为主	粒径大于 2 mm 的颗粒含量超过全重 50%
	以棱角形为主	

注：定名时应根据颗粒级配由大到小以最先符合者确定。

（2）砂土

粒径大于 2 mm 的颗粒含量不超过全重 50%，且粒径大于 0.075 mm 的颗粒含量超过全重 50% 的土称为砂土。砂土可根据颗粒级配分为砾砂、粗砂、中砂、细砂和粉砂 5 种类型，如表 1.9 所示。

表 1.9　砂土分类（GB 50007—2011）

分类名称	颗粒级配
砾砂	粒径大于 2 mm 的颗粒含量占全重 25% ～ 50%
粗砂	粒径大于 0.5 mm 的颗粒含量超过全重 50%
中砂	粒径大于 0.25 mm 的颗粒含量超过全重 50%
细砂	粒径大于 0.075 mm 的颗粒含量超过全重 85%
粉砂	粒径大于 0.075 mm 的颗粒含量超过全重 50%

注：定名时应根据颗粒级配由大到小以最先符合者确定。

（3）粉土

介于砂土与黏性土之间，塑性指数 $I_p \leqslant 10$，粒径大于 0.075 mm 的颗粒含量不超过全重 50% 的土称为粉土。一般根据地区规范（如上海、天津、深圳等），粉土可根据颗粒级配分为黏质粉土和砂质粉土两种类型，如表 1.10 所示。

表 1.10　粉土分类

分类名称	颗粒级配
砂质粉土	粒径小于 0.005 mm 的颗粒含量不超过全重 10%
黏质粉土	粒径小于 0.005 mm 的颗粒含量超过全重 10%

（4）黏性土

塑性指数 $I_p>10$ 的土称为黏性土。黏性土可根据塑性指数 I_p 分为粉质黏土和黏土两种类型，如表 1.11 所示。

表 1.11　黏性土分类

分类名称	塑性指数 I_p	土的名称	塑性指数 I_p
粉质黏土	$10<I_p\leqslant 17$	黏土	$I_p>17$

注：塑性指数 I_p 由相应于 76 g 圆锥体沉入土样中深度为 10 mm 时测定的液限计算而得。

3. 其他

具有一定分布区域或工程意义，具有特殊成分、状态和结构特征的土称为特殊土，分为湿陷性土、红黏土、软土（包括淤泥、淤泥质土、泥炭质土、泥炭等）、混合土、填土、多年冻土、膨胀岩土、盐渍岩土、风化岩与残积土、污染土。

土根据有机质含量可按表 1.12 分为无机土、有机质土、泥炭质土和泥炭。

表 1.12　土按有机质含量分类

分类名称	有机质 ω_u 含量	现场鉴别特征	说明
无机土	$\omega_u<5\%$	—	—
有机质土	$5\%\leqslant\omega_u\leqslant 10\%$	深灰色，有光泽，味臭除腐殖质外尚含少量未完全分解的动植物体，浸水后水面出现气泡，干燥后体积收缩	如现场鉴别有机质土或有地区经验时，可不做有机质含量测定： 当 $\omega>\omega_L$，$1.0\leqslant e<1.5$ 时，称淤泥质土； 当 $\omega>\omega_L$，$e\geqslant 1.5$ 时，称淤泥
泥炭质土	$10\%<\omega_u\leqslant 60\%$	深灰色或黑色，有腥臭味，能看到未完全分解的植物结构，浸水体胀，易崩解，有植物残渣浮于水中，干缩现象明显	根据地区特点和需要可按 ω_u 细分为： 弱泥炭质土（$10\%<\omega_u\leqslant 25\%$）； 中泥炭质土（$25\%<\omega_u\leqslant 40\%$）； 强泥炭质土（$40\%<\omega_u\leqslant 60\%$）
泥炭	$\omega_u>60\%$	除有泥炭质特征外，结构松散，土质很轻，暗无光泽，干缩现象极为明显	—

1.6.3 公路桥涵地基土分类

公路桥涵地基土的分类采用《公路桥涵地基与基础设计规范》(JTG 3363—2019)的规定。其中，碎石土、砂土的分类与《建筑地基基础设计规范》(GB 50007—2011)完全相同，参见表 1.8 和表 1.9。

黏性土定义为塑性指数 $I_p > 10$ 且粒径大于 0.075 mm 的颗粒含量不超过总质量 50% 的土，同《建筑地基基础设计规范》(GB 50007—2011)一样，可根据塑性指数进一步分为粉质黏土和黏土，见表 1.11。

粉土的分类与《建筑地基基础设计规范》(GB 50007—2011)一样：粉土密实度可根据孔隙比分为密实、中密和稍密，其湿度可根据天然含水量划分为稍湿、湿、很湿，分别参见表 1.13 和表 1.14。

表 1.13 粉土密实度的分类

密实度	密实	中密	稍密
孔隙比 e	$e < 0.75$	$0.75 \leqslant e \leqslant 0.90$	$e > 0.90$

表 1.14 粉土湿度的分类

湿度	稍湿	湿	很湿
含水量	$\omega < 20\%$	$20\% \leqslant \omega \leqslant 30\%$	$\omega > 30\%$

另外，黏性土还可根据沉积年代分为老黏性土、一般黏性土和新近沉积黏性土，如表 1.15 所示。

表 1.15 黏性土的沉积年代分类

沉积年代	**分类名称**
第四纪晚更新世(Q_3)及以前	老黏性土
第四纪全新世(Q_1)	一般黏性土
第四纪全新世(Q_1)以后	新近沉积黏性土

第2章　土体渗流理论

2.1　土体渗透性影响因素

在初等土力学中，分析土体渗流特性时，假定土体为饱和土。

渗透系数是土的一个重要的特性指标，渗透系数的影响因素包括土的因素和水的因素。土的因素包括土的孔隙比、土颗粒的大小与级配、土的结构与土的矿物成分及土的饱和度等；水的因素主要有水的温度等。其中影响最大的是土的孔隙比。

1. 土的孔隙比

由于渗流是在土的孔隙中发生的，孔隙比越大，表面土中的过水断面就越大，土中水体流动的通道也就越多。

2. 土颗粒的大小与级配

土中孔隙通道越细小，单位过流面积的水与固体间的接触周长（水力学中称为“湿周”）就越大，对水流的阻力也就越大，水的平均流速自然就会降低。土中孔隙通道的粗细与土的颗粒大小与级配有关，尤其受土的细颗粒影响很大。

3. 土的结构与土的矿物成分

与孔隙比相同的砂土比较，黏土的渗透系数要小得多：一是由于黏土的颗粒与孔隙细小，对水流的阻力更大；二是由于黏土颗粒表面双电层的结合水阻碍了水的流动，对于孔隙水中含较多低价阳离子的情况，黏土颗粒表面的结合水膜更厚，其渗透系数也更小。黏土矿物的渗透性大小排序为：高岭石＞伊利石＞蒙脱石。在孔隙比相同时，絮凝结构比分散结构的土渗透系数更大。天然沉积的土层，一般水平渗透系数比竖向渗透系数大。

4. 土的饱和度

这里主要讨论饱和土中水的渗流。实际上，自然界存在大量的非饱和土，即使是地下水位以下的土也不一定是完全饱和的。孔隙水中哪怕是存在少量的小气泡也会减少孔隙通道的截面积，堵塞小的孔隙流道，从而明显减少土的渗透系数。因此，在渗透试验中需要对土样进行处理，使其达到充分饱和。图 2.1 表示的是某砂土的饱和度与渗透系数间的关系。

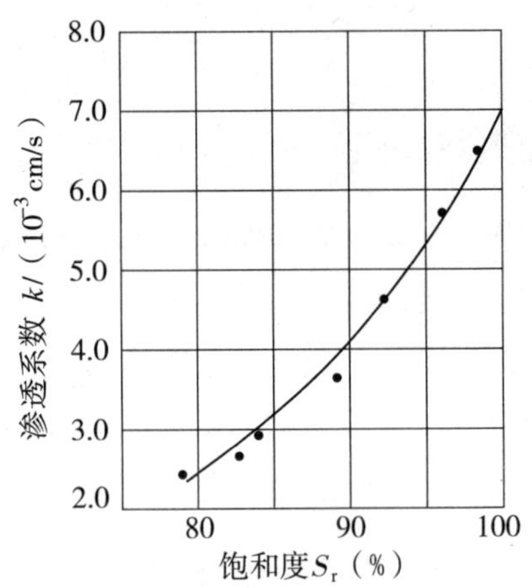

图 2.1　饱和度 S_r 与渗透系数 k 的关系曲线

5. 水的温度

渗透系数实际上反映了水从土的孔隙通道中流过时与土颗粒间的摩阻力或黏滞力。流体的黏滞性与温度有关，温度越高，则黏滞性越弱，渗透系数越大。因此，从试验测得的渗透系数 k_T 需要经过温度修正，从而得到标准值 k_{20}。我国《公路土工试验规程》（JTG 3430—2020）中规定

$$k_{20} = k_T \frac{\eta_T}{\eta_{20}} \tag{2.1}$$

式中，η_T——T ℃时，水的动力黏滞系数（10^{-6} kPa · s）；

η_{20}——20 ℃时，水的动力黏滞系数（10^{-6} kPa · s）。

其中，黏滞系数比 η_T/η_{20} 与温度的关系见表 2.1。

表 2.1　黏滞系数比 η_T/η_{20} 与温度的关系

T/℃	5	10	15	20	25	30	35
η_T/η_{20}	1.501	1.297	1.133	1.000	0.890	0.798	0.720

2.2　达西定律

若土中孔隙水在压力梯度下发生渗流，如图 2.2 所示。对于土中的 a 点与 b 点，已测得 a 点的水头为 H_1，b 点的水头为 H_2，其位置水头分别为 z_1 和 z_2，压力水头分别为 h_1 和 h_2，则有

$$\Delta H = H_1 - H_2 = (z_1 + h_1) - (z_2 + h_2) \tag{2.2}$$

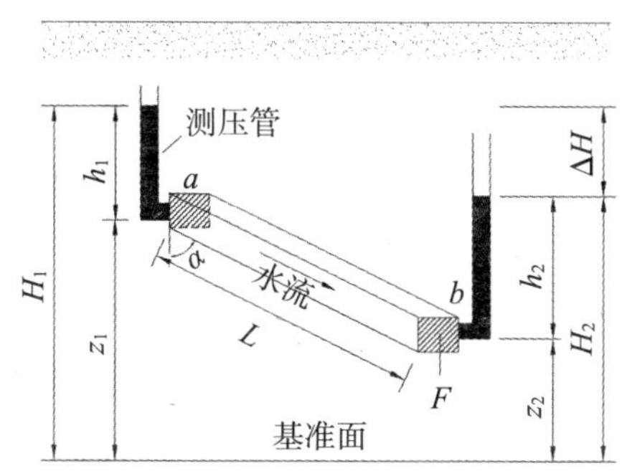

图 2.2　水在土中的渗流

式中，ΔH——水头损失（m），是土中水从 a 点流向 b 点的结果，也是由水与土颗粒之间的黏滞阻力产生的能量损失。

水自高水头的 a 点流向低水头的 b 点，水流路径长度为 L。由于土的孔隙较小，在大多数情况下水在孔隙中的流速较小，其渗流状态可以近似为层流。那么，土中水的渗流规律可以认为符合层流渗透定律（达西定律），即水在土中的渗透速度与水头梯度成正比，由此可得

$$v = kI \tag{2.3}$$

或

$$q = kIF \tag{2.4}$$

式中，v——渗流速度（m/s）；

I——水头梯度，即沿水流方向单位长度上的水头差（m），如图 2.2 中 a 点与 b 点的水头梯度 $I = \Delta H / L = (H_1 - H_2)/L$；

k——渗透系数（m/s），各类土的渗透系数参考取值范围可见表 2.2；

q——渗透流量（m/s），即单位时间内流过土截面积 F 的流量。

表 2.2　各类土的渗透系数参考取值范围

土的类别	渗透系数 /（m/s）	土的类别	渗透系数 /（m/s）
黏土	$<5\times10^{-8}$	细砂	$1\times10^{-5}\sim5\times10^{-5}$
粉质黏土	$5\times10^{-8}\sim1\times10^{-6}$	中砂	$5\times10^{-5}\sim2\times10^{-4}$
粉土	$1\times10^{-6}\sim5\times10^{-6}$	粗砂	$2\times10^{-4}\sim5\times10^{-4}$
黄土	$2.5\times10^{-6}\sim5\times10^{-6}$	圆砾	$5\times10^{-4}\sim1\times10^{-3}$
粉砂	$5\times10^{-6}\sim1\times10^{-5}$	卵石	$1\times10^{-3}\sim5\times10^{-3}$

由于达西定律只适用于层流的情况，所以一般只适用于中砂、细砂、粉砂等。对于粗砂、砾石、卵石等粗颗粒土，达西定律将不再适用。因为这时水的渗流速度较大，已不再是层流而是紊流。黏土中水的渗流规律不完全符合达西定律，也需要进行修正。

在黏土中，土颗粒周围存在着结合水。结合水因受到分子引力作用而呈现黏滞性。因此，黏土中自由水的渗流受到结合水的黏滞作用，只有克服结合水的抗剪强度后自由水才能开始渗流。克服此抗剪强度所需要的水头梯度，人们通常称为黏土的起始水头梯度 I_0。这样，在黏土中，应按下述修正后的达西定律计算渗流速度

$$v=k(I-I_0) \tag{2.5}$$

砂土与黏土的渗透规律如图 2.3 所示。直线 a 表示砂土的 $v\sim I$ 关系，是通过原点的一条直线。黏土的 v–I 关系是曲线 b（图中的虚线），d 点是黏土的起始水头梯度，当土中水头梯度超过此值后水才开始渗流。一般常用折线 c(图 2.3 中的曲线 Oef）代替曲线 b，即认为 e 点是黏土的起始水头梯度 I_0，其渗流规律用式（2.5）表示。

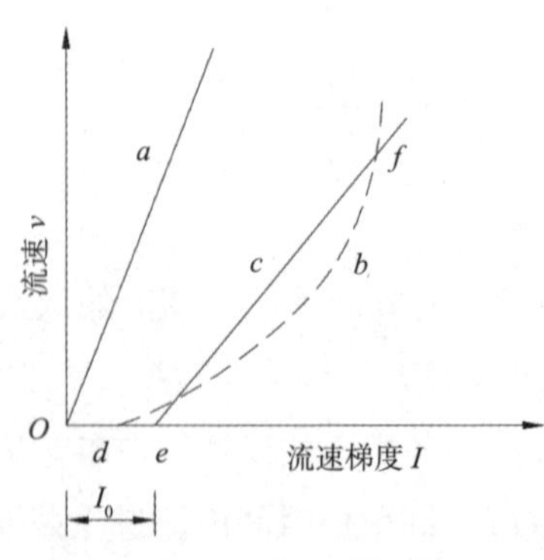

图 2.3　砂土和黏土的渗透规律

2.3 渗透系数

2.3.1 渗透试验

渗透系数是代表土渗透性强弱的定量指标，也是进行渗流计算时必须用到的一个基本参数。不同种类土体，渗透系数差别很大。因此，准确地测定土的渗透系数是一项十分重要的工作。渗透系数的测定方法主要分实验室内测定和野外现场测定两大类。

目前，在实验室中测定渗透系数的试验有很多，但是从试验原理上大体可以分为常水头试验和变水头试验两种。

1. 常水头试验

常水头试验是指在整个试验过程中保持土样两端水头不变的渗流试验。土样两端的水头差为常数，图 2.4 中的试验装置与图 2.2 中的达西渗透试验装置都属于这类试验装置。

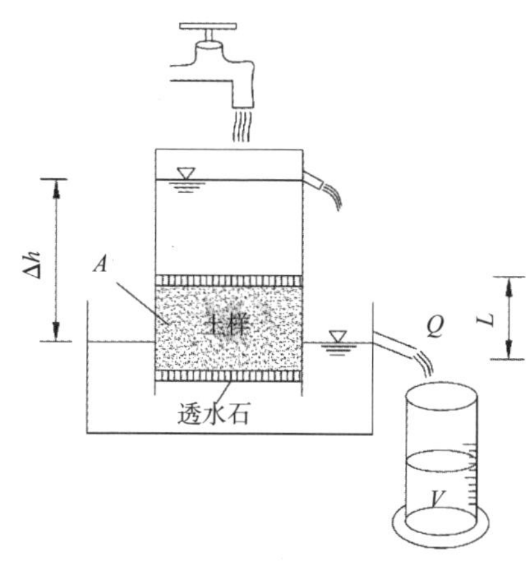

图 2.4　常水头试验装置示意图

试验时，可在透明塑料筒中装填横截面积为 A、长度为 L 的饱和土样。打开阀门，使水自上而下渗过土样，并自出水口处排出。待水头差 Δh 和渗流量 Q 稳定后，量测经过一定时间 t 内流经土样的水量 V，则

$$V = Qt = vAt \tag{2.6}$$

根据达西定律，$v = ki$，则

$$V = k\frac{\Delta h}{L}At \tag{2.7}$$

从而得到

$$k = \frac{VL}{A\Delta ht} \tag{2.8}$$

常水头试验适用于测定透水性大的砂土的渗透系数。

2. 变水头试验

变水头试验是指在试验过程中土样两端水头差随时间变化的渗流试验，其装置示意见图 2.5。水流从一根直立的带有刻度的玻璃管和 U 形管自下而上渗过土样。试验时，先将玻璃管充水至需要的高度后，测量土样两端在 $t = t_1$ 时刻的起始水头差 Δh_1。之后打开渗流开关，同时开动秒表，经过时间 Δt 后，再测量土样两端在终了时刻 $t = t_2$ 的水头差 Δh_2。根据上述试验结果和达西定律，即可推出土样渗透系数的表达式。

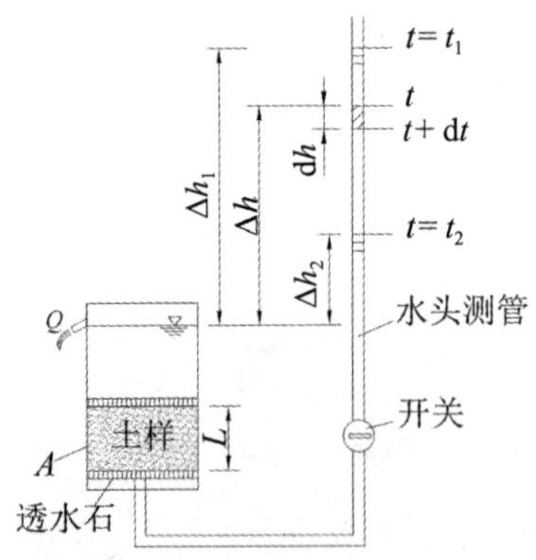

图 2.5　变水头试验装置示意图

令试验过程中任意时刻 t 作用于土样两端的水头差为 Δh，经过 $\mathrm{d}t$ 微时段后，管中水位下降 $\mathrm{d}h$，则 $\mathrm{d}t$ 时段内流入土样的水量微增量为

$$\mathrm{d}V_{\mathrm{e}} = -a\mathrm{d}h \tag{2.9}$$

式中，a——玻璃管横断面积（cm^2），其前面的负号表示流入水量随 Δh 的减少而增加。

根据达西定律，$\mathrm{d}t$ 时段内流出土样的水量微增量为

$$dV_o = kiAt = k\frac{\Delta h}{L}Adt \tag{2.10}$$

式中，A——土样的横断面积（cm^2）；

L——土样长度（cm）。

根据水流连续原理，应有 $dV_e = dV_o$，即

$$-adh = k\frac{\Delta h}{L}Adt \tag{2.11}$$

$$dt = -\frac{aL}{kA}\cdot\frac{dh}{\Delta h} \tag{2.12}$$

式（2.12）两边各自积分

$$\int_{t_1}^{t_2} dt = -\frac{aL}{kA}\int_{\Delta h_1}^{\Delta h_2}\frac{dh}{\Delta h} \tag{2.13}$$

$$t_2 - t_1 = \Delta t = \frac{aL}{kA}\ln\frac{\Delta h_1}{\Delta h_2} \tag{2.14}$$

可得土样的渗透系数计算式

$$k = \frac{aL}{A\Delta t}\ln\frac{\Delta h_1}{\Delta h_2} \tag{2.15}$$

若改用常用对数表示，则式（2.15）可写为

$$k = 2.3\frac{aL}{A\Delta t}\lg\frac{\Delta h_1}{\Delta h_2} \tag{2.16}$$

通过选定几组不同的 Δh_1 与 Δh_2 值，分别测出它们所需的时间 Δt，利用式（2.15）或式（2.16）计算土体的渗透系数 k，然后取平均值，作为该土样的渗透系数。变水头试验适用于测定透水性较小的黏性土的渗透系数。

实验室内测定土体渗透系数的优点是设备简单、费用较省。但是，由于土体的渗透性与土体结构关系密切，地层中水平方向和垂直方向的渗透性也往往不一样；再加之取土样时的扰动，不易取得具有代表性的原状土样，特别是砂土。因此，室内试验测出的数值常常不能很好地反映现场土体的实际渗透性。为此，可在现场进行渗透系数原位测定。

2.3.2　复杂地基渗透系数计算

大多数天然沉积土层由渗透系数不同的多层土所组成，具有横观各向同性

特征。在计算渗流量时，常常把几个土层等效为厚度等于各土层之和、渗透系数为等效渗透系数的单一土层。

1. 层状地基水平渗透系数

图 2.6 为层状地基水平渗透系数计算示意图，描述的是多土层地基发生水平渗流的情况。已知地基内各层土的渗透系数分别为 k_1，k_2，k_3，…，k_n，土层厚度相应为 H_1，H_2，H_3，…，H_n，总土层厚度（等效土层厚度）为 $H=\sum_{j=1}^{n}H_j$。渗透水流自断面 1—1 沿水平方向流至断面 2—2，距离为 L，水头损失为 Δh。

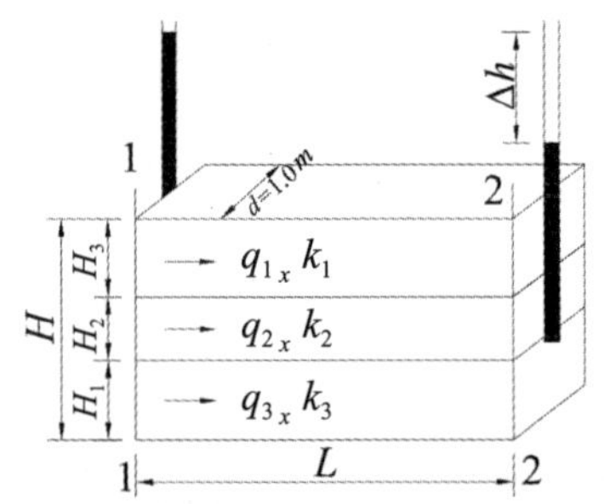

图 2.6　层状地基水平等效渗透系数计算示意图

水平渗流的特点归纳如下。

①各层土中的水力坡降 $i=\Delta h/L$ 与等效土层的平均水力坡降 i 相同。

②在垂直渗流方向取单位宽度 $d=1.0$ m，则通过等效土层的总渗流量等于通过各层土渗流量之和，即

$$q_x=q_{1x}+q_{2x}+q_{3x}+\cdots+q_{nx}=\sum_{j=1}^{n}q_{jx} \tag{2.17}$$

设等效土层的等效渗透系数为 k_x，应用达西定律可得

$$k_x iH=\sum_{j=1}^{n}k_j iH_j=i\sum_{j=1}^{n}k_j H_j \tag{2.18}$$

消去 i 后，即可得出沿水平方向的等效渗透系数

$$k_x=\frac{1}{H}\sum_{j=1}^{n}k_j H_j \tag{2.19}$$

可见，k_x 为各层土渗透系数按土层厚度加权后得到的平均值。

2. 层状地基垂直渗透系数

图 2.7 为层状地基垂直等效渗透系数计算示意图，描述的是多土层地基发生垂直渗流的情况。设承压水流经土层 H 厚度的总水头损失为 Δh，流经每一层的水头损失分别为 Δh_1，Δh_2，Δh_3，…，Δh_n。垂直渗流的特点归纳如下。

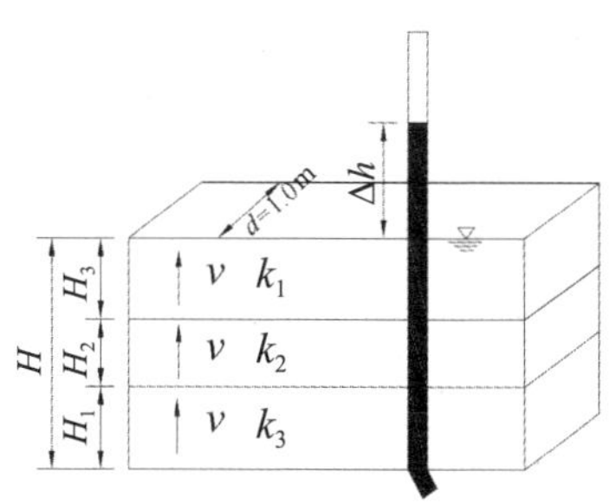

图 2.7　层状地基垂直等效渗透系数计算示意图

①根据水流连续原理，流经各土层的水的流量相同，并由达西定律，即

$$v_1 = v_2 = v_3 = \cdots = v_n = v \tag{2.20}$$

②流经等效土层 H 的总水头损失 Δh 等于各层土的水头损失之和，即

$$\Delta h = \Delta h_1 + \Delta h_2 + \Delta h_3 + \cdots + \Delta h_n = \sum_{j=1}^{n} \Delta h_j \tag{2.21}$$

由达西定律得

$$k_1 \frac{\Delta h_1}{H_1} = k_2 \frac{\Delta h_2}{H_2} = k_3 \frac{\Delta h_3}{H_3} = \cdots = k_n \frac{\Delta h_n}{H_n} = v \tag{2.22}$$

从而解出

$$\Delta h_j = \frac{vH_j}{k_j} \quad (j=1,\ 2,\ 3,\ \cdots,\ n) \tag{2.23}$$

设竖直等效渗透系数为 k_z，对于等效土层，有

$$v = k_z \frac{\Delta h}{H} \tag{2.24}$$

从而得到

$$\Delta h = \frac{vH}{k_z} \tag{2.25}$$

将式（2.23）代入式（2.25），可得

$$\frac{vH}{k_z}=\sum_{j=1}^{n}\frac{vH_j}{k_j} \tag{2.26}$$

消去 v，即可得出沿垂直方向的等效渗透系数 k_z

$$k_z=\frac{H}{\sum\limits_{j=1}^{n}\frac{H_j}{k_j}} \tag{2.27}$$

【例题 2.1】 不透水岩基有水平分布的三层土，厚度均为 1 m，渗透系数分别为 $k_1=0.001$ m/d，$k_2=0.2$ m/d，$k_3=10$ m/d，分别求等效土层的水平渗流与垂直渗流的等效渗透系数 k_x 和 k_z。

【解】 由式（2.19）可得

$$k_x=\frac{1}{H}\sum_{j=1}^{3}k_jH_j=\frac{1}{3}(0.001+0.2+10)\approx 3.40(\text{m/d})$$

由式（2.27）可得

$$k_z=\frac{H}{\sum\limits_{j=1}^{3}\frac{H_j}{k_j}}=\frac{3}{\frac{1}{0.001}+\frac{1}{0.2}+\frac{1}{10}}\approx 0.003(\text{m/d})$$

由此可见，水平渗流的等效渗透系数 k_x 是各土层渗透系数按厚度加权后得到的平均值，其中渗透系数大的土层起主要作用；垂直渗透的等效渗透系数 k_z 则由渗透系数小的土层起主要作用（木桶短板效应），所以 k_x 恒大于 k_z。在实际问题中，选用等效渗透系数时，一定要注意渗透水流的方向，正确地选择等效渗透系数。

2.4 渗透力和浸润线

2.4.1 渗透力

水在土中渗流时，受到土颗粒阻力 T 的作用，作用方向与水流方向相反。根据作用力与反作用力相等的原理，水流也必然有一个相等的力作用在土颗粒上。通常把水流作用在单位体积土体中土颗粒上的力称为动水力 G_D，也称为渗流力，单位为 kN/m^3。动水力的作用方向与水流方向一致，G_D 和 T 的大小相

等、方向相反，都用体积力表示。

动水力的计算在工程实践中具有重要意义，如考虑土体在水渗流时的稳定性问题。

1. 动水力计算

如图 2.8 所示，在土中沿水流的渗透方向，切取一个土柱体 ab，土柱体长度为 l，横截面积为 F。已知 a 与 b 两点距基准面的高度分别为 z_1 和 z_2，两点的测压管水柱高分别为 h_1 和 h_2，则两点的水头分别为 $H_1 = h_1 + z_1$ 和 $H_2 = h_2 + z_2$。

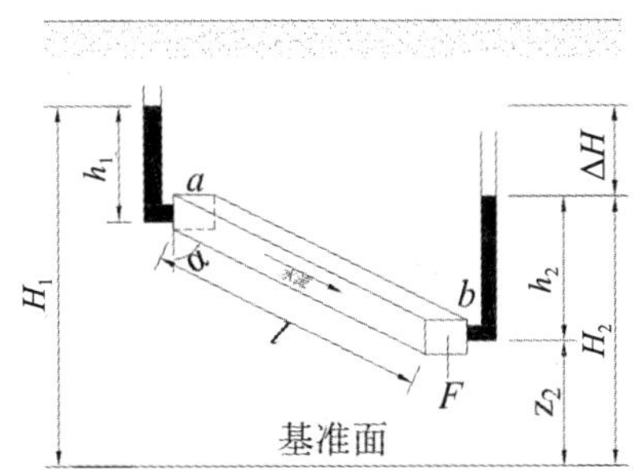

图 2.8　动水力计算

将土柱体 ab 内的水作为脱离体，考虑作用在水上的力。因为水流的流速变化很小，其惯性力可以略去不计。

根据作用在土柱体 ab 内水上的各力平衡条件，可得

$$\gamma_w h_1 F - \gamma_w h_2 F + \gamma_w nlF\cos\alpha + \gamma_w (1-n)lF\cos\alpha - lFT = 0 \qquad (2.28)$$

$\gamma_w h_1 F$——作用在土柱体的截面 a 处的水压力，其方向与水流方向一致；

$\gamma_w h_2 F$——作用在土柱体的截面 b 处的水压力，其方向与水流方向相反；

$\gamma_w nlF\cos a$——土柱体内水的重力在 ab 方向的分力，其方向与水流方向一致；

$\gamma_w(1-n)F\cos a$——土柱体内土颗粒作用于水的力在 ab 方向的分力（土颗粒作用于水的力，也就是水对于土颗粒作用的浮力的反作用力），其方向与水流方向一致；

lFT——水渗流时，土柱中的土颗粒对水的阻力，其方向与水流方向相反。

其中，γ_w 为水的重度，取 10 kN/m^3；n 为土的孔隙率。

消去 F，得

$$\gamma_w h_1 - \gamma_w h_2 + \gamma_w l\cos\alpha - lT = 0 \tag{2.29}$$

将$\cos\alpha = \dfrac{z_1 - z_2}{l}$代入式（2.29），可得

$$T = \gamma_w \frac{(h_1 + z_1) - (h_2 + z_2)}{l} = \gamma_w \frac{H_1 - H_2}{l} = \gamma_w I \tag{2.30}$$

由此可得动水力计算公式

$$G_D = T = \gamma_w I \tag{2.31}$$

2. 流砂现象、管涌和临界水头梯度

动水力的方向与水流方向一致。当水的渗流方向自上而下时，如图 2.9（a）中容器内的土样或图 2.10 中河滩路堤基底土层中的 d 点，动水力方向与土体重力方向一致，将增加土颗粒间的压力；当水的渗流方向自下而上时，如图 2.9（b）中容器内的土样或图 2.10 中的 e 点，动水力的方向与土体重力方向相反，将减小土颗粒间的压力。

若水的渗流方向自下而上，则在土体表面如图 2.9（b）的 a 点或图 2.10 中路堤下的 e 点取单位体积的土体进行分析。已知土的有效重度为 γ'，当向上的动水力 G_D 与土的有效重度相等时，取

$$G_D = \gamma_w I = \gamma' = \gamma_{sat} - \gamma_w \tag{2.32}$$

式中，变量物理意义同前。

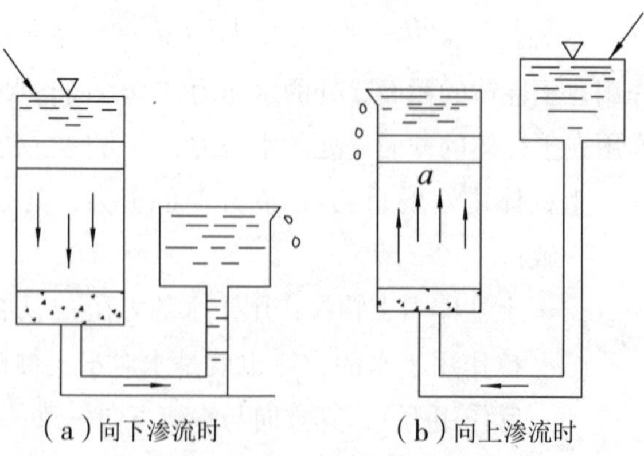

（a）向下渗流时　　（b）向上渗流时

图 2.9　不同渗流方向对土的影响

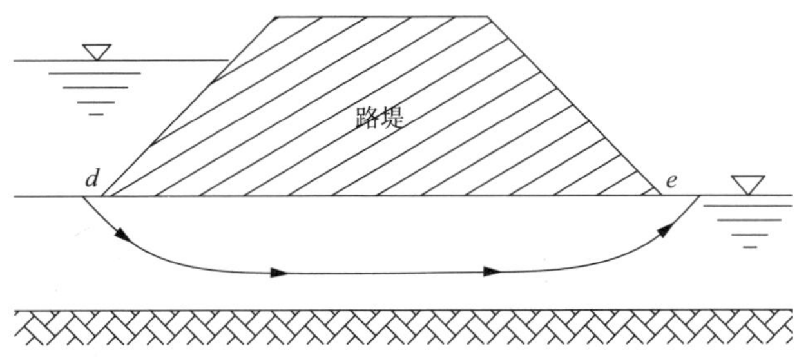

图 2.10　河滩路提下的渗流

这时土颗粒间的压力等于零，土颗粒将处于悬浮状态而失去稳定，这种现象称为流砂现象。这时的水头梯度称为临界水头梯度 I_{cr}，可由式（2.32）得到

$$I_{cr}=\frac{\gamma'}{\gamma_w}=\frac{\gamma_{sat}}{\gamma_w}-1 \tag{2.33}$$

工程中将临界水头梯度 I_{cr} 除以安全系数 K 作为容许水头梯度 $[I]$，设计时，渗流逸出处的水头梯度应满足以下要求

$$I\leqslant[I]=\frac{I_{cr}}{K} \tag{2.34}$$

式中，K——安全系数，对流砂的安全性进行评价时，K 一般可取 2.0 ～ 2.5。

水在砂性土中渗流时，土中的一些细小颗粒在动水力的作用下，可能通过粗颗粒的孔隙被水流带走，这种现象称为管涌。管涌可以发生于局部范围，但也可能逐步扩大，最后导致土体失稳破坏。发生管涌的临界水头梯度与土的颗粒大小及其级配情况有关。图 2.11 给出了临界水头梯度 I_{cr} 与土的不均匀系数 C_u 之间的关系曲线，从图中可以看出，土的不均匀系数越大，管涌现象越容易发生。流砂现象发生在土体表面渗流逸出处，不发生在土体内部；而管涌现象既可以发生在渗流逸出处，也可以发生在土体内部。

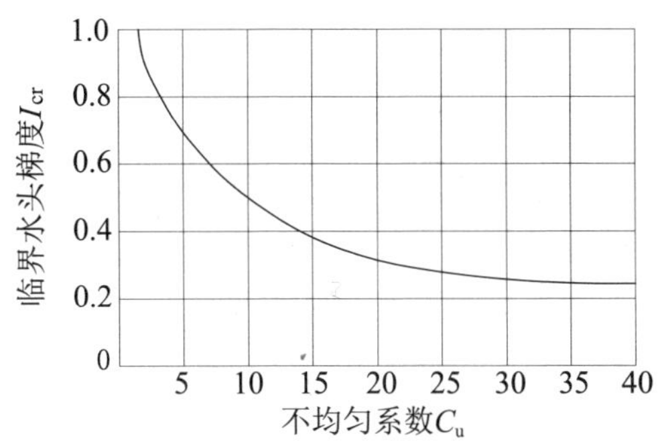

图 2.11　临界水头梯度与土的不均匀系数的关系曲线

流砂现象主要发生在细砂、粉砂及粉土等土层中。饱和的低塑性黏性土受到扰动时也会发生流砂现象，而在粗颗粒及黏土中则不易产生。

在基坑开挖时，若采用表面直接排水，坑底土将受到向上的动水力作用，可能发生流砂现象。这时，坑底土边挖边会随水涌出，无法消除。由于坑底土随水涌入基坑，使坑底土的结构破坏，强度降低，重则造成坑底失稳，轻则将会造成建筑物的附加沉降。在基坑四周由于土颗粒流失，地面会发生凹陷，危及邻近的建筑物和地下管线，严重时会导致工程事故。在水下深基坑施工或沉井采用排水挖土下沉法施工过程中，若发生流砂现象将危及施工安全，应引起特别注意。通常，施工前应做好周密的勘测工作，当基坑底面的土层是容易引起流砂现象的土质时，应避免采用表面直接排水，而应采用人工降低地下水位的方法进行施工。

当河滩路堤两侧有水位差时，在路堤内或基底土内易发生渗流，当水头梯度较大时可能产生管涌现象，导致路堤坍塌破坏。为了防止管涌现象发生，一般可在路基下游边坡的水下部分设置反滤层，可以防止路堤中细小颗粒被管涌带走。

为防止渗流破坏，应使渗流逸出处的水头梯度小于容许水头梯度。因此，确定渗流逸出处的水头梯度至关重要。在实际工程中，对于边界条件较为复杂的渗流问题难以给出严密的解析解，可采用电模拟试验法或流网法求解。其中，流网法直观明了，在工程中有着广泛应用，精度一般可满足实际需要。

2.4.2 浸润线

浸润线又称渗流自由面，是渗透水流表面与土坡横断面的交线。浸润线以下土体处于饱和状态，颗粒重量为有效重量，同时受地下水的渗透力作用，坝体内浸润线位置的高低及形状对土体的应力、土料的抗剪强度、土坡稳定性及土料的渗透稳定性影响均较大。因此，确定浸润线的位置是土坡病害诊断和治理中必须解决的关键问题。

浸润线位置的确定是土坡渗流分析及稳定分析的重要内容。土体中渗流水的自由表面的位置，在横断面上为一条曲线。在实际工程中，坡体的浸润线主要采用实测方法和水力学法计算求得。实测方法推求坡体浸润线的可靠性高，但在实际工程中困难较大；水力学法是建立在对坡体渗流条件做某些简化假设的基础上的一种解析计算方法，只能计算出渗流场中某一渗流截面上的平均渗流要素，而不能计算出渗流场中任一点处的渗流要素。

近年来，随着计算机的普及和数值计算方法的发展，有限元计算方法逐渐成为一种丰富多彩、应用广泛并且实用高效的数值分析方法。该方法是将实际的渗流场离散为有限个节点相互联系的单元体，先求得单元体节点处的水头，同时假定在每个单元体内的渗透水头呈线性变化，进而求得渗流场中任一点处得水头和其他渗流要素。因此，采用有限元法确定土坡坡体的浸润线可以不受边坡几何形状的不规则和材料的不均匀性限制，如陈洪凯教授提出的符合单元全域迭代法。

2.5　流网

2.5.1　流网特征

在渗流场中，由一组等势线（或等水头线）和流线组成的网格称为流网，其主要特性如下。

①对于各向同性土体，等势线（等水头线）和流线处处垂直，即流网为正交的网格。

渗流场中任一点的渗流速度方向为等势线的梯度方向，即渗流速度必与等势线垂直。此外，渗流场中任一点的渗流速度方向又是流线的切线方向。

②绘制流网（图 2.12）时，流线函数用 ψ 表示，势函数用 φ 表示。若使得相邻等势线间的增量 $\Delta\varphi$ 和相邻流线间的增量 $\Delta\psi$ 均为常数，则流网中每一个网格的边长比也保持为常数。特别是当 $\Delta\varphi=\Delta\psi$ 时，流网中每一个网格的边长比为 1，此时流网中的每一网格均为曲边正方形。

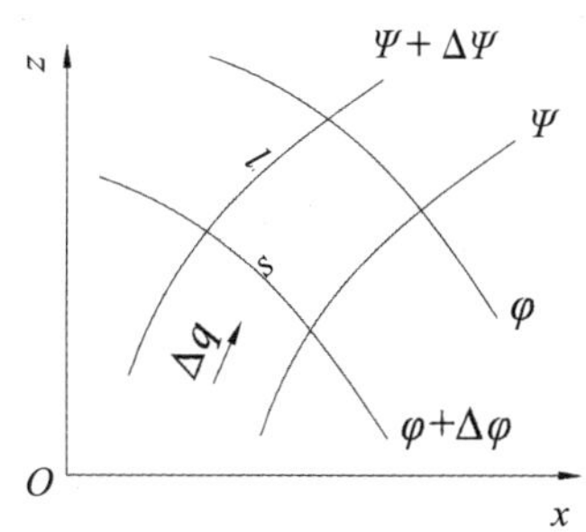

图 2.12　流网特性

设在流网中取出一个网格，相邻流线间的差值为 $\Delta\psi$，间距为 s；相邻等

势线间的差值为$\Delta\varphi$，间距为 l。设网格处的渗流速度为 v，则有

$$\Delta\psi = \Delta q = v \cdot s \tag{2.35}$$

$$\Delta\varphi = -k\Delta h = -k\frac{\Delta h}{l}l = v \cdot l \tag{2.36}$$

故有

$$\frac{\Delta\psi}{\Delta\varphi} = \frac{v \cdot s}{v \cdot l} = \frac{s}{l} \tag{2.37}$$

因此，当$\Delta\varphi$和$\Delta\varphi$均保持不变时，流网网格的长宽比s/l也保持为一常数；而当$\Delta\psi = \Delta\varphi$时，对流网中的每一网格均有$s/l=1$，这样，流网中的每一网格均为曲边正方形。

2.5.2　流网绘制

1. 流网的绘制步骤

如图 2.13 所示，流网的绘制步骤如下。

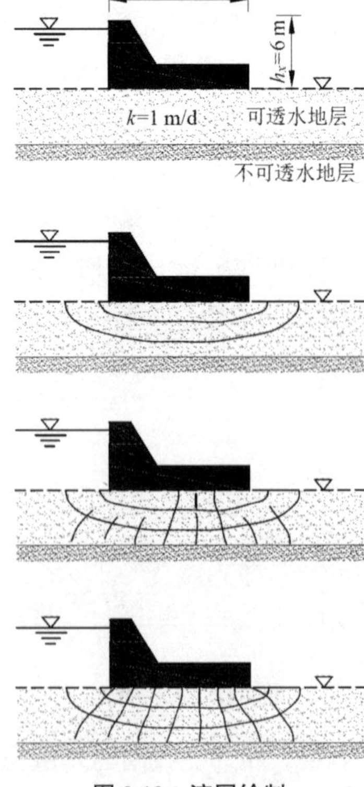

图 2.13　流网绘制

①按一定的比例绘出结构物和土层的剖面图。

②判定边界条件。

③先试绘若干条流线（应相互平行、不交叉且是缓和曲线），流线应与进水面、出水面正交，并与不透水面接近平行，不交叉。

④加绘等势线，必须与流线正交，且每个渗流区的形状接近方块。

上述过程不可能一次就合适，经反复修改调整，直到满足上述条件为止。

根据流网，可以直观地获得渗流特性的总体轮廓，并可定量求得渗流场各点的水头、水力坡降、渗流速度和渗流量。

2. 流网的用处

在解决实际工程中的渗流问题时，流网的用处如下。

（1）求流网中各点的测管水头及各点间的水头差

根据上下总水头差 ΔH 和等势线的间隔数 n，确定两个等势线间的水头差

$$\Delta h = \frac{\Delta H}{n} \tag{2.38}$$

然后看该点位于哪一条等势线附近，通过内插确定该点的测管水头。

（2）求流网中各点的平均水力坡降

由于各相邻等势线间的水头差都相等，所以网格密的地方水力坡降就大。第 i 个网格的平均水力坡降为

$$i_i = \frac{\Delta h}{l_i} \tag{2.39}$$

式中，l_i——第 i 个网眼的等势线平均距离（m）。

（3）计算渗流量

通过流网，可以首先计算每个流道（两个相邻流线所形成的渗流通道）的渗流量 Δq

$$\Delta q = v_i s_i = k i_i s_i = k \frac{\Delta h}{l_i} s_i \tag{2.40}$$

式中，s_i——两个相邻流线间的距离（m）。

由于任意网格都是正方形的，所以 $s_i = l_i$，则

$$\Delta q = kh = k \frac{\Delta H}{n} \tag{2.41}$$

可见，每个流道所流出的流量都是相等的，若流网由 m 个流道组成，则总单宽渗流量为

$$q = m\Delta q = k\frac{\Delta H}{n}m \tag{2.42}$$

（4）判断渗透变形的可能性

渗透变形（流土）总是发生在由下向上渗流的出口处，因而要对竖直向上的渗流出口的流网最密处进行判断，也可以根据流网中各处的土的类型与性质判断其他渗透变形问题，尤其是两层土的交界处。

第 3 章　土中应力

3.1　土中应力分类

土体在自身重力、建筑物荷载、交通荷载或其他因素（如地下水渗流、地震等）的作用下，均可产生应力，称土中应力。土中应力将引起土体或地基的变形，使土工建筑物（如房屋、桥梁、涵洞等）发生沉降、倾斜及水平位移。土体或地基的变形过大，会影响建筑物的结构安全或正常使用，甚至可能导致土体强度破坏。因此，在研究土的变形、强度及稳定性问题时，必须掌握土中原有的应力状态及其变化。土中应力是土体变形理论和强度理论的基础。

1. 按成因分类

按成因分类，土中应力可分为自重应力和附加应力。

土中某点的自重应力与附加应力之和为土体受外荷载作用后的总和应力。

自重应力是指土体由自重作用产生的应力，包括竖向土中应力和水平土中应力。

附加应力是指土体相比于自重应力由外荷载（包括建筑物荷载、交通荷载、堤坝荷载等）及地下水渗流、地震等作用产生的应力增量，是使地基发生变形和破坏的重要原因。

2. 按土骨架和土中孔隙的分担作用分类

按土骨架和土中孔隙的分担作用分类，土中应力可分为有效应力和孔隙水压力。

土中某点的有效应力与孔隙水压力之和，称为总应力。

有效应力是指土粒所传递的粒间应力，是控制土的体积（变形）和强度变化的主要荷载。

孔隙水压力是指土中水和土中气所传递的应力，土中水传递的应力，即孔隙水压力；土中气传递的应力，即孔隙气压力。

在计算土体或地基的变形及土的抗剪强度时，必须应用土中某点的有效应力原理。

3. 土的应力与应变

土体受力后，土粒在其接触点处出现应力集中现象。因此，在研究土体内部微观受力时，必须了解土粒之间的接触应力和土粒的相对位移。但在研究宏观土体受力时（如地基变形和承载力问题），土体的尺寸远大于土粒的尺寸，这时就可以把土粒和土中孔隙合在一起来考虑两者的平均支承应力。

当研究土体或地基的应力和变形时，必须从土的应力与应变关系出发。根据土样的单轴压缩试验资料，当应力很小时，土的应力－应变关系不是线性变化（图 3.1）的，即土的变形具有明显的非线性特征。然而，考虑到一般建筑物荷载作用下地基土中某点的应力变化范围（应力增量 $\Delta\sigma$）不大，可以用一条割线来近似地替代相应的曲线段，即可以把土体看成一个线性变形体，简化计算。

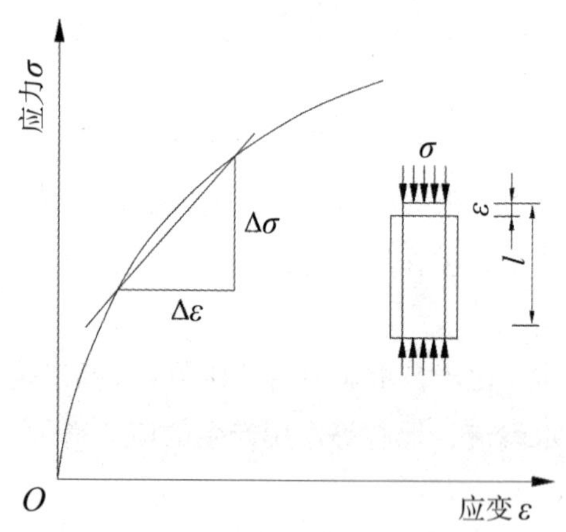

图 3.1　土的应力－应变关系曲线

天然土层往往是由成层土组成的非均质土或各向异性土。但当土层性质变化不大时，视土体为均质各向同性体的假设，对土中竖向应力分布引起的误差，通常在允许范围之内。

土体的变形和强度不仅与受力大小有关，还与土的应力历史和应力路径有关。应力路径是指土中某点的应力变化过程在应力坐标图上的轨迹。

3.2　有效应力原理

1. 有效应力原理

有效应力原理是土力学中一个极其重要的科学理论，是美籍奥地利土力学家太沙基于 1923 年提出的。在土中某点截取一水平截面，其面积为 F，作用于截面上的应力为 σ，如图 3.2 所示。σ 是由上面的土体重力、静水压力及外荷载 p 所产生的应力，称为总应力。总应力由两部分组成：一是有效应力，由土颗粒间的接触面承担；二是孔隙应力（也称孔隙压力），由土体孔隙内的水及气体承担。沿 a—a 截面取脱离体，由于 a—a 截面同时穿过土粒和粒间空隙，土粒传递应力为 σ_s，粒间孔隙力包括孔隙水压力 u_w 和孔隙气压力 u_a，各部分面积分别为 F_s，F_w，F_a，且 $F = F_s + F_w + F_a$。据力平衡原理可得

$$\sigma F = \sigma_s F_s + u_w F_w + u_a F_a \tag{3.1}$$

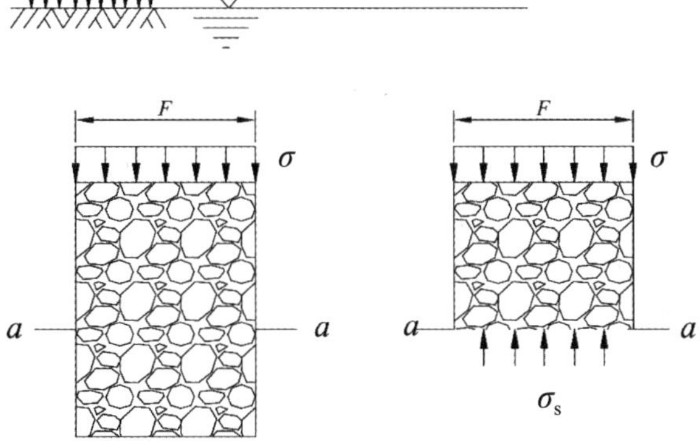

图 3.2　有效应力

对于饱和土，$u_a = 0$，则 $F_a = 0$，则式（3.1）可写成

$$\sigma F = \sigma_s F_s + u_w F_w = \sigma_s F_s + u_w (F - F_s) \tag{3.2}$$

或

$$\sigma = \frac{\sigma_s F_s}{F} + u_w \left(1 - \frac{F_s}{F}\right) \tag{3.3}$$

由于颗粒间的接触面积 F_s 是很小的，外国学者毕肖普和伊尔定根据粒状土的试验工作认为$\frac{F_s}{F}$一般小于 0.03，有可能小于 0.01。因此，式（3.3）中的

第二项的$\frac{F_s}{F}$可略去不计，但第一项中因为土颗粒间的接触应力 σ_s 很大，不能略去。此时，式（3.3）可写为：

$$\sigma = \frac{\sigma_s F_s}{F} + u_w \tag{3.4}$$

式中，$\frac{\sigma_s F_s}{F}$实际上是土颗粒间的接触应力在截面积 F 上的平均应力，称为土的有效应力，通常用 σ' 表示，并把孔隙水压力 u_w 用 u 表示。式（3.4）可写成

$$\sigma = \sigma' + u \tag{3.5}$$

式（3.5）就是经典的有效应力公式。

对于饱和土，土中孔隙压力在各个方向上的作用力大小都是相等的，只能使土颗粒产生压缩（由于土颗粒本身的压缩量是很微小的，在土力学中均不考虑），而不能使土颗粒产生位移。土颗粒间的有效应力 σ' 会引起土颗粒的位移，使孔隙体积改变、土体发生压缩变形，有效应力的大小也影响土的抗剪强度。我们由此可以得到土力学中常用的饱和土有效应力原理，它包含两个基本要点：

①有效应力 σ' 等于总应力 σ 减去孔隙水压力 u。

②有效应力控制了土的变形及强度性能。

对于非饱和土，由式（3.2）可得

$$\sigma = \frac{\sigma_s F_s}{F} + u_w \frac{F_w}{F} + u_a \frac{F - F_w - F_a}{F} = \sigma' + u_a - \frac{F_w}{F}(u_a - u_w) - u_a \frac{F_a}{F} \tag{3.6}$$

略去$u_a \frac{F_a}{F}$这一项，可得非饱和土的有效应力公式

$$\sigma' = \sigma - u_a + \chi(u_a - u_w) \tag{3.7}$$

式（3.7）是毕肖普等学者提出的，式中的$\chi = \frac{F_w}{F}$是由试验确定的参数，取决于土的类型及饱和度。一般认为有效应力原理能正确地用于饱和土，对非饱和土适用性差。

2. 饱和土的固结理论

土中空隙存在开放空隙和封闭空隙。实用中，当开放空隙体积的 80% 以上为水充满时，均可视为饱和土。

饱和土的固结主要包括渗透固结（主固结）和次固结两部分，前者由土孔

隙中自由水的排出速度所决定；后者由土骨架的蠕变速度所决定。饱和土在附加压应力作用下，孔隙中自由水将随时间而逐渐被排出，同时孔隙体积也随着缩小，这个过程称为饱和土的渗透固结。饱和土的渗透固结，可借助水－弹簧模型来说明，弹簧模拟土中固相介质。如图 3.3 所示，在一个盛满水的圆筒中装着一个带有弹簧的活塞，弹簧上下端连接活塞和筒底，活塞上有许多透水的小孔。当在活塞上施加外压力 σ 的一瞬间（$t\approx 0$），弹簧没有受压而全部压力由圆筒内的水所承担（$u'=0$⊠ $\sigma'=0$）。随着时间推移，$t>0$，水受到超孔隙水压力后开始经活塞小孔逐渐排出，受压活塞随之下降。此时，$u<\sigma$，$\sigma'>0$。当 $t\to\infty$，$u\to 0$，则 $\sigma'\approx\sigma$。

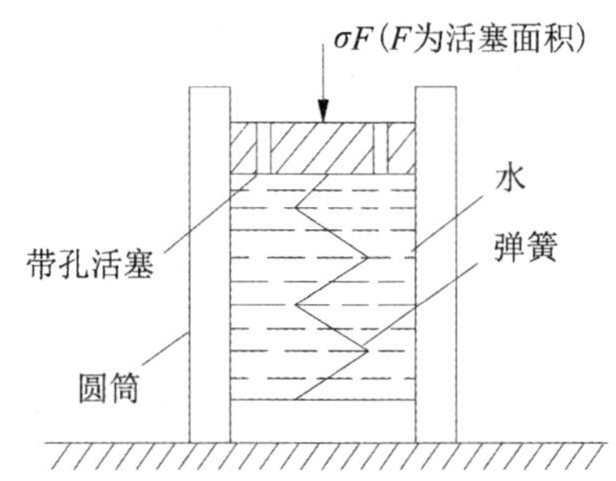

图 3.3　土骨架与土中水分担应力变化的简单模型

在饱和土的固结过程中，任一时刻，根据平衡条件，土中任意点的有效应力 σ' 与孔隙水压力 u 之和总是等于总应力 σ。饱和土渗透固结时的土中总应力通常是指作用在土中的附加应力 σ

$$\sigma'+u=\sigma \tag{3.8}$$

可见，当在加压的瞬间由于 $u=\sigma$，所以 $\sigma'=0$；而当固结变形完全稳定时，则 $\sigma'=\sigma$，$u=0$。因此，只要土中超孔隙水压力还存在，就意味着土的渗透固结变形尚未完成。换言之，饱和土的渗透固结就是孔隙水压力的消散和有效应力相应增长的过程，前提仍然是土体三相不可压缩。

3.3　自重应力

3.3.1　均质土中自重应力

1878 年，瑞士地质科学家海姆（A. Heim）在大型越岭隧道的施工过程中，通过观察与分析，首次提出了地应力的概念：

假设地应力是静水应力状态，即地壳中任意一点的应力在各个方向上均相等，并且等于单位面积上覆盖岩层的重量，海姆假定

$$\sigma_h = \sigma_v = \gamma H \tag{3.9}$$

式中，σ_h——水平应力（kPa）；

σ_v——垂直应力（kPa）；

γ——覆盖岩层的容重（kN/m^3）；

H——覆盖岩层的深度（m）。

海姆认为：

①原岩应力各向等压，即原岩体大都处于静水压力状态。

②上覆岩体的重量，历经漫长的地质年代后，由于材料的蠕变性及水平方向的约束条件，导致水平应力最终与垂直应力相均衡。

由土体自身重量而产生的应力叫自重应力。地面起伏土体的自重应力计算是相当复杂的，其中最简单和常用的是地基土的自重应力。由于假设地基是在水平面上无限延展的半无限体，所以地基土中的竖向自重应力计算就是一个可通过竖向的静力平衡确定的静定问题，竖向自重应力为最大主应力。如果地基土是均质的，则在深度 z 处的竖向自重应力为

$$\sigma_{cz} = \gamma z \tag{3.10}$$

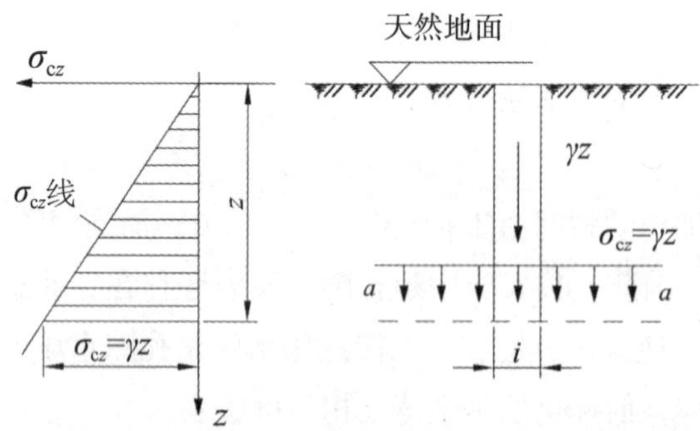

（a）沿深度的分布　　（b）任意水平面上的应力分布

图 3.4　均质土中竖向自重应力

实际上，天然土地基是由具有不同性质和不同重度的土层及地下水组成的，如图 3.5 所示。则处于深度 z 处的自重应力可利用加权法计算

$$\sigma_{cz} = \sum_{i=1}^{n} \gamma_i H_i \tag{3.11}$$

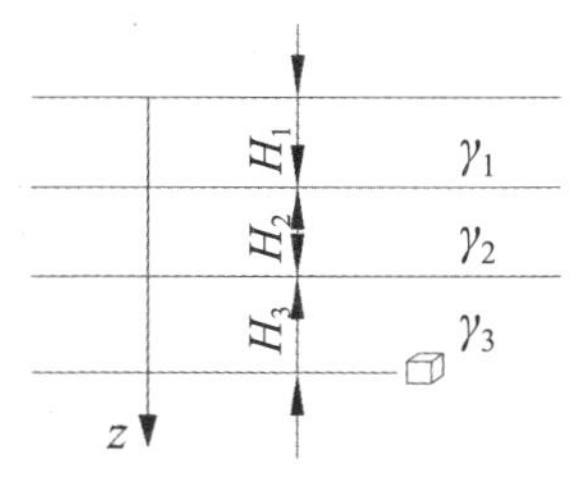

（a）地基土的自重应力

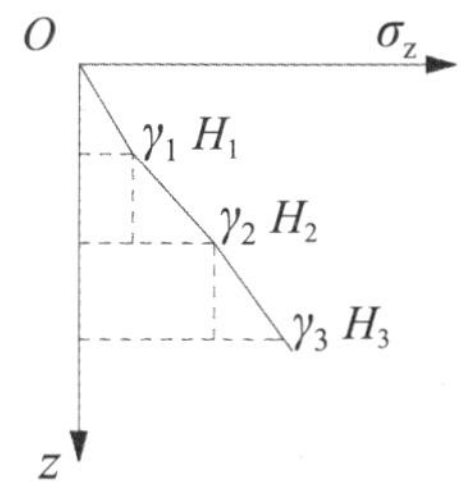

（b）地基土自重应力的分布

图 3.5　地基土的自重应力及分布

式中，n——在深度 z 的范围内地基中的土层数；

γ_i——第 i 层土的重度（kN/m^3）；

H_i——在深度 z 的范围内第 i 层土的厚度（m）。

地基土中的水平自重应力为

$$\sigma_{cx} = \sigma_{cy} = K_0 \sigma_{cz} \tag{3.12}$$

式中，K_0——静止水压力系数，它是在侧限应力状态下水平应力与竖向应力之比。

假设土体为线弹性体，则

$$K_0 = \frac{\mu}{1-\mu} \tag{3.13}$$

式中，μ——泊松比。但是由于土并不是线弹性体，所以 K_0 与土的种类、状态和应力历史等因素有关。

若计算点在地下水位面以下，由于水对土体有浮力作用，水下部分土柱体自重必须扣去浮托力，应采用土的浮重度 γ' 替代（湿）重度 γ 计算。

3.3.2　成层土中自重应力

地基土往往是成层的，因而各层土具有不同的重度。例如，地下水位位于同一土层中，计算自重应力时，地下水位也应作为分层的界面。

地面下任意深度 z 范围内各层土的厚度自上而下分别为 h_1，h_2，…，h_i，…，h_n，计算出高度为 z 的土柱体中各层土重的总和后，可得到成层土自重应力的计算公式

$$\sigma_{cz} = \sum_{i=1}^{n} \gamma_i h_i \tag{3.14}$$

式中，σ_{cz}——天然地面下任意深度 z 处的竖向有效自重应力（kPa）；

n——深度 z 范围内的土层总数；

h_i——第 i 层土的厚度（m）；

γ_i——第 i 层土的天然重度，对地下水位以下的土层取浮重度 γ'_i（kN/m^3）。

在地下水位以下，如埋藏有不透水层（如岩层或只含结合水的坚硬黏土层），由于不透水层中不存在水的浮力，所以不透水层顶面的自重应力及顶面以下的自重应力应按上覆土层的水土总重计算，如图 3.6 的下部所示。

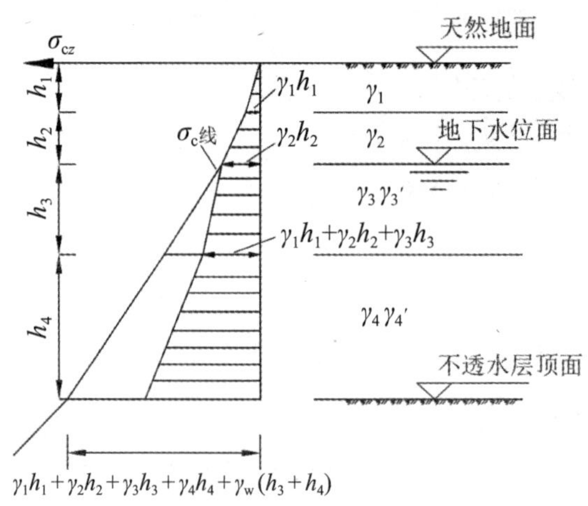

图 3.6　成层土竖向自重应力沿深度的分布

$$\sigma_c = \sum_{i=1}^{n} \gamma_i h_i + \gamma_w h_w$$

式中，γ_w——水的重度，通常取 γ_w=10 kN/m^3；

h_w——地下水位面至不透水层顶面的距离（m）。

【例题 3.1】 某土层及其物理性质指标如图 3.7 所示，计算土中自重应力。

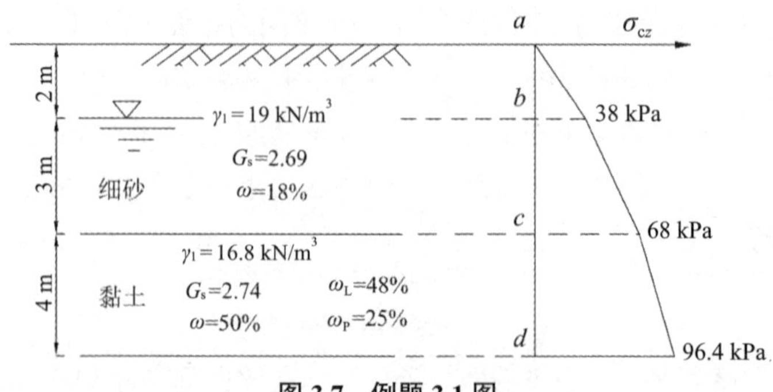

图 3.7　例题 3.1 图

【解】

第一层土为细砂，地下水位以下的细砂受到水的浮力作用，按三相理论，计算其浮重度 γ'_1 为

$$\gamma'_1 = 10\ \text{kN/m}^3$$

第二层土为黏土，液性指数 $I_L = \dfrac{\omega - \omega_p}{\omega_L - \omega_p} = \dfrac{50-25}{48-25} = 1.09 > 1$，所以认为黏土层受到水的浮力作用，其浮重度 γ'_2 为

$$\gamma'_2 = 7.1\ \text{kN/m}^3$$

a 点：$z = 0$，$\sigma_{cz} = \gamma z = 0$

b 点：$z = 2$ m，$\sigma_{cz} = 19.0 \times 2 = 38.0$ kPa

c 点：$z = 5$ m，$\sigma_{cz} = 19.0 \times 2 + 10.0 \times 3 = 68.0$ kPa

d 点：$z = 9$ m，$\sigma_{cz} = 19.0 \times 2 + 10.0 \times 3 + 7.1 \times 4 = 96.4$ kPa

土中自重应力分布如图 3.7 所示。

【例题 3.2】 如图 3.8 所示，计算地下水地基土中的自重应力分布。

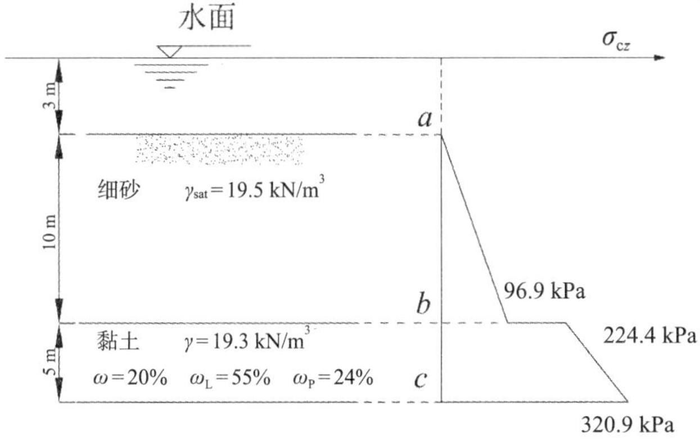

图 3.8　例题 3.2 图

【解】 水下的粗砂受到水的浮力作用，其浮重度为

$$\gamma' = (\gamma_{sat} - \gamma_w) = 19.5 - 9.81 = 9.69\ \text{kN/m}^3$$

黏土层因为 $\omega = 20\% < \omega_P = 24\%$，则 $I_L < 0$，故认为土层不受水的浮力作用，土层面上还受到上面静水压力作用。土中各点的自重应力计算如下：

a 点：$z = 0$，$\sigma_{cz} = \gamma z = 0$

b 上点：$z = 10$ m，但该点位于粗砂层中，则：$\sigma_{cz} = \gamma' z = 9.69 \times 10 = 96.9$ kPa

b 下点：$z=10$ m，但该点位于黏土层中，则

$$\sigma_{cz}=\gamma' z+\gamma_w h_w=9.69\times10+9.81\times13\approx224.4\ \text{kPa}$$

c 点：$z=15$ m，$\sigma_{cz}=224.4+19.3\times5=320.9$ kPa

土中自重应力分布如图 3.8 所示。

3.3.3　地下水位升降对土中自重应力的影响

地下水位升降，使地基土中自重应力也相应发生变化。图 3.9（a）描述的是地下水位下降的情况。例如，在软土地区，因大量抽取地下水，以致地下水位长期大幅度下降，使地基中有效自重应力增加，从而引起地面大面积沉降的严重后果。图 3.9（b）描述的是地下水位长期上升的情况。例如，在人工抬高蓄水水位地区（如筑坝蓄水）或工业废水大量渗入地下的地区，水位上升会引起地基承载力的减少、湿陷性土的塌陷现象，必须引起注意。

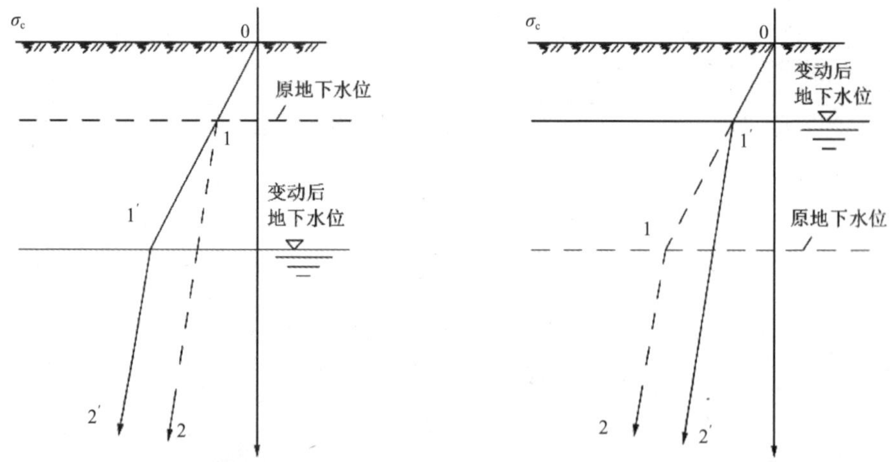

（a）0—1—2 线为原来自重应力的分布　（b）0—1′—2′ 线为地下水位变动后自重应力的分布

图 3.9　地下水位升降对土中自重应力的影响

3.4　基地压力和附加应力

3.4.1　基底压力

由于土中的附加应力是由建筑物荷载作用所引起的应力增量，而建筑物的荷载是通过基础传到土中的，所以基底压力的分布形式将对土中应力产生影

响。由于基底压力产生在地基表面和基础底面的接触面上，因而基底压力分布问题在弹性理论中称为接触压力分布问题。该问题的影响因素较多，如基础的刚度、形状、尺寸、埋置深度及土的性质荷载大小等。在理论分析中要顾及这么多的因素是困难的，目前在弹性理论中主要是研究不同刚度的基础底面与弹性半空间体表面的接触压力分布问题。关于基底压力分布的理论推导过程，本书不作介绍，这方面的内容可参阅有关弹性力学书籍，本书仅讨论基底压力分布的类型及基底压力的简化计算方法。

1. 基底压力分布的类型

若一个基础上作用着均布荷载，假设基础由许多小块组成，如图 3.10（a）所示，各小块之间光滑而无摩擦力，则这种基础相当于绝对柔性基础（基础的抗弯刚度 $EI \to 0$），基础上的荷载通过小块直接传递到土上，基础底面的压力分布图形将与基础上的荷载分布图形相同。这时，基础底面的沉降则各处不同，中央大而边缘小。因此，柔性基础的底面压力分布与作用在基础上的荷载分布形状相同。例如，对于由土筑成的路堤，我们可以近似地认为路堤本身不传递剪力，相当于一种柔性基础，路堤自重引起的基底压力分布与路堤断面形状相同，它们都呈梯形分布，如图 3.10（b）所示。

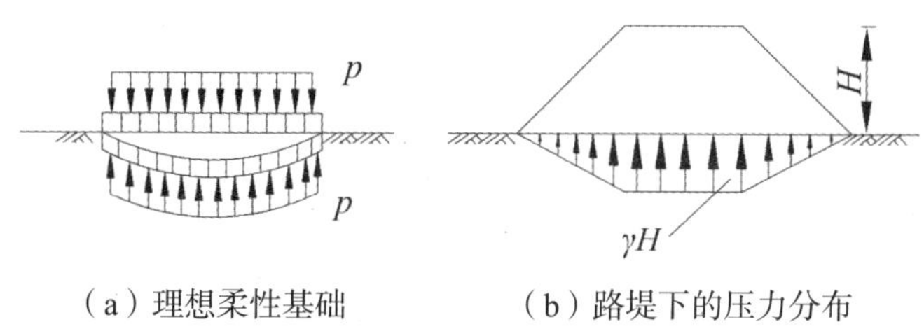

（a）理想柔性基础　　（b）路堤下的压力分布

图 3.10　柔性基础基底压力分布

桥梁墩台基础有时采用大块混凝土实体结构（图 3.11），它的刚度很大，可以认为是绝对刚性基础（$EI \to \infty$）。刚性基础不会发生挠曲变形，在中心荷载作用下，基底各点的沉降是相同的。这时，基底压力呈马鞍形分布，中央小而边缘大（按弹性理论边缘应力应为无穷大），如图 3.11（a）所示。当作用荷载较大时，基础边缘由于应力很大，将会使土产生塑性变形，边缘应力不再增加，而中央部分继续增大，使基底压力重新分布而呈抛物线形分布，如图 3.11（b）所示。

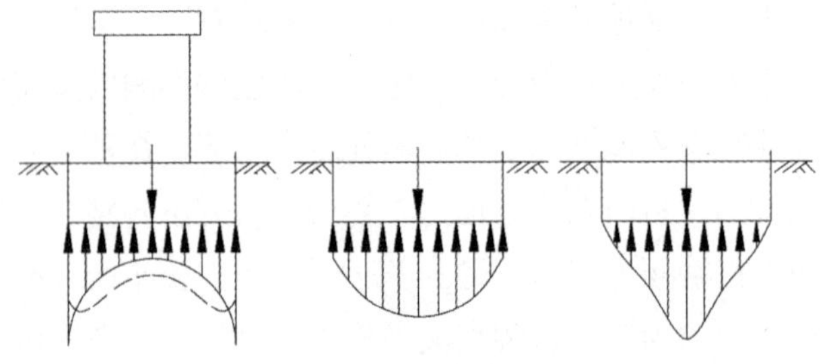

（a）马鞍形分布　（b）抛物线形分布　（c）钟形分布

图 3.11　刚性基础基底压力分布

若作用荷载继续增大，则基底压力会继续发展而呈钟形分布，如图 3.11（c）所示。由此可见，刚性基础底面的压力分布形状同荷载大小有关。另外，根据试验研究可知，它还同基础埋置深度及土的性质有关。例如，普列斯曾在 0.6 m × 0.6 m 的刚性板上做了实测试验工作，其结果列于表 3.1 中。有限刚度基础底面的压力分布，可按基础的实际刚度及土的性质，用弹性地基上梁和板的方法计算，在本书中不作介绍。

表 3.1　刚性荷载板底面压力分布的试验结果

<table>
<tr><th rowspan="2">土类</th><th colspan="3">荷载板底面的埋置深度 /m</th></tr>
<tr><th>0</th><th>0.30</th><th>0.60</th></tr>
<tr><td rowspan="2">砂土（干的）</td><td>抛物线形分布</td><td>荷载小时，马鞍形分布</td><td>荷载大时，抛物线形分布</td></tr>
<tr><td>p_{max}=1.36 p_m</td><td>p_0=0.93 p_m</td><td>p_{max}=1.15 p_m</td></tr>
<tr><td rowspan="3">黏土 A</td><td>荷载小时，马鞍形分布</td><td>荷载小时，马鞍形分布</td><td>荷载大时，抛物线形分布</td></tr>
<tr><td>p_0=0.98 p_m</td><td>p_0=0.98 p_m</td><td>p_{max}=1.13 p_m</td></tr>
<tr><td>p_{max}=1.23 p_m</td><td>p_{max}=1.20 p_m</td><td>—</td></tr>
<tr><td>黏土 B</td><td>马鞍形分布</td><td>荷载小时，马鞍形分布</td><td rowspan="3">—</td></tr>
<tr><td rowspan="2">（ω=32%）</td><td>p_0=0.96 p_m</td><td>p_0=0.97 p_m</td></tr>
<tr><td>p_{max}=1.26 p_m</td><td>p_{max}=1.23 p_m</td></tr>
</table>

2. 基地压力的简化计算方法

虽然基底压力的分布比较复杂，但根据弹性理论中的圣维南原理及从土中实际应力的测量结果得知：当作用在基础上的荷载总值一定时，基底压力分布

续表

形状对土中应力分布的影响只局限在一定深度范围内。一般距基底的深度超过基础宽度的 1.5 ～ 2.0 倍时，它的影响已不太显著。因此，基底压力的分布可近似认为是按直线规律变化的，应采用简化方法计算，也即采用材料力学公式计算，计算模型如图 3.12 所示。

（1）中心荷载作用时基底压力计算

基地压力 p 按中心受压公式计算

$$p=\frac{F}{A} \tag{3.15}$$

式中，p——基底压力（kPa）；

F——作用在基础底面中心的竖向荷载（kN）；

A——基础底面面积（m^2）。

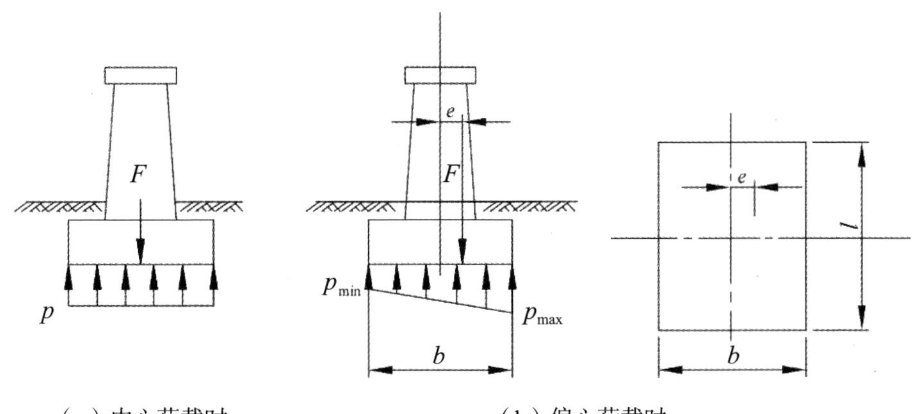

（a）中心荷载时　　（b）偏心荷载时

图 3.12　基底压力分布的简化计算

（2）偏心荷载时基底压力计算

基地压力按偏心受压公式计算

$$P_{\substack{max\\min}}=\frac{F}{A}\pm\frac{M}{W}=\frac{N}{A}\left(1\pm\frac{6e}{b}\right) \tag{3.16}$$

式中，F，M——作用在基底中心的竖直荷载（kN）及弯矩（kN · m），由 $M=Fe$ 计算；

e——荷载偏心距（m），在宽度 b 方向上；

W——基底的抗弯截面模量（m^3），对矩形基础有 $W=\frac{lb^2}{6}$；

b、l——基底的宽度与长度，单位均为 m。

从上式可知，按荷载偏心距 e 的大小，基底压力的分布可能出现下述三种情况（图 3.13）：

当$e < \frac{b}{6}$时，由上式可知$p_{min} > 0$，基底压力呈梯形分布，如图 3.13（a）所示；

当$e = \frac{b}{6}$时，$p_{min} = 0$，基底压力呈三角形分布，如图 3.13（b）所示；

当$e > \frac{b}{6}$时，$p_{min} < 0$，基底出现拉应力，如图 3.13（c）所示，但基底与土之间是不能承受拉应力的，这时产生拉应力部分的基底将与土脱开，而不能传递荷载，基底压力将重新分布，如图 3.13（d）所示。重新分布后的基底最大压应力为p'_{max}，应力重分布后合力作用点位置保持不变，可以根据平衡条件求得

$$p'_{max} = \frac{2F}{3\left(\frac{b}{2} - e\right)l} \tag{3.17}$$

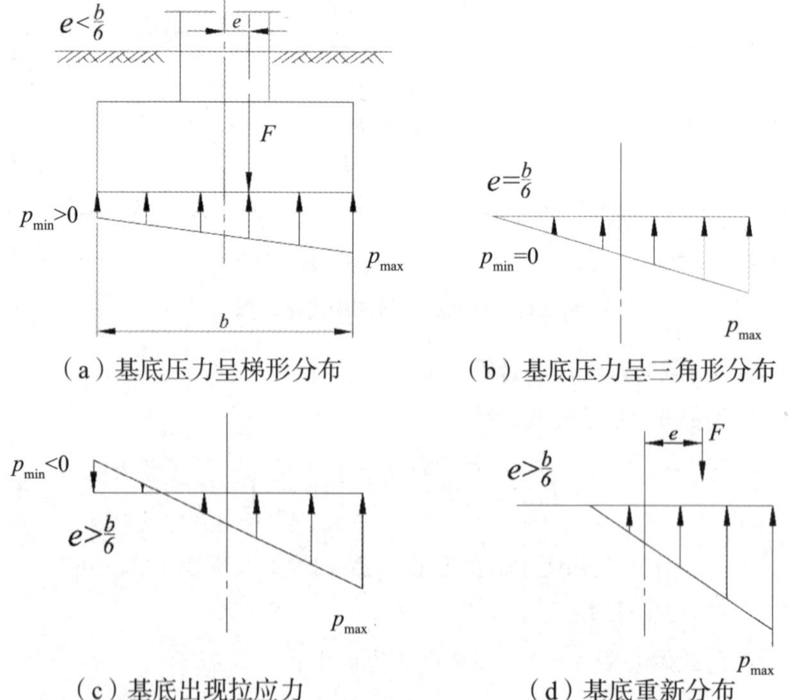

（a）基底压力呈梯形分布　（b）基底压力呈三角形分布

（c）基底出现拉应力　（d）基底重新分布

图 3.13　偏心荷载时基底压力分布的几种情况

3.4.2　基底附加应力

基底压力向地基深部传递，产生的附加于土体自重上的应力称为土中附加应力。在工程实践中，一般浅基础总是置于天然地基下的一定深度处，该处原有土中存在竖向初始自重应力 σ_{cd}。基坑开挖后，地基原有土体的自重应力将被卸除。因此，将建筑物建造后的基底压力扣除基底标高处原有土体的自重应力后，才是基础底面处新增的基底附加压力。

基底平均附加压力 p_0 可表示为

$$p_0 = p - \sigma_{cd} = p - \gamma_0 d \tag{3.18}$$

式中，p——基底平均压力（kPa）；

σ_{cd}——基底处原有土体的自重应力（kPa）；

γ_0——基础底面标高以上天然土层的加权重度，$\gamma_0 = \prod_{i=1}^{n} \gamma_i h_i \Big/ \sum_{i=1}^{n} h_i$ 地下水位以下的重度取浮重度；

d——从天然地面（不是新填地面或设计地面）算起的基础埋深（m）。

基底附加压力确定后，就可以把它看作作用在弹性半空间的局部荷载，再根据弹性力学理论求解地基中的附加应力。需要指出的是，由于工程上基底附加压力一般作用于地表下一定深度（指基础的埋深）处，所以假定它作用于弹性半空间表面的假设和实际情况并不完全相符，运用弹性力学解答所得的结果只是近似解。但对于一般浅基础来说，这种假设所造成的误差可以忽略不计。

3.4.3　地基附加应力

地基中的应力状态非常复杂，目前采用的地基中附加应力计算方法是根据弹性理论推导而来的。在计算附加应力时，一般假定地基土是各向同性、均匀连续的半无限弹性体，而且在深度和水平方向上都无限延伸，即把地基看成均质的线性变形半空间（半无限体），这样就可以直接采用弹性力学的弹性半空间理论解答，即采用弹性理论布辛涅斯克（Boussinesq）解或明德林（Mindlin）解来求附加应力场。

1. 竖向集中力作用下的地基附加应力计算

（1）竖向集中力作用下地基附加应力计算——布辛涅斯克解

假设地基为均匀各向同性半无限弹性体，在地表上作用一竖向集中力 P，如图 3.14 所示。法国数学家布辛涅斯克根据弹性理论得到了地基中任一点 M（x，y，z）处的六个独立应力分量（σ_x，σ_y，σ_z，σ_{xy}，σ_{yz}，σ_{zx}）和三个位移分量（u，v，w），因此该解答也被称为布辛涅斯克解，具体表达式为

$$\sigma_x = \frac{3P}{2\pi}\left\{\frac{x^2 z}{R^5} + \frac{1-2\mu}{3}\left[\frac{R^2 - z(R+z)}{R^3(R+z)} - \frac{x^2(2R+z)}{R^3(R+z)^2}\right]\right\} \tag{3.19}$$

$$\sigma_y = \frac{3P}{2\pi}\left\{\frac{y^2 z}{R^5} + \frac{1-2\mu}{3}\left[\frac{R^2 - z(R+z)}{R^3(R+z)} - \frac{y^2(2R+z)}{R^3(R+z)^2}\right]\right\} \tag{3.20}$$

$$\sigma_z = \frac{3P}{2\pi}\frac{z^3}{R^5} \tag{3.21}$$

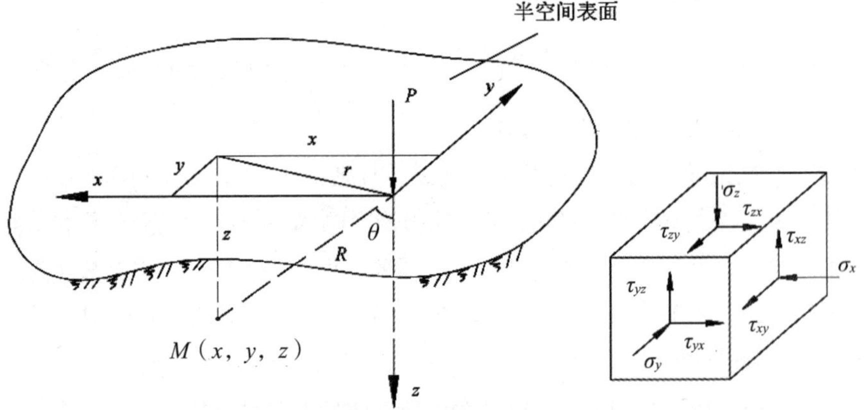

图 3.14　地表作用有竖向集中力时地基中应力

$$\tau_{xy} = \tau_{yx} = -\frac{3P}{2\pi}\left[\frac{xyz}{R^5} - \frac{1-2\mu}{3}\cdot\frac{xy(2R+z)}{R^3(R+z)^2}\right] \tag{3.22}$$

$$\tau_{yz} = \tau_{zy} = -\frac{3Pyz^2}{2\pi R^5} \tag{3.23}$$

$$\tau_{zx} = \tau_{xz} = -\frac{3Pxz^2}{2\pi R^5} \tag{3.24}$$

$$u = \frac{P}{4\pi G}\left[\frac{xz}{R^3} - (1-2\mu)\frac{x}{R(R+z)}\right] \tag{3.25}$$

$$v=\frac{P}{4\pi G}\left[\frac{yz}{R^3}-(1-2\mu)\frac{y}{R(R+z)}\right] \tag{3.26}$$

$$w=\frac{P}{4\pi G}\left[\frac{z^2}{R^3}+\frac{2(1-\mu)}{R}\right] \tag{3.27}$$

式中，G——土体剪切模量（kPa），$G=\dfrac{E}{2(1+\mu)}$；

E——土体弹性模量（kPa）；

μ——土体泊松比；

R——M 点距荷载作用点（坐标原点）的距离（m），$R=\sqrt{x^2+y^2+z^2}$。

由上述弹性力学的理论解答可知：单元体的六个独立应力分量只与集中荷载 P 的大小和位置（x，y，z）相关，而与弹性模量 E 和泊松比 μ 无关，亦即与材料的特性无关。所以，利用上述应力表达式计算具有非线性性质的土体中的应力是可行的。但位移表达式中涉及弹性模量和泊松比，其值的大小与土的工程性质密切相关，所以一般不直接用上述公式计算地基中的变形量或沉降量。

需要指出的是，按弹性理论得到的应力及位移分量计算公式，对于集中力作用点是不适用的。事实上，当 $R\to 0$ 时，按上述公式计算得到的应力及位移都趋于无穷大，此时地基土体已产生塑性变形，不再满足弹性理论的基本假定，因此，所选择的计算点不宜过于接近集中力作用点。

由于实际荷载总是分布在一定面积上，因此理论上的集中力是不存在的。但是，集中力作用下的地基附加应力解答为求解地面上其他形式荷载作用下地基附加应力分布奠定了基础，根据弹性力学的叠加原理并利用布辛涅斯克解，可以通过积分求得各种局部荷载作用下的地基附加应力。

在上述应力及位移的表达式中，对工程应用最有价值的就是竖向应力，为了方便计算，可将式（3.21）改写为

$$\sigma_z=\frac{3P}{2\pi}\frac{z^3}{R^5}=\frac{3P}{2\pi}\frac{z^3}{(r^2+z^2)^{5/2}}=\frac{3}{2\pi}\frac{1}{[(r/z)^2+1]^{5/2}}\frac{P}{z^2}=\alpha\frac{P}{z^2} \tag{3.28}$$

式中，$\alpha=\dfrac{3}{2\pi}\dfrac{1}{\left[(r/z)^2+1\right]^{5/2}}=f\left(\dfrac{r}{z}\right)$，被称为地表集中力作用下的地基竖向附加应力系数，简称集中应力系数，无量纲，可直接通过表 3.2 查得，可内插。

表 3.2 集中荷载作用下地基竖向附加应力系数 α

r/z	α	r/z	α	r/z	α	r/z	α	r/z	α
0.00	0.4775	0.50	0.2733	1.00	0.0844	1.50	0.0251	2.00	0.0085
0.05	0.4745	0.55	0.2466	1.05	0.0744	1.55	0.0224	2.20	0.0058
0.10	0.4657	0.60	0.2214	1.10	0.0658	1.60	0.0200	2.40	0.0040
0.15	0.4516	0.65	0.1978	1.15	0.0810	1.65	0.0179	2.60	0.0029
0.20	0.4329	0.70	0.1762	1.20	0.0513	1.70	0.0160	2.80	0.0021
0.25	0.4103	0.75	0.1565	1.25	0.0454	1.75	0.0144	3.00	0.0015
0.30	0.3849	0.80	0.1386	1.30	0.0402	1.80	0.0129	3.50	0.0007
0.35	0.3577	0.85	0.1226	1.35	0.0357	1.85	0.0116	4.00	0.0004
0.40	0.3294	0.90	0.1083	1.40	0.0317	1.90	0.0105	4.50	0.0002
0.45	0.3011	0.95	0.0956	1.45	0.0282	1.95	0.0095	5.00	0.0001

（2）内部竖向集中力作用下地基附加应力计算——明德林解

当某一集中力作用于地基内时，地基附加应力计算可采用弹性理论——半无限弹性体内作用——竖向集中力时的明德林解，如图 3.15 所示，类似在距地基表面 c 处作用一个集中力 P。

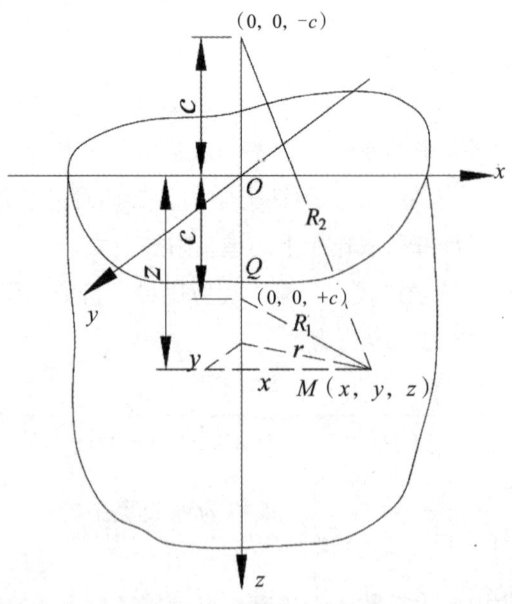

图 3.15 内部作用竖向集中力时地基附加应力计算模型

在图 3.15 中，当 $c = 0$ 时，明德林解退化为布辛涅斯克解。因此，可以认为布辛涅斯克解是明德林解的一个特例。

2. 分布荷载作用下的地基附加应力计算

实际工程中的荷载往往是通过一定面积的基础传给地基的，如果基础的形状及基底压力分布已知，则可以利用布辛涅斯克解通过积分的方法求解相应的地基附加应力。下面将分平面问题和空间问题分别进行讨论。

（1）平面问题的附加应力计算

设在地基表面作用有无限长的条形荷载，荷载在宽度方向可按任意形式分布，但沿长度方向的分布规律是不变的，此时地基中任一点 M 的应力只与该点的平面坐标（x，y）有关，而与荷载长度方向的 y 坐标无关，地基中的应力状态属于平面应变问题。在实际工程中不可能存在无限长的荷载，但通常把路堤、挡土墙基础及基础长宽比 $l/b \geqslant 10$ 的条形基础视为平面应变问题来进行分析，其计算结果完全能够满足工程精度要求。

1）线性均布荷载作用下地基附加应力计算

如图 3.16 所示，在半无限弹性体表面无限长直线上作用一竖向均布线荷载，荷载密度为 p（kN/m），沿 y 轴方向均匀分布，且无限延长，如何计算地基中任一点 M 处的附加应力？该问题的解答首先由弗拉曼（Flamant）给出，所以半无限弹性体表面上作用线性均布荷载时地基附加应力的解答在弹性理论中被称为弗拉曼解。

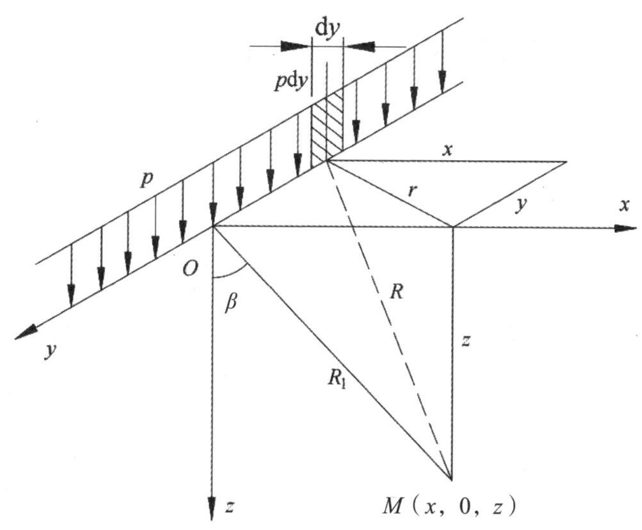

图 3.16　线性均布荷载作用下地基附加应力计算模型

$$\sigma_z = \int_{-\infty}^{+\infty} \frac{3z^3}{2\pi(x^2+y^2+z^2)^{\frac{5}{2}}} p\mathrm{d}y = \frac{2pz^3}{\pi(x^2+z^2)^2} \tag{3.29}$$

式（3.29）也可写成

$$\sigma_z = \frac{2p}{\pi z}\cos^4\beta \tag{3.30}$$

式中，$\beta = \arccos\frac{z}{\sqrt{x^2+y^2}}$，几何意义如图 3.16 所示。

类似，可得其他应力分量表达式

$$\sigma_x = \frac{2p}{\pi}\frac{x^2 z}{(x^2+z^2)^2} = \frac{2p}{\pi z}\cos^2\beta\sin^2\beta \tag{3.31}$$

$$\tau_{xz} = \tau_{zx} = \frac{2p}{\pi}\frac{xz^2}{(x^2+z^2)^2} = \frac{2p}{\pi z}\cos^3\beta\sin\beta \tag{3.32}$$

由于线荷载沿 y 轴方向均匀分布并且无限延伸，所以与 y 轴垂直的任何平面上的应力状态都完全相同，地基中应力和应变沿 y 轴方向是不变化的，且应变分量为零，这种情况就属于弹性力学中的平面问题，此时有

$$\tau_{xy} = \tau_{yx} = \tau_{yz} = \tau_{zy} = 0 \tag{3.33}$$

$$\sigma_y = \mu(\sigma_x + \sigma_z) \tag{3.34}$$

因此，在平面问题中需要计算的独立应力分量只有 σ_z，σ_x，σ_{xz}。

虽然线荷载只在理论上存在，但可以把它看作条形面积在宽度趋于 0 时的特殊情况。以线荷载为基础，通过积分可以得到条形面积上作用有各种分布荷载时地基附加应力的计算公式。

2）条形均布荷载作用下地基附加应力计算

地基为半无限弹性体，地面上作用有条形均布荷载时，应力分布可通过均布线荷载作用下地基附加应力求解得到。荷载分布宽度 $B = 2b$，取条形荷载的中点为坐标原点，如图 3.17 所示，通过积分可得地基附加应力表达式为

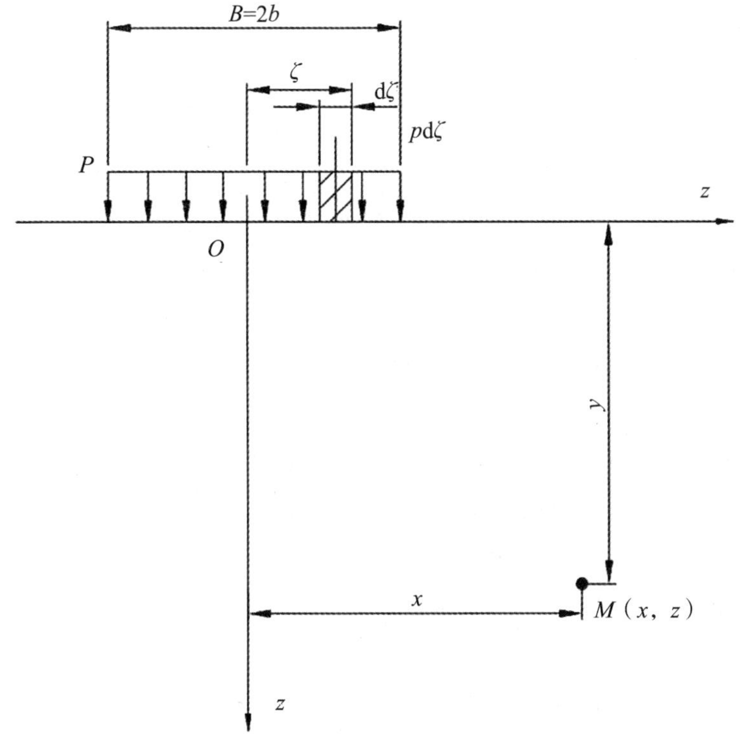

图 3.17　条形均布荷载作用下地基附加应力计算模型

$$\sigma_x = \frac{2p}{\pi}\int_{-b}^{b}\frac{(x-\xi)^2 z}{[(x-\zeta)^2+z^2]^2}\,\mathrm{d}\zeta = \frac{p}{\pi}\left(\arctan\frac{b-x}{z}+\arctan\frac{b+x}{z}\right)+ \frac{2pb(x^2-z^2-b^2)z}{\pi[(x^2+z^2-b^2)+4b^2z^2]} \tag{3.35}$$

$$\sigma_z = \frac{p}{\pi}\left(\arctan\frac{b-x}{z}+\arctan\frac{b+x}{z}\right)-\frac{2pb(x^2-z^2-b^2)z}{\pi[(x^2+z^2-b^2)+4b^2z^2]} \tag{3.36}$$

$$\tau_{xz} = \frac{4pbxz^2}{\pi[(x^2+z^2-b^2)+4b^2z^2]} \tag{3.37}$$

条形均布荷载作用下地基附加应力分布 σ_z，σ_x，σ_{xz} 的应力系数值 K_z，K_x，K_{xz}，如表 3.3 所示。表 3.3 中，B 为基础宽度，$B=2\,b$。

表 3.3　条形均布荷载作用下地基附加应力系数

z/B	x/B																	
	0.00			0.25			0.50			1.00			1.50			2.00		
	K_z	K_x	K_{xz}	K_z	K_x	K_{xz}	K_z	K_x	K_{xz}	K_z	K_x	K_{xz}	K_z	K_x	K_{xz}	K_z	K_x	K_{xz}
0.00	1.00	1.00	0.00	1.00	1.00	0.00	0.50	0.50	0.32	0.00	0.00	0.00	0.00	0.00	0.00	0.00	0.00	0.00
0.25	0.96	0.40	0.00	0.90	0.39	0.13	0.50	0.35	0.30	0.02	0.17	0.05	0.00	0.07	0.01	0.00	0.04	0.00
0.50	0.82	0.18	0.00	0.74	0.19	0.16	0.48	0.23	0.26	0.08	0.21	0.13	0.02	0.12	0.04	0.00	0.07	0.02
0.75	0.67	0.08	0.00	0.61	0.10	0.13	0.45	0.14	0.20	0.15	0.22	0.16	0.04	0.14	0.07	0.02	0.10	0.04
1.00	0.55	0.04	0.00	0.51	0.05	0.10	0.41	0.09	0.16	0.19	0.15	0.16	0.07	0.14	0.10	0.03	0.13	0.05
1.25	0.46	0.02	0.00	0.44	0.03	0.07	0.37	0.06	0.12	0.20	0.11	0.14	0.10	0.12	0.10	0.04	0.11	0.07
1.50	0.40	0.01	0.00	0.38	0.02	0.06	0.33	0.04	0.10	0.21	0.08	0.13	0.11	0.10	0.10	0.06	0.10	0.07
1.75	0.35	—	0.00	0.34	0.01	0.04	0.30	0.03	0.08	0.21	0.06	0.11	0.13	0.09	0.10	0.07	0.09	0.08
2.00	0.31	—	0.00	0.31	—	0.03	0.28	0.02	0.06	0.20	0.05	0.10	0.14	0.07	0.10	0.08	0.08	0.08
3.00	0.21	—	0.00	0.21	—	0.02	0.20	0.01	0.03	0.17	0.02	0.06	0.13	0.03	0.07	0.10	0.04	0.07
4.00	0.16	—	0.00	0.16	—	0.01	0.15	—	0.02	0.14	0.01	0.03	0.12	0.02	0.05	0.10	0.03	0.05
5.00	0.13	—	0.00	0.13	—	—	0.12	—	—	0.12	—	—	0.11	—	—	0.09	—	—
6.00	0.11	—	0.00	0.10	—	—	0.10	—	—	0.10	—	—	0.10	—	—	—	—	—

【例题 3.3】 地基上作用有宽度为 1.0 m 的条形均布荷载，荷载密度为 200 kPa，求：

（1）条形荷载中心线下竖向附加应力沿深度的分布；

（2）深度为 1.0 m 和 2.0 m 处土层中的竖向附加应力分布；

（3）距条形荷载中心线 1.5 m 处土层中的竖向附加应力分布。

【解】 先求图 3.18 中 0 ～ 17 点的 $\frac{x}{B}$ 和 $\frac{z}{B}$ 值，然后查表 3.2 可得应力系数值，再由式（3.28）计算附加应力值，计算结果如表 3.4 所示，并在图 3.18 中给出应力分布情况。

表 3.4　例题 3.4 附表

计算项	点号																	
	0	1	2	3	4	5	6	7	8	9	10	11	12	13	14	15	16	17
x/m	0.00	0.00	0.00	0.00	0.00	0.00	0.25	0.50	1.00	1.50	0.25	0.50	1.00	1.50	1.50	1.50	1.50	1.50
y/m	0.00	0.50	1.00	1.50	2.00	3.00	1.00	1.00	1.00	1.00	2.00	2.00	2.00	2.00	0.00	0.50	1.50	3.0
x/B	0.00	0.00	0.00	0.00	0.00	0.00	0.25	0.50	1.00	1.50	0.25	0.50	1.00	1.50	1.50	1.50	1.50	1.50
z/B	0.00	0.50	1.00	1.50	2.00	3.00	1.00	1.00	1.00	1.00	2.00	2.00	2.00	2.00	0.00	0.50	1.50	3.0
K_Z	1.00	0.82	0.55	0.40	0.31	0.21	0.51	0.41	0.19	0.07	0.31	0.28	0.20	0.13	0.00	0.02	0.11	0.14
σ_Z/kPa	200	164	110	80.00	62.00	42.00	102	82.00	38.00	14.00	62.00	56.00	40.00	26.00	0.00	4.00	22.00	28

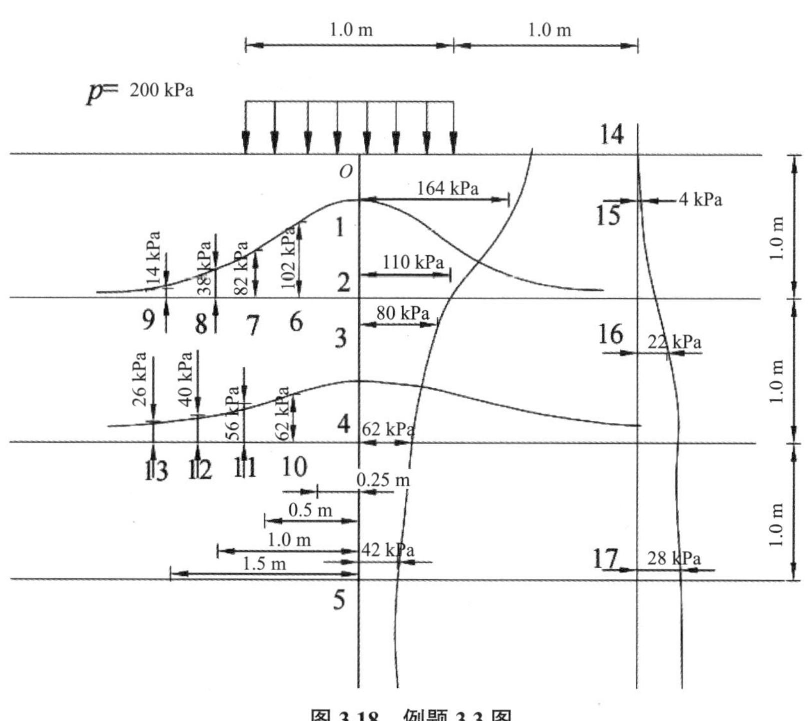

图 3.18　例题 3.3 图

从计算结果可以看出条形荷载作用下地基竖向附加应力的分布情况。荷载中心线下附加应力沿深度逐步减小。在水平方向，中心线上附加应力最大，向外逐步减小。图 3.18 中，距中心线 1.5 m 处附加应力（$x/B = 1.5$）随深度是逐渐增大的。从表 3.4 可知，在该位置，一直至 $z/B > 3.0$ 时，即例题 3.3 中深度大于 3.0 m 后地基竖向附加应力才开始减小，地基附加应力呈扩散分布。图

3.19 为条形荷载作用下地基竖向附加应力等值线图。从图 3.19 中可以看到，应力等值线形如气泡，有人将之称为“应力泡”，以此来描述荷载作用下地基中的高附加应力区形状。

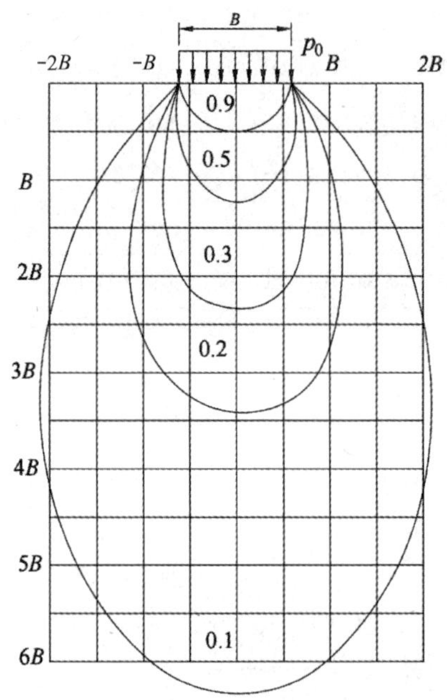

图 3.19　条形荷载作用下地基竖向附加应力等值线图

（2）空间问题的附加应力计算

如果分布荷载作用在有限面积范围内，那么地基附加应力与计算点的空间坐标（x，y，z）有关，这类问题属于空间问题。竖向集中荷载作用下的布辛涅斯克解及下面将要介绍的矩形面积上分布荷载作用下的解及圆形面积上分布荷载作用下的解均属于空间问题。

1）矩形均布荷载作用下地基附加应力计算

地基为半无限弹性体，面上作用有矩形均布荷载时，地基附加应力可通过对集中荷载作用下应力解（布辛涅斯克解）的积分得到。荷载作用范围为 $B\times L$（$2b\times 2l$），荷载密度为 p，坐标设置如图 3.17 所示，O 点为矩形均布荷载作用面的中心点，地基竖向附加应力 σ_z 可表示为

$$\sigma_z=\frac{3pz^3}{\pi}\int_{-l}^{l}\int_{-b}^{b}\frac{1}{[(x-\zeta)^2+(y-\eta)^2+z^2]^{\frac{5}{2}}}\mathrm{d}\zeta\mathrm{d}\eta \tag{3.38}$$

2）矩形均布荷载面中心点下地基竖向应力计算

在矩形均布荷载面中心点以下任意深度处，坐标（0，0，z）处的竖向附加应力 σ_z 可通过式（3.38）得到

$$\sigma_z = K_{z0}p \tag{3.39}$$

式中，K_{z0}——矩形均布荷载面中心点下的竖向附加应力系数，简称中心点应力系数，可查表 3.5 得到。

表 3.5　矩形均布荷载面中心点下竖向附加应力系数 K_{z0}

z/B	L/B										
	1.0	1.2	1.4	1.6	1.8	2.0	2.8	3.2	4.0	5.0	≥ 10
0.0	1.000	1.000	1.000	1.000	1.000	1.000	1.000	1.000	1.000	1.000	1.000
0.2	0.960	0.968	0.972	0.974	0.975	0.976	0.977	0.977	0.977	0.977	0.977
0.4	0.800	0.830	0.848	0.859	0.866	0.870	0.878	0.879	0.880	0.881	0.881
0.6	0.606	0.652	0.682	0.703	0.717	0.727	0.746	0.749	0.753	0.754	0.755
0.8	0.449	0.496	0.532	0.558	0.578	0.593	0.623	0.630	0.636	0.639	0.642
1.0	0.334	0.379	0.414	0.441	0.463	0.481	0.520	0.529	0.540	0.545	0.550
1.2	0.257	0.294	0.325	0.352	0.374	0.392	0.437	0.449	0.462	0.470	0.477
1.4	0.201	0.232	0.260	0.284	0.304	0.321	0.369	0.383	0.400	0.410	0.420
1.6	0.160	0.187	0.210	0.232	0.251	0.670	0.314	0.329	0.348	0.350	0.374
1.8	0.130	0.153	0.173	0.192	0.209	0.224	0.270	0.285	0.305	0.320	0.337
2.0	0.108	0.127	0.145	0.161	0.176	0.190	0.233	0.248	0.270	0.285	0.304
2.6	0.066	0.079	0.091	0.102	0.112	0.123	0.157	0.170	0.191	0.208	0.239
3.0	0.051	0.060	0.070	0.078	0.087	0.095	0.124	0.136	0.155	0.172	0.208
4.0	0.029	0.035	0.040	0.046	0.051	0.056	0.075	0.084	0.098	0.113	0.158
5.0	0.019	0.022	0.026	0.030	0.033	0.037	0.050	0.056	0.067	0.079	0.128

3）矩形均布荷载面角点下地基竖向应力计算

在矩形均布荷载面角点以下任意深度处，坐标（b，l，z）处的竖向附加应力 σ_z 可以写成

$$\sigma_z = K_{zl}p \tag{3.40}$$

式中：K_{zl}——矩形均布荷载面角点下的竖向附加应力系数，简称角点应力系数，可查表 3.6 得到。

表 3.6　矩形均布荷载面角点下竖向附加应力系数 K_{zl}

z/B	L/B										
	1.0	1.2	1.4	1.6	1.8	2.0	3.0	4.0	5.0	6.0	7.0
0.0	0.2500	0.2500	0.2500	0.2500	0.2500	0.2500	0.2500	0.2500	0.2500	0.2500	0.2500
0.2	0.2486	0.2489	0.2490	0.2491	0.2491	0.2491	0.2492	0.2402	0.2492	0.2492	0.2492
0.4	0.2401	0.2420	0.2429	0.2434	0.2437	0.2439	0.2442	0.2443	0.2443	0.2443	0.2443
0.6	0.2229	0.2275	0.2300	0.2315	0.2324	0.2329	0.2339	0.2341	0.2342	0.2342	0.2342
0.8	0.1999	0.2075	0.2120	0.2147	0.2165	0.2176	0.2196	0.2200	0.2202	0.2202	0.2202
1.0	0.1752	0.1851	0.1911	0.1955	0.1980	0.1999	0.2134	0.2042	0.2044	0.2045	0.2046
1.2	0.1516	0.1626	0.1705	0.1758	0.1793	0.1818	0.1870	0.1882	0.1885	0.1887	0.1888
1.4	0.1308	0.1423	0.1508	0.1569	0.1613	0.1644	0.1712	0.1730	0.1735	0.1738	0.1740
1.6	0.1123	0.1241	0.1329	0.1396	0.1445	0.1482	0.1567	0.1590	0.1598	0.1601	0.1604
1.8	0.0969	0.1083	0.1172	0.1241	0.1294	0.1334	0.1434	0.1463	0.1474	0.1478	0.1482
2.0	0.0840	0.0947	0.1034	0.1103	0.1158	0.1020	0.1314	0.1350	0.1363	0.1368	0.1374
2.2	0.0732	0.0832	0.0917	0.0984	0.1039	0.1084	0.1205	0.1248	0.1264	0.1271	0.1277
2.4	0.0642	0.0734	0.0813	0.0879	0.0934	0.0979	0.1108	0.1156	0.1175	0.1184	0.1192
2.6	0.0566	0.0651	0.0725	0.0788	0.0842	0.0887	0.1020	0.1073	0.1095	0.1106	0.1116
2.8	0.0502	0.0580	0.0649	0.7090	0.0761	0.0805	0.0942	0.0999	0.1024	0.1036	0.1048
3.0	0.0447	0.0519	0.0583	0.0640	0.0690	0.0732	0.0870	0.0931	0.0959	0.0973	0.0987
3.2	0.0401	0.0467	0.0526	0.0580	0.0627	0.0668	0.0806	0.0870	0.0900	0.0916	0.0933
3.4	0.0361	0.0421	0.0477	0.0527	0.0571	0.0611	0.0747	0.0814	0.0847	0.0864	0.0882
3.6	0.0326	0.0382	0.0433	0.0480	0.0523	0.0561	0.0694	0.0763	0.0799	0.0816	0.0837
3.8	0.0296	0.0348	0.0395	0.0439	0.0479	0.0516	0.0646	0.0717	0.0753	0.0773	0.0796
4.0	0.0270	0.0318	0.0362	0.0403	0.0441	0.0474	0.0603	0.0674	0.0712	0.0733	0.0758
4.2	0.0247	0.0291	0.0333	0.0371	0.0407	0.0439	0.0563	0.0634	0.0674	0.0696	0.0724
4.4	0.0227	0.0268	0.0306	0.0343	0.0376	0.0407	0.0527	0.0597	0.0639	0.0662	0.0692
4.6	0.0209	0.0247	0.0283	0.0317	0.0348	0.0378	0.0493	0.0564	0.0606	0.0630	0.0663
4.8	0.0193	0.0229	0.0262	0.0294	0.0324	0.0352	0.0463	0.0533	0.0576	0.0601	0.0635
5.0	0.0179	0.0212	0.0243	0.0274	0.0302	0.0328	0.0435	0.0504	0.0547	0.0573	0.0610
6.0	0.0127	0.0151	0.0174	0.0196	0.0218	0.0238	0.0325	0.0388	0.0431	0.0460	0.0506
7.0	0.0094	0.0112	0.0130	0.0147	0.1640	0.0180	0.0251	0.0306	0.0346	0.0376	0.0428
8.0	0.0073	0.0087	0.0101	0.0114	0.0127	0.0140	0.0198	0.0246	0.0283	0.0311	0.0367

续表

z/B	**L/B**										
	1.0	1.2	1.4	1.6	1.8	2.0	3.0	4.0	5.0	6.0	7.0
9.0	0.0058	0.0069	0.0080	0.0091	0.0102	0.0112	0.0161	0.0202	0.0235	0.0262	0.0319
10.0	0.0047	0.0056	0.0065	0.0074	0.0083	0.0092	0.0132	0.0167	0.0198	0.0222	0.0280

4）矩形均布荷载作用下地基中任意点竖向应力计算方法——角点法

如果 M 点既不在矩形均布荷载面的中心点以下，也不在矩形均布荷载面的角点下方，而是地基中的任意点，如图 3.20 所示。此时若要求解点 M 的竖向附加应力 σ_z，可以用式（3.39）按照叠加原理进行计算，这种计算方法一般被称为角点法。

① M 点位于矩形均布荷载面之内。如图 3.20（a）所示，可将矩形 $abcd$ 分解成以 M' 点为公共角点的四个新矩形Ⅰ，Ⅱ，Ⅲ，Ⅳ。M 点由矩形 $abcd$ 荷载产生的竖向附加应力可由四个新矩形荷载产生的附加应力分量叠加得到

$$\sigma_{z,M}=(\sigma_{z,M})_{\text{I}}+(\sigma_{z,M})_{\text{II}}+(\sigma_{z,M})_{\text{III}}+(\sigma_{z,M})_{\text{IV}} \tag{3.41}$$

② M 点位于矩形均布荷载面之外。若 M 点在矩形均布荷载面以外，如图 3.20（b）所示，可将荷载面扩大至 $beM'h$，荷载密度不变，在矩形 $abcd$ 均布荷载作用下 M 点竖向附加应力可通过式（3.42）得到（割补法）：

$$\sigma_{z,M}=(\sigma_{z,M})_{M'ebh}-(\sigma_{z,M})_{M'eag}-(\sigma_{z,M})_{M'fch}+(\sigma_{z,M})_{M'fdg} \tag{3.42}$$

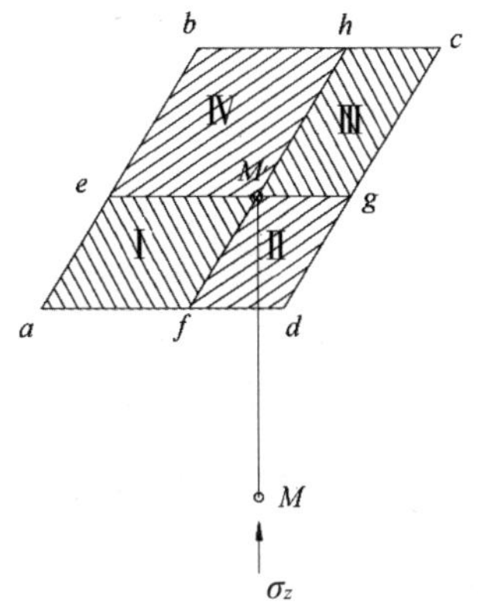

（a）M 点位于矩形均布荷载面之内

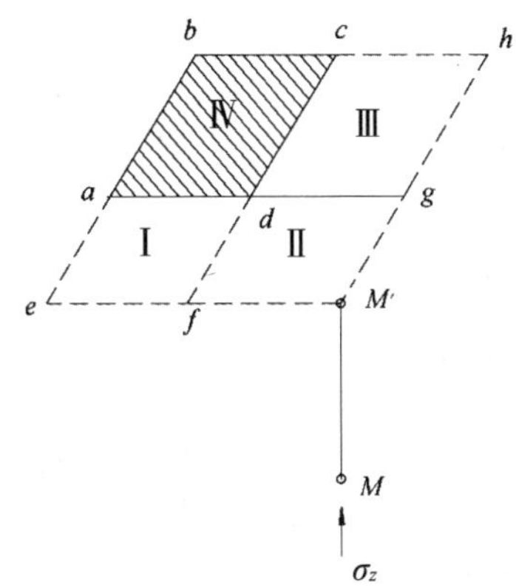

（b）M 点在矩形均布荷载面以外

图 3.20　角点法

【例题 3.4】 在图 3.21 中，两个矩形均布荷载作用于地基表面，两矩形均布荷载面的尺寸均为 3.0 m × 4.0 m，相互位置如图 3.21 所示，两者距离为 3.0 m，荷载密度为 200 kPa，求矩形均布荷载面中心 O 点下深度为 3.0 m 处的竖向附加应力。

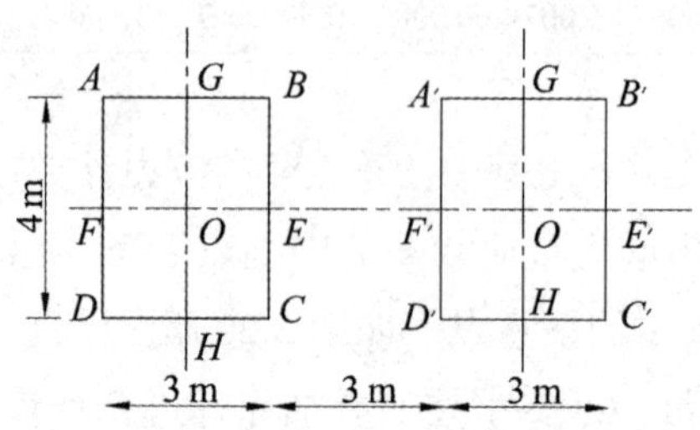

图 3.21 例题 3.4 图

【解】 采用角点法求解，如图 3.21 中划分成若干个矩形。矩形 $ABCD$ 的中心点可视为 $AGOF$ 等的角点，根据角点法可得到

$$\begin{aligned}\sigma_{z,O}=&\left(\sigma_{z,O}\right)_{AGOF}+\left(\sigma_{z,O}\right)_{DFOH}+\left(\sigma_{z,O}\right)_{GB'E'O}+\left(\sigma_{z,O}\right)_{E'C'HO}\\&-\left(\sigma_{z,O}\right)_{GA'F'O}-\left(\sigma_{z,O}\right)_{F'D'HO}+\left(\sigma_{z,O}\right)_{GBEO}+\left(\sigma_{z,O}\right)_{ECHO}\end{aligned} \tag{3.43}$$

式（3.43）可合并整理成下述形式

$$\sigma_{z,O}=4\left(\sigma_{z,O}\right)_{AGOF}+2\left(\sigma_{z,O}\right)_{GB'E'O}-2\left(\sigma_{z,O}\right)_{GA'F'O} \tag{3.44}$$

下面查表先求应力系数

对 $\left(\sigma_{z,O}\right)_{AGOF}$，$\dfrac{L}{B}=\dfrac{2.0}{1.5}=1.33$，$\dfrac{z}{B}=\dfrac{3.0}{1.5}=2.0$，查表 3.6，采用内插法，得

$K_{zl}=0.0947+(0.1034-0.0947)\times\left(\dfrac{0.13}{0.2}\right)\approx 0.1004$；

对 $\left(\sigma_{z,O}\right)_{GB'E'O}$，$\dfrac{L}{B}=\dfrac{7.5}{2.0}=3.75$，$\dfrac{z}{B}=\dfrac{3}{2}=1.5$，查表 3.6，采用内插法，得 $K_{zl}\approx 0.1655$；

对 $\left(\sigma_{z,O}\right)_{GA'F'O}$，$\dfrac{L}{B}=\dfrac{4.5}{2.0}=2.25$，$\dfrac{z}{B}=\dfrac{3}{2}=1.5$，查表 3.6，采用内插法，得 $K_{zl}\approx 0.1582$。

于是可得所求附加应力为

$\sigma_{z,O}=(4\times0.1004+2\times0.1655-2\times0.1582)\times200=0.4162\times200=83.24\ \text{kPa}$。

5）矩形面积上作用有三角形分布荷载时地基附加应力计算

如图 3.22 所示，若矩形面积 $B\times L$ 上作用有三角形分布荷载，荷载沿矩形面积一边 x 方向呈三角形分布，沿 y 方向荷载密度不变，$x=0$ 时，荷载为零；$x=B$ 时，荷载为 p_0。于是，坐标为（x, y）处的荷载密度为 $\dfrac{x}{B}p_0$，角点 1（$x=0$，$y=0$ 或 $x=0$，$y=L$）下深度 z 处（图中 M 点）的竖向附加应力 σ_z 为

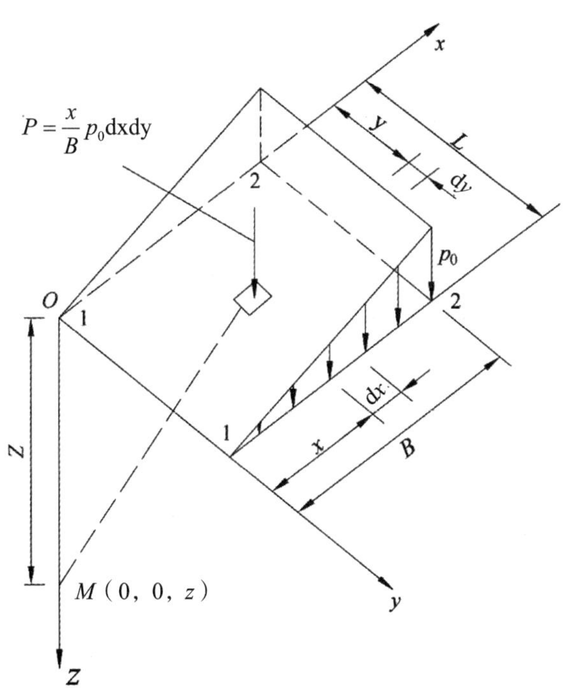

图 3.22　矩形面积上作用有三角形分布荷载时地基附加应力计算

$$\sigma_z = K_{z1}p_0 \tag{3.45}$$

式中，K_{z1}——应力系数，可通过查表 3.7 得到。

类似可得，角点 2（$x=B$，$y=0$ 或 $x=B$，$y=L$）下深度 z 处的竖向附加应力 σ_z 为

$$\sigma_z = K_{z2}p_0 \tag{3.46}$$

式中，K_{z2}——应力系数，可通过查表 3.8 得到。

当 $\dfrac{L}{B}=10$ 时，可将三角形分布荷载视作三角形分布条形荷载，也就是说，

计算三角形分布条形荷载作用下地基附加应力时，采用三角形分布荷载在 $L=10B$ 时的解答所引起的误差很小。

表 3.7 矩形面积上作用有三角形分布荷载时角点下竖向附加应力系数 K_{z1} 和 K_{z2}

z/B	L/B									
	0.2		0.4		0.6		0.8		1.0	
	1	2	1	2	1	2	1	2	1	2
0.0	0.0000	0.2500	0.0000	0.2500	0.0000	0.2500	0.0000	0.2500	0.0000	0.2500
0.2	0.0223	0.1821	0.0280	0.2115	0.0296	0.2165	0.0301	0.2178	0.0304	0.2182
0.4	0.0269	0.1094	0.0420	0.1604	0.0487	0.1781	0.0517	0.1844	0.0531	0.1870
0.6	0.0259	0.0700	0.0448	0.1165	0.0560	0.1405	0.0621	0.1520	0.0654	0.1575
0.8	0.0232	0.0480	0.0421	0.0853	0.0553	0.1093	0.0637	0.1232	0.0688	0.1311
1.0	0.0201	0.0346	0.0375	0.0638	0.0508	0.0852	0.0602	0.0996	0.0666	0.1086
1.2	0.0171	0.0260	0.0324	0.0491	0.0450	0.0673	0.0546	0.0807	0.0615	0.0901
1.4	0.0145	0.0202	0.0278	0.0386	0.0392	0.0540	0.0483	0.0661	0.0554	0.0751
1.6	0.0123	0.0160	0.0238	0.0310	0.0339	0.0440	0.0424	0.0547	0.0492	0.0628
1.8	0.0105	0.0130	0.0204	0.0254	0.0294	0.0363	0.0371	0.0457	0.0435	0.0534
2.0	0.0090	0.0108	0.0176	0.0211	0.0255	0.0304	0.0324	0.0387	0.0384	0.0456
2.5	0.0063	0.0072	0.0125	0.0140	0.0183	0.0205	0.0236	0.0265	0.0284	0.0318
3.0	0.0046	0.0051	0.0092	0.0100	0.0135	0.0148	0.0176	0.0192	0.0214	0.0233
5.0	0.0018	0.0019	0.0036	0.0038	0.0054	0.0056	0.0071	0.0074	0.0088	0.0091
7.0	0.0009	0.0010	0.0019	0.0019	0.0028	0.0029	0.0038	0.0038	0.0074	0.0047
10.0	0.0005	0.0004	0.0009	0.0010	0.0014	0.0014	0.0019	0.0019	0.0023	0.0024

z/B	L/B									
	1.2		1.4		1.6		1.8		2.0	
	1	2	1	2	1	2	1	2	1	2
0.0	0.0000	0.2500	0.0000	0.2500	0.0000	0.2500	0.0000	0.2500	0.0000	0.2500
0.2	0.0305	0.2184	0.0305	0.2185	0.0306	0.2185	0.0306	0.2185	0.0306	0.2185
0.4	0.0539	0.1881	0.0543	0.1886	0.0545	0.1889	0.0546	0.1891	0.0547	0.1892
0.6	0.0673	0.1602	0.0684	0.1616	0.0690	0.1625	0.0694	0.1630	0.0696	0.1633
0.8	0.0720	0.1355	0.0739	0.1381	0.0751	0.1369	0.0759	0.1405	0.0764	0.1412
1.0	0.0708	0.1143	0.0735	0.1176	0.0753	0.1202	0.0766	0.1215	0.0774	0.1225
1.2	0.0664	0.0962	0.0698	0.1007	0.0721	0.1037	0.0738	0.1055	0.0749	0.1069

续表

z/B	L/B 1.2		1.4		1.6		1.8		2.0	
	1	2	1	2	1	2	1	2	1	2
1.4	0.0606	0.0817	0.0644	0.0864	0.0672	0.0897	0.0692	0.0921	0.0707	0.0937
1.6	0.0545	0.0696	0.0586	0.0743	0.0616	0.0780	0.0639	0.0806	0.0656	0.0826
1.8	0.0487	0.0596	0.0528	0.0644	0.0560	0.0681	0.0585	0.0709	0.0604	0.0730
2.0	0.0434	0.0513	0.0474	0.0560	0.0507	0.0596	0.0533	0.0625	0.0553	0.0649
2.5	0.0326	0.0365	0.0362	0.0405	0.0393	0.0440	0.0419	0.0469	0.0440	0.0491
3.0	0.0249	0.0270	0.0280	0.0303	0.0307	0.0333	0.0331	0.0359	0.0352	0.0380
5.0	0.0104	0.0108	0.0120	0.0123	0.0135	0.0139	0.0148	0.0154	0.0161	0.0167
7.0	0.0056	0.0056	0.0064	0.0066	0.0073	0.0074	0.0081	0.0083	0.0089	0.0091
10.0	0.0028	0.0028	0.0033	0.0032	0.0037	0.0037	0.0041	0.0042	0.0046	0.0046

z/B	L/B 3.0		4.0		6.0		8.0		10.0	
	1	2	1	2	1	2	1	2	1	2
0.0	0.0000	0.2500	0.0000	0.2500	0.0000	0.2500	0.0000	0.2500	0.0000	0.2500
0.2	0.0306	0.2186	0.0306	0.2186	0.0306	0.2186	0.0306	0.2186	0.0306	0.2186
0.4	0.0548	0.1894	0.0549	0.1894	0.0549	0.1894	0.0549	0.1894	0.0549	0.1894
0.6	0.0701	0.1638	0.0702	0.1639	0.0702	0.1640	0.0702	0.1640	0.0702	0.1640
0.8	0.0773	0.1423	0.0776	0.1424	0.0776	0.1426	0.0776	0.1426	0.0776	0.1426
1.0	0.0790	0.1244	0.0794	0.1248	0.0795	0.1250	0.0796	0.1250	0.0796	0.1250
1.2	0.0774	0.1096	0.0779	0.1104	0.0782	0.1105	0.0783	0.1105	0.0783	0.1105
1.4	0.0739	0.0973	0.0748	0.0982	0.0752	0.0986	0.0752	0.0987	0.0753	0.0987
1.6	0.0697	0.0870	0.0708	0.0882	0.0714	0.0887	0.0715	0.0888	0.0715	0.0889
1.8	0.0652	0.0782	0.0666	0.0797	0.0673	0.0805	0.0675	0.0806	0.0675	0.0808
2.0	0.0607	0.0707	0.0624	0.0726	0.0634	0.0734	0.0636	0.0736	0.0636	0.0738
2.5	0.0504	0.0559	0.0529	0.0585	0.0543	0.0601	0.0547	0.0604	0.0548	0.0605
3.0	0.0419	0.0451	0.0449	0.0482	0.0469	0.0504	0.0474	0.0509	0.0476	0.0511
5.0	0.0214	0.0221	0.0248	0.0256	0.0283	0.0290	0.0296	0.0303	0.0301	0.0309
7.0	0.0124	0.0126	0.0152	0.0154	0.0186	0.0190	0.0204	0.0207	0.0212	0.0216
10.0	0.0066	0.0066	0.0084	0.0038	0.0111	0.0111	0.0128	0.0130	0.0139	0.0141

6）矩形面积上作用有梯形分布荷载时地基竖向附加应力计算

梯形分布荷载作用下地基附加应力可采用叠加原理计算得到。在图 3.23 中，梯形分布荷载可分解为两个三角形分布荷载。

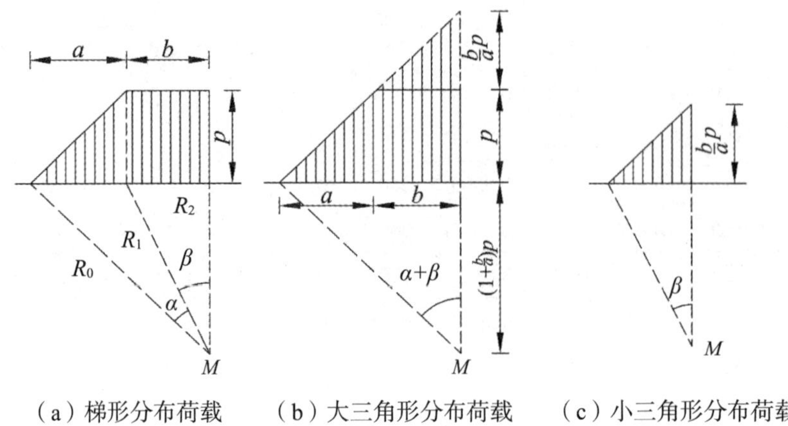

（a）梯形分布荷载　　（b）大三角形分布荷载　　（c）小三角形分布荷载

图 3.23　梯形分布荷载转为三角形分布荷载

7）圆形面积上作用有均布荷载时地基竖向附加应力计算

地基为半无限弹性体，面上作用有圆形均布荷载，荷载面半径为 R，荷载密度为 p，采用圆柱坐标，如图 3.24 所示。地基中任意点 M（γ_0，z）处的竖向应力表达式如下

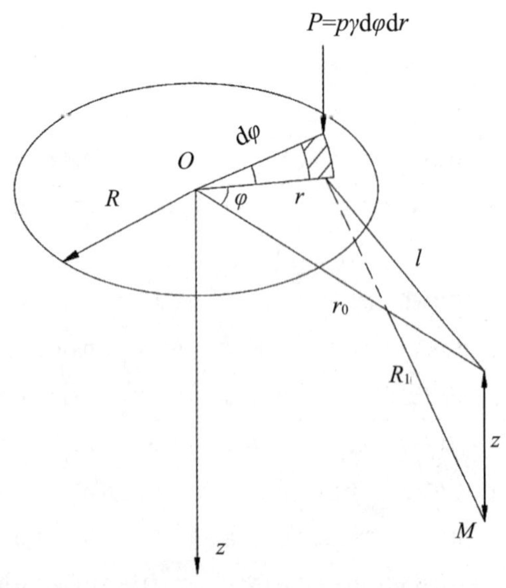

图 3.24　圆形均布荷载作用下地基竖向附加应力计算

$$\sigma_z = \frac{3pz^3}{2\pi}\int_0^{2\pi}\int_0^{R}\frac{r\mathrm{d}\varphi\mathrm{d}r}{\left(r^2+r_0^2-2r\cdot r_0\cos\varphi+z^2\right)^{\frac{5}{2}}} = K_z p \tag{3.47}$$

式中，K_z——应力系数，可由表 3.8 查得。

取 $r_0=0$，则可得圆形荷载面中心点以下任意深度 z 处的竖向附加应力表达式为

$$\sigma_z = p\left[1-\left(\frac{1}{1+\frac{R^2}{z^2}}\right)^{\frac{3}{2}}\right] \tag{3.48}$$

表 3.8　圆形均布荷载作用下的应力系数

z/R	r_0/R										
	0.0	0.2	0.4	0.6	0.8	1.0	1.2	1.4	1.6	1.8	2.0
0.0	1.000	1.000	1.000	1.000	1.000	0.500	0.000	0.000	0.000	0.000	0.000
0.2	0.998	0.991	0.987	0.970	0.890	0.468	0.077	0.015	0.005	0.002	0.001
0.4	0.949	0.943	0.920	0.860	0.712	0.435	0.181	0.065	0.026	0.012	0.006
0.6	0.864	0.852	0.813	0.733	0.591	0.400	0.224	0.113	0.056	0.029	0.016
0.8	0.756	0.742	0.699	0.619	0.504	0.366	0.237	0.142	0.083	0.048	0.029
1.0	0.646	0.633	0.593	0.525	0.434	0.332	0.235	0.157	0.102	0.065	0.042
1.2	0.547	0.535	0.502	0.447	0.377	0.300	0.226	0.162	0.113	0.078	0.053
1.4	0.461	0.452	0.425	0.383	0.329	0.270	0.212	0.161	0.118	0.088	0.062
1.6	0.390	0.383	0.362	0.330	0.288	0.243	0.197	0.156	0.120	0.090	0.068
1.8	0.332	0.327	0.311	0.285	0.254	0.218	0.182	0.148	0.118	0.092	0.072
2.0	0.285	0.280	0.268	0.248	0.224	0.196	0.167	0.140	0.114	0.092	0.074
2.2	0.246	0.242	0.233	0.218	0.198	0.176	0.153	0.131	0.109	0.090	0.074
2.4	0.214	0.211	0.203	0.192	0.176	0.159	0.146	0.122	0.101	0.087	0.073
2.6	0.187	0.185	0.179	0.170	0.158	0.144	0.129	0.113	0.098	0.084	0.071
2.8	0.165	0.163	0.159	0.151	0.141	0.130	0.118	0.105	0.092	0.080	0.069
3.0	0.146	0.145	0.141	0.135	0.127	0.118	0.108	0.097	0.087	0.077	0.067
3.4	0.117	0.116	0.114	0.110	0.105	0.098	0.091	0.084	0.076	0.068	0.061
3.8	0.096	0.095	0.093	0.091	0.087	0.083	0.078	0.073	0.067	0.061	0.053

续表

z/R	r₀/R										
	0.0	0.2	0.4	0.6	0.8	1.0	1.2	1.4	1.6	1.8	2.0
4.2	0.079	0.079	0.078	0.076	0.073	0.070	0.067	0.063	0.059	0.054	0.050
4.6	0.067	0.067	0.066	0.064	0.063	0.060	0.058	0.055	0.052	0.048	0.045
5.0	0.057	0.057	0.056	0.055	0.054	0.052	0.050	0.048	0.046	0.043	0.041
5.5	0.048	0.048	0.047	0.046	0.045	0.044	0.043	0.041	0.039	0.038	0.036
6.0	0.040	0.040	0.040	0.039	0.039	0.038	0.037	0.036	0.034	0.033	0.031

3. 关于地基附加应力计算的简要讨论

前面计算地基附加应力时均将地基视为半无限各向同性弹性体，但地基往往是分层的，横观各向同性，同一土层土体模量随着深度是增加的。严格地讲，地基土体也不是弹性体。采用半无限各向同性弹性体假设后得到的计算结果可能带来多大的误差是工程师们所关心的。经验表明，采用半无限弹性体计算地基附加应力对大多数天然地基来说基本可以满足工程要求。下面首先介绍地基附加应力的影响范围，然后对双层地基、横观各向同性、模量随深度增大等情况对附加应力分布的影响进行简要讨论。

（1）地基附加应力影响范围

我们通过对条形基础和方形基础地基附加应力等值线图进行分析，可得出如下认识。

① σ_z 不仅分布在荷载面积之下，而且分布在荷载面积以外相当大的土体空间，这就是所谓的土中附加应力扩散分布现象。

②在离基础底面不同深度 z 处的各个水平面上，以基底中心点下轴线处的 σ_z 为最大，σ_z 随着与中轴线距离的增大而减小。

③在荷载分布范围之下，任意点的竖向应力 σ_z 随深度的增大而逐渐减小。

④由图 3.25 可见，在条形荷载和方形荷载宽度相同条件下，方形荷载所引起的 σ_z 的影响深度要比条形荷载小得多。例如，在方形荷载中心点下 $z = 2B$ 处 $\sigma_z \approx 0.1p_0$，而在条形荷载下 $\sigma_z \approx 0.1p_0$ 的等值线则在中心点下 $z = 6B$ 附近通过。

⑤水平向附加应力 σ_x 的影响范围较浅，所以基础下地基土体的侧向变形主要发生于浅层；而剪应力 τ_{xz} 的最大值出现于荷载边缘，所以位于基础边缘的土体容易发生剪切滑动而首先出现塑性变形区。

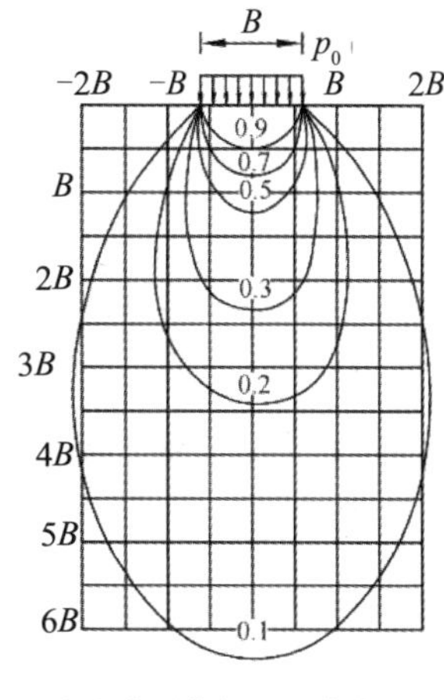

（a）条形荷载下 σ_z 等值线

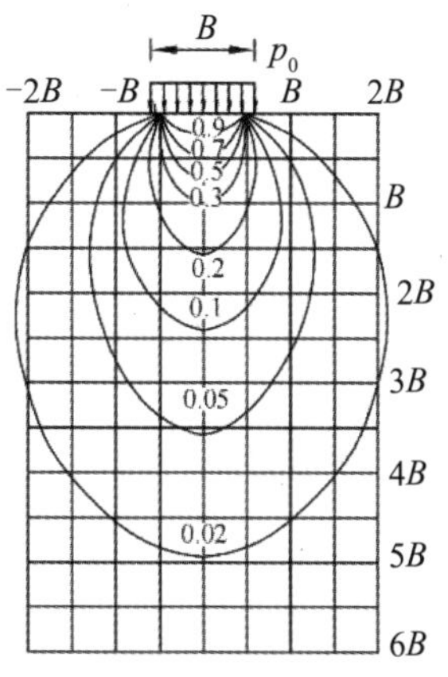

（b）方形荷载下 σ_z 等值线

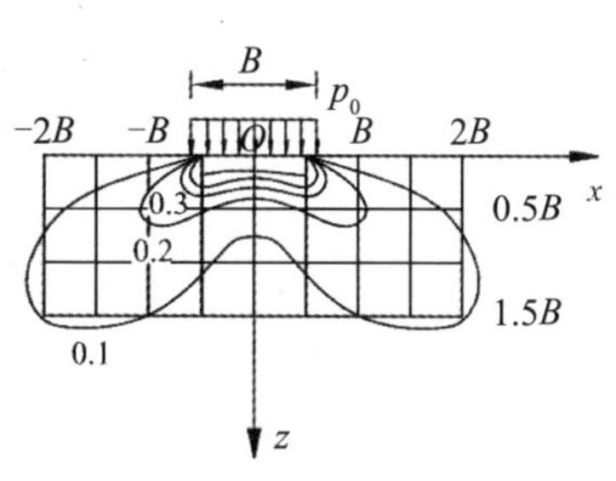

（c）条形荷载下 σ_x 等值线

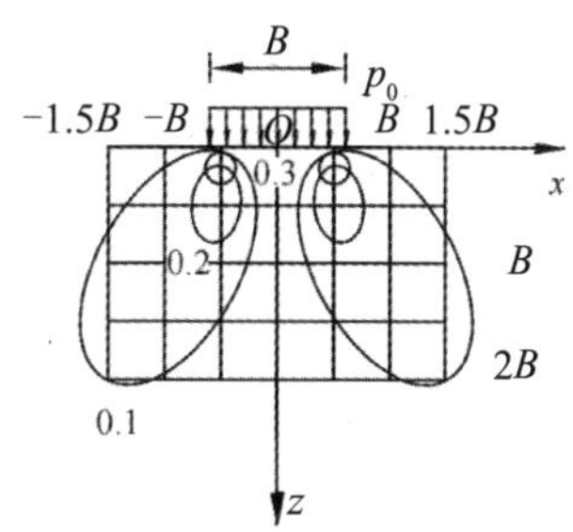

（d）条形荷载下 τ_{xz}

图 3.25　地基附加应力等值线

（2）双层地基

下面以双层地基来说明其对附加应力分布的影响。第 1 层土的弹性参数为 E_1 和 μ_1，厚度为 h；第二层土的弹性参数为 E_2 和 μ_2。双层地基中的应力可根据巴克洛夫斯基当层法计算。根据当层法，可将双层地基中第一层土用一层厚度为 h_1、模量为 E_2 的当层来代替。采用当层替代后，双层地基成了均质地基。当层土体的厚度为

$$h_1 = h\sqrt{\frac{E_1}{E_2}} \tag{3.49}$$

在图 3.26 中，荷载 P 值相等，则三图中 A 点附加应力相等。双层地基中 A 点附加应力计算可转换为均质地基中 A 点附加应力计算，可采用布辛涅斯克

解求解。图 3.27 为双层地基竖向附加应力分布比较图，曲线 1 表示均质地基竖

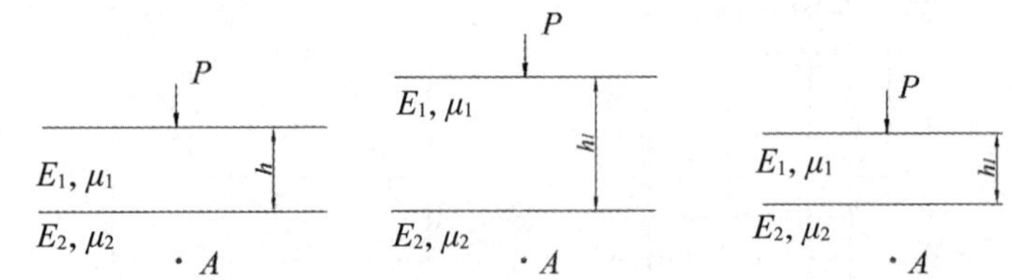

（a）均质地基　（b）上硬下软双层地基　（c）上软下硬双层地基

图 3.26　当层法计算地基中附加应力

向附加应力分布图，曲线 2 表示上硬下软双层地基竖向附加应力分布图，曲线 3 表示上软下硬双层地基竖向附加应力分布图。

当硬土层覆盖在软弱土层上时，如图 3.26（b）所示，即双层地基上硬下软，$E_1 > E_2$，$h_1 > h$，荷载面中心线下地基附加应力比均质地基小，如图 3.27 中的曲线 2 所示。这时，在荷载作用下，地基将发生应力集中现象，上覆硬土层厚度越大，应力集中现象越显著。

当岩层上覆盖着可压缩土层时，如图 3.26（c）所示，即双层地基上软下硬，如图 3.27 中的曲线 3 所示。这时，在荷载作用下，地基将发生应力扩散现象，岩层埋深越浅，应力扩散的影响越显著。

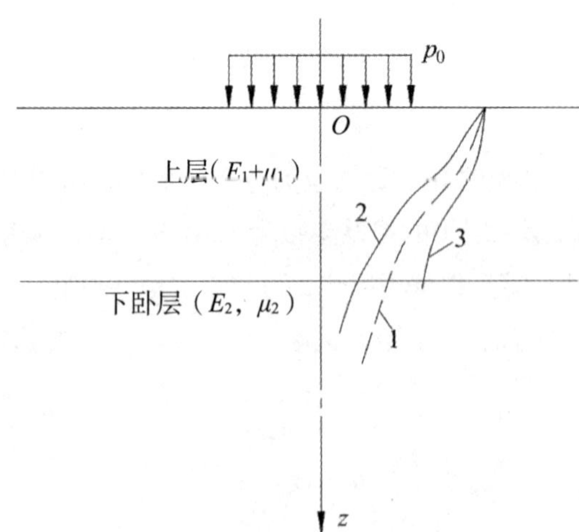

图 3.27　双层地基竖向附加应力分布的比较

（3）模量随深度增大的地基

一般天然地基土体模量都是随着深度变化的，同一土层土体模量是随深度

增大的。与均质地基相比，模量随深度增大的地基在荷载作用下，地基中竖向附加应力变大，或者说产生应力集中现象。

（4）横观各向同性地基

在天然沉积过程中，地基土体水平向模量 E_h 与竖直向模量 E_v 不相等，天然土体往往是横观各向同性体。一般情况下，$E_v > E_h$，地基竖向附加应力产生应力集中现象，如图 3.28（a）所示；当 $E_v < E_h$ 时，地基竖向附加应力将产生应力扩散现象，如图 3.28（b）所示。

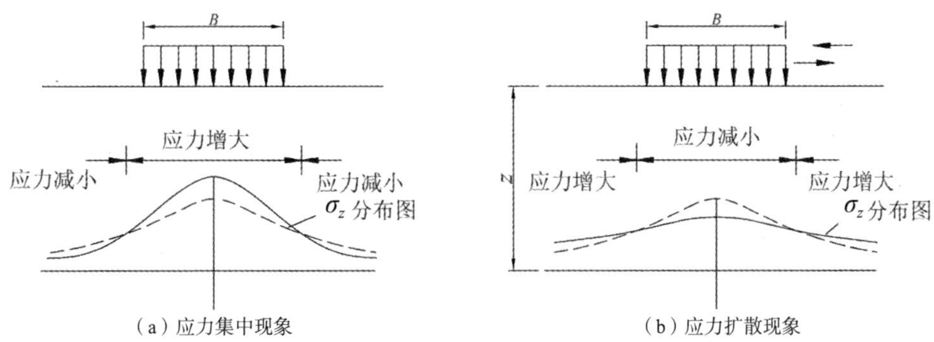

图 3.28　应力集中现象和应力扩散现象

第 4 章　土体变形和固结理论

4.1　土体变形参数

土体的压缩量从宏观上看是土颗粒、水、气三相压缩量及从土体中排出的水、气量的总和。不过，试验研究表明，在一般压力（100～600 kPa）作用下，土颗粒和水的压缩量占土体总压缩量的比例很小以至完全可以忽略不计，即普通土力学中假定土体三相物质不可压缩。因此，可以认为土的压缩就是土中孔隙体积的减少，即土中孔隙气体的压缩及孔隙水和气的排出，而对于饱和土来说就是土中孔隙水的排出。从微观上看，土体受压力作用后，土颗粒在压缩过程中不断调整位置，重新排列挤紧，直至达到新的平衡和稳定状态。土的压缩性常用压缩系数 a 或压缩指数 C_c、压缩模量 E_s 和体积压缩系数 m_v、变形模量 E 等土体变形指标来评价。土的压缩性指标的合理确定是正确计算地基沉降的关键，可以通过室内和现场试验来测定。试验条件与地基土体的应力历史和在实际荷载下的工作状态越接近，测得的指标就越可靠。对于一般情况，常用限制土样侧向变形的室内压缩试验测定土的压缩性指标。这种试验条件虽与地基土体实际所处的二三维变形状态等有一定距离，但由于简便经济，所以一直被认为是测定土的压缩性指标最实用的方法。

4.1.1　压缩系数

压缩系数是由室内压缩试验确定的，属于传统的土工试验内容，而室内压缩试验是在如图 4.1 所示的常规单向压缩仪上进行的。

在进行试验时，用金属环刀取高为 20 mm、直径为 50 mm（或 30 mm）的土样，并置于压缩仪的刚性护环内。土样的上下面均放有透水石，以允许土样受压后土体中的孔隙水可以自由排出。在上透水石顶面装有金属圆形加压板，以便施加荷载传递压力。通常在刚性护环四周加水以保持土样饱和。试验中压力是按规定逐级施加的，后一级压力通常为前一级压力的两倍，即如前一级压力为 p_1，则本级压力 $p_2 = 2p_1$。常规施加的各级压力大小和顺序为：50 kPa、100 kPa、200 kPa、400 kPa 和 800 kPa。施加下一级压力，需待土样在本级压力下压缩基本稳定（约为 24 h），并测得其稳定压缩变形量后才能进行。

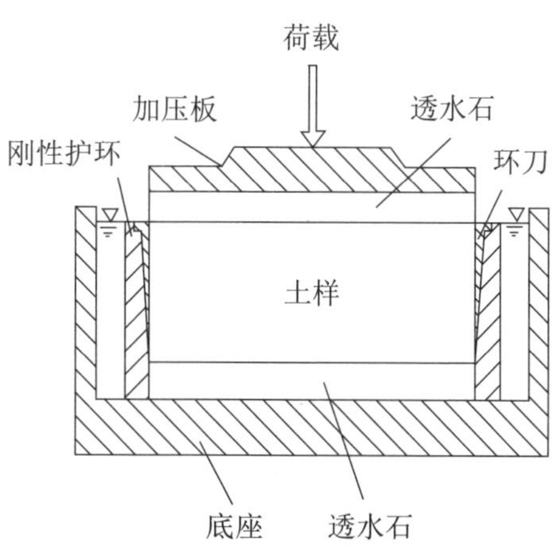

图 4.1　常规单向压缩仪及压缩试验示意图

将压缩试验结果整理成压缩曲线，该曲线表示的是各级压力作用下土样压缩稳定时的孔隙比与相应压力的关系。由于环刀和护环的限制，土样在试验中处于单向（一维）压缩状态，只能发生竖向压缩和变形，其横截面面积保持不变。故只要测得对应于各级压力的稳定压缩量，即可求得相应的孔隙比，从而得到压缩曲线，计算模型见图 4.2。

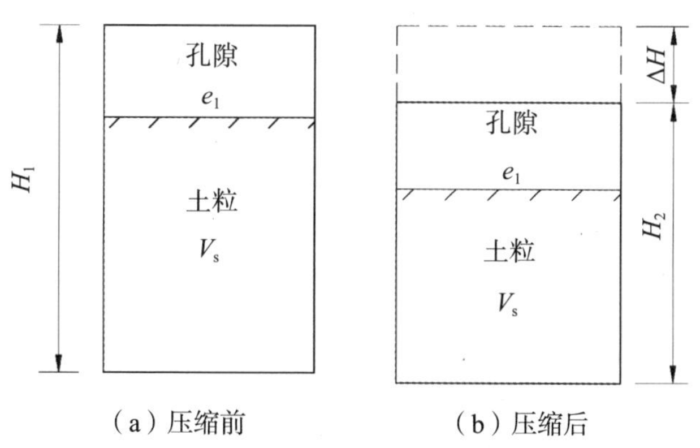

图 4.2　土样压缩分析模型

设土样压缩前后的高度分别为 H_1 与 H_2，孔隙比分别为 e_1 与 e_2。由土体三相理论，得 $V_{v1}=e_1V_{s1}$， $V_{v2}=e_2V_{s2}$。由于同一个土样压缩前后土粒体积相同，即 $V_{s1}=V_{s2}=V_s$，且计算模型断面为 1（模拟压缩仪），则

$$H_1=V_{s1}+e_1V_{s1}=\left(1+e_1\right)V_s$$

$$H_2=V_{s2}+e_2V_{s2}=\left(1+e_2\right)V_s$$

可得

$$\Delta H=H_1-H_2=\left(e_1-e_2\right)V_s$$

$$\frac{\Delta H}{H_1}=\frac{e_1-e_2}{1+e_1}=\frac{\Delta e}{1+e_1}$$

所以

$$\Delta H=\frac{\Delta e}{1+e_1}H_1 \tag{4.1}$$

求得各级压力下的孔隙比后，即可以孔隙比 e 为纵坐标、压力 p 为横坐标按两种方式绘制压缩曲线：一是采用普通直角坐标绘制，称为 e–p 曲线，如图 4.3（a）所示；二是采用半对数（指常用对数）坐标绘制，称为 e–$\lg p$ 曲线，如图 4.3（b）所示。

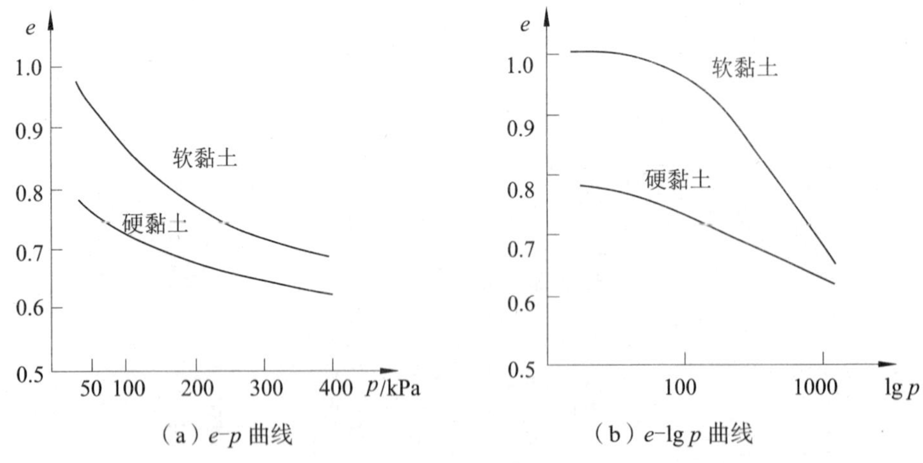

（a）e–p 曲线　　（b）e–$\lg p$ 曲线

图 4.3　土的压缩曲线

需要说明，土的压缩也是土中有效应力逐步趋于土体所受压力的过程，因此，在各级压力作用下压缩稳定时土中的竖向有效应力 σ_z' 必然等于土体所受到的竖向压力 p。换言之，土的压缩曲线也就是土的孔隙比 e 与有效应力 σ_z' 的关系曲线。

设压力由 p_1 增加到 p_2，相应的孔隙比由 e_1 减小到 e_2，则与压力增量 $\Delta p = p_2 - p_1$ 相对应的孔隙比变化为 $\Delta e = e_1 - e_2$。此时，土的压缩性可用图 4.4 中割线 $M_1 M_2$ 的斜率表示。设割线 $M_1 M_2$ 与横坐标轴的夹角为 β，则有

$$a = \tan\beta = \frac{\Delta e}{\Delta p} \tag{4.2}$$

式中：a——土的压缩系数（MPa^{-1}）。

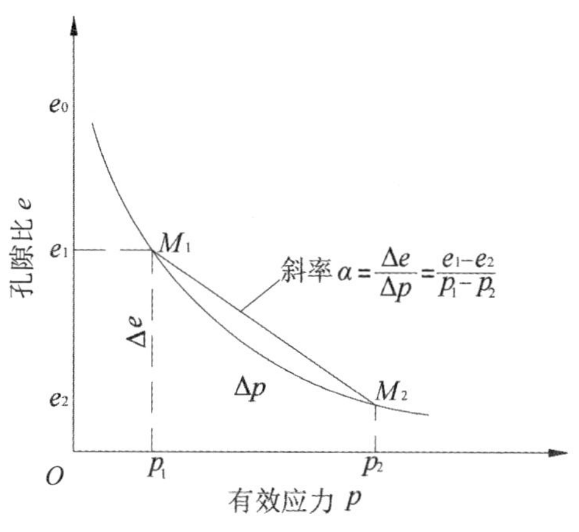

图 4.4　土的 e–p 曲线

土的压缩系数的定义是土体在侧限条件下孔隙比减小量与有效应力增量的比值（MPa^{-1}），即 e–p 曲线中某一压力段的割线斜率。地基中压力段应取土的自重应力至土的自重应力与附加应力之和的范围。曲线越陡，说明在同一压力段内，土孔隙比的减小越显著，因而土的压缩性越高。因此，可以用 e–p 曲线的切线斜率来表征土的压缩性，该斜率就是土的压缩系数，其表达式为

$$a = -\frac{\mathrm{d}e}{\mathrm{d}p} = \frac{e_1 - e_2}{p_2 - p_1} \tag{4.3}$$

式中，a——土的压缩系数（MPa^{-1}），负号表示随着有效应力 p 的增加，孔隙比 e 逐渐减小。

p_1——地基某深度处土的（竖向）自重应力，是指土中某点的“原始压力”（MPa）；

p_2——地基某深度处土的（竖向）自重应力与（竖向）附加应力之和，是指土中某点的“总和应力”（MPa）；

e_1，e_2——相应于 p_1，p_2 作用下压缩稳定后的孔隙比。

为了便于比较，通常采用压力段由 p_1 = 100 kPa 增加到 p_2 = 200 kPa 时的压缩系数 a_{1-2}（称为工程压缩系数），据此判别土的压缩性：

①当 $a_{1-2} < 0.1\ \text{MPa}^{-1}$ 时，为低压缩性土。

②当 $0.1 \leqslant a_{1-2} < 0.5\ \text{MPa}^{-1}$ 时，为中压缩性土。

③当 $a_{1-2} \geqslant 0.5\ \text{MPa}^{-1}$ 时，为高压缩性土。

4.1.2 压缩指数

将 e–p 曲线整理为 e–$\lg p$ 曲线，如图 4.5 所示。由 e–$\lg p$ 曲线，定义 e–$\lg p$ 曲线右端直线段的斜率为土的压缩指数 C_c

$$C_c = \frac{e_1 - e_2}{\lg p_2 - \lg p_1} = \frac{\Delta e}{\lg \dfrac{p_2}{p_1}} \tag{4.4}$$

式中，C_c——土的压缩指数，其他符号意义同式（4.3）。

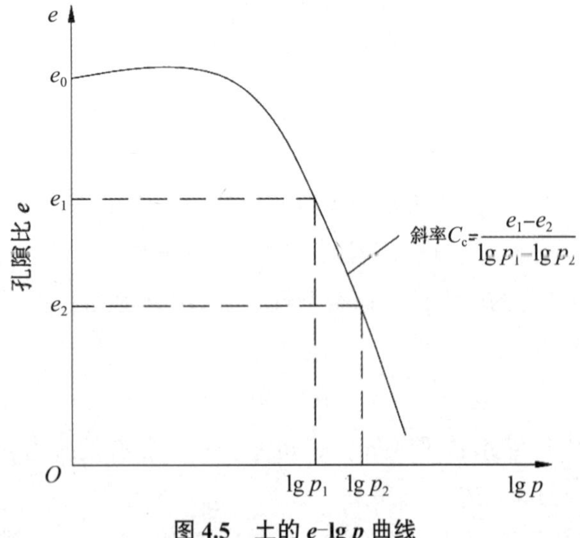

图 4.5 土的 e–$\lg p$ 曲线

压缩指数越大，土的压缩性越高。一般认为，C_c<0.2 的土为低压缩性土，C_c>0.4 的土为高压缩性土。

此外，根据 e–p 曲线（图 4.4）可以得到另一个重要的土体变形指标——压缩模量，用 E_s 来表示。其定义为土在完全侧限（压缩仪）的条件下竖向应

力增量 Δp（如从 p_1 增至 p_2）与相应的竖向应变增量 $\Delta\varepsilon$ 的比值

$$E_s = \frac{\Delta p}{\Delta \varepsilon} = \frac{\Delta p}{\frac{\Delta H}{H_1}} = \frac{H_1 \Delta p}{\Delta H} = H_1 \frac{\Delta p}{\Delta H} \tag{4.5}$$

式中，E_s——压缩模量（MPa）。

在无侧向变形即有侧限（压缩仪），即横截面积不变的情况下，土体压缩前后 V_s 不变，则由土体三相理论得

$$e_1 = \frac{V_{v1}}{V_{s1}},\quad e_2 = \frac{V_{v2}}{V_{s2}} \tag{4.6}$$

$$1+e_1 = \frac{V_{v1}+V_{s1}}{V_{s1}} = \frac{H_1}{V_{s1}},\quad 1+e_2 = \frac{V_{v2}+V_{s2}}{V_{s2}} = \frac{H_2}{V_{s2}},\ \text{且}\ V_{s1}=V_{s2} \tag{4.7}$$

则

$$\frac{1+e_1}{1+e_2} = \frac{H_1}{H_2} \tag{4.8}$$

整理为

$$\frac{H_1}{1+e_1} = \frac{H_2}{1+e_2} = k \tag{4.9}$$

$$\frac{\Delta H}{H_1} = \frac{e_1 - e_2}{1+e_1} \tag{4.10}$$

$$E_s = \frac{\Delta p}{\frac{\Delta H}{H_1}} = \frac{\Delta p}{\frac{\Delta e}{1+e_1}} = \frac{1+e_1}{a} \tag{4.11}$$

可见土的压缩模量 E_s，也不是常数，而是随着竖向应力大小而变化。显然，在压力小的时候，压缩系数 a 大，压缩模量 E_s 小；在竖向应力大的时候，压缩系数 a 小，压缩模量 E_s 大。因此，在运用到沉降计算中时，比较合理的做法是根据实际竖向应力的大小在压缩曲线上取相应的值计算压缩模量。

工程上还常用体积压缩系数 m_v 为地基沉降的计算参数，定义为土在完全侧限条件下体积应变（竖向应变）增量与竖向应力增量的比值。体积压缩系数在数值上等于压缩模量的倒数，即

$$m_v = \frac{1}{E_s} = \frac{\alpha}{1+e_1} \tag{4.12}$$

式中，m_v——土的体积压缩系数（MPa^{-1}）；其余变量物理意义同前。

在压缩试验中，如果加压到某一值 p_i，相应于图 4.6（a）中曲线上的 b 点后不再加压，而是逐级进行卸载直至零，并且测得各卸载等级下土样回弹稳定后土样高度，进而换算得到相应的孔隙比，即可绘制出卸载阶段的关系曲线，如图 4.6（a）中曲线 bc 所示，称为回弹曲线（或膨胀曲线）。可以看到不同于一般弹性材料的是，回弹曲线不和初始加载的曲线 ab 重合，卸载至零时，土样的孔隙比没有恢复到初始压力为零时的孔隙比 e_0。这就显示了土残留了一部分压缩变形（称之为残余变形），但也恢复了一部分压缩变形（称之为弹性变形）。

若接着重新逐级加压，则可测得土样在各级荷载作用下再压缩稳定后的孔隙比，相应地可绘制出再压缩曲线，如图 4.6（a）中曲线 cdf 所示。可以发现其中的 df 段好像是 ab 段的延续，犹如期间没有经过卸载和再压的过程一样，土在卸载再压缩过程中所表现的特性应在工程实践中引起足够的重视。将 e–p 曲线整理成 e–lg p 曲线后，如图 4.6（b）所示，回弹曲线与再压缩曲线形成的滞环圈割线斜率称回弹指数 C_e，计算的式子同式（4.4），只是 p_1 和 p_2 及对应的 e_1 和 e_2 均应在滞环圈割线上。C_e 远小于 C_c，再生黏性土 C_e =⊠0.1～0.2⊠ C_c。

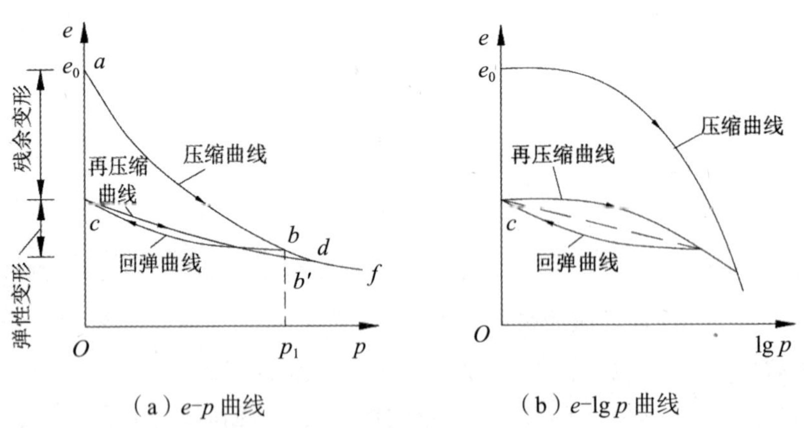

（a）e–p 曲线　（b）e–lg p 曲线

图 4.6　土的回弹再压缩曲线

4.1.3　变形模量

变形模量 E_0 也是一个重要的土体变形指标，是土在无侧限条件下的竖向应力增量 $\Delta\sigma_z\varepsilon$ 与竖向应变增量 $\Delta\varepsilon_z$ 之比

$$E_0=\frac{\Delta\sigma_z}{\Delta\varepsilon_z} \tag{4.13}$$

可见，土的变形模量 E_0 与弹性力学中材料的杨氏模量 E 定义相同，对应土力学中现场压缩试验。然而，与连续介质弹性材料不同，土的变形模量与试验条件尤其是排水条件密切相关，对不同的排水条件，E_0 不同。一般而言，土的不排水变形模量［此时式（4.13）中的应力增量为总应力增量］大于土的排水变形模量［此时式（4.13）中的应力增量为有效应力增量］。土的排水变形模量与土的压缩模量理论上可以换算，即 E_0 可通过 E_s 来求得。现推导两者的关系式。

由广义虎克定律，三向（有效）应力增量 $\Delta\sigma_x'$，$\Delta\sigma_y'$，$\Delta\sigma_z'$ 与相应应变增量 $\Delta\varepsilon_x$，$\Delta\varepsilon_y$，$\Delta\varepsilon_z$ 有如下关系（本构方程）：

$$\left.\begin{aligned}\Delta\varepsilon_x&=\frac{1}{E_0}\left[\Delta\sigma_x'-\mu\left(\Delta\sigma_y'+\Delta\sigma_z'\right)\right]\\\Delta\varepsilon_y&=\frac{1}{E_0}\left[\Delta\sigma_y'-\mu\left(\Delta\sigma_z'+\Delta\sigma_x'\right)\right]\\\Delta\varepsilon_z&=\frac{1}{E_0}\left[\Delta\sigma_z'-\mu\left(\Delta\sigma_x'+\Delta\sigma_y'\right)\right]\end{aligned}\right\} \tag{4.14}$$

式中，E_0，μ——分别为排水条件下土的变形模量（MPa）和泊松比。

对于压缩试验，土的侧向变形为零，即 $\Delta\varepsilon_x=\Delta\varepsilon_y=0$，则从式（4.14）可得

$$\Delta\sigma_x'=\mu\left(\Delta\sigma_y'+\sigma_z'\right) \tag{4.15}$$

$$\Delta\sigma_y'=\mu\left(\Delta\sigma_z'+\sigma_x'\right) \tag{4.16}$$

将式（4.15）、式（4.16）代入式（4.14）的第三式，得

$$\Delta\varepsilon_z=\frac{\Delta\sigma_z'}{E_0}\left(1-\frac{2\mu^2}{1-\mu}\right) \tag{4.17}$$

而土的压缩模量定义为

$$E_s=\frac{\Delta p}{\Delta\varepsilon_z}=\frac{\Delta\sigma_z'}{\Delta\varepsilon_z} \tag{4.18}$$

结合式（4.17）和式（4.18）可得 E_0 与 E_s 的关系

$$E_0=\left(1-\frac{2\mu^2}{1-\mu}\right)E_s \tag{4.19}$$

一般情况下，土体 $0<\mu<0.5$，则 $E_0<E_s$，所以土的排水变形模量一般小于土的压缩模量。土的变形模量也可由现场荷载试验测定。由于现场试验不能控制排水条件，可以认为由此得到的土的变形模量一般介于土的排水变形模量和不排水变形模量之间。

在初等土力学中，进行地基沉降计算时，一般将土体假定为弹性介质，则土的弹性模量便有了一定的工程意义。土的弹性模量的定义是土体在无侧限条件下瞬时压缩的应力应变模量。1885 年，法国力学家博西内斯克运用弹性理论推出了在弹性半空间表面上作用一个竖向集中力时，半空间内任意点处所引起的六个应力分量和三个位移分量的弹性力学解答，其中位移分量包含了土的弹性模量和泊松比两个参数。由于土并非理想弹性体，它的变形包括了可恢复的（弹性）变形和不可恢复的（残余）变形两部分。因此，在静荷载作用下计算土的变形时所采用的变形参数为压缩模量和变形模量等。

如果在动荷载（如车辆荷载、风荷载、地震荷载）作用时，仍采用压缩模量或变形模量计算土的变形，将得出与实际情况不符的偏大结果。其原因是冲击荷载或反复荷载每一次作用的时间短暂，由于土骨架和土粒未被破坏，不发生不可恢复的残余变形，而只发生土骨架的弹性变形，如部分土中水被排出造成的压缩变形、封闭土中气的压缩变形等，都是可恢复的弹性变形。所以，弹性模量远大于变形模量。

4.1.4 固结系数

应用饱和土体渗流固结理论求解实际工程问题时，固结系数 C_v 是关键参数，直接影响超静孔隙水压力 u 的消散速率和地基的沉降与时间关系。C_v 值越大，在其他条件相同的情况下，土体完成固结所需的时间越短。

一般可根据侧限压缩试验（固结试验）结果确定饱和土体的 C_v 值。每级荷载作用下测得的土体变形量与时间关系曲线（图 4.7）的主固结段可认为只包括固结沉降和试验中不可避免产生的初始压缩，包括试件表面不平与加压板接触不良等原因产生的压缩。消除初始压缩的影响后，即符合一维渗流固结理论解。目前常采用两种半经验方法，即时间平方根法和时间对数法，将试验曲线与理论曲线进行拟合以确定 C_v 值。

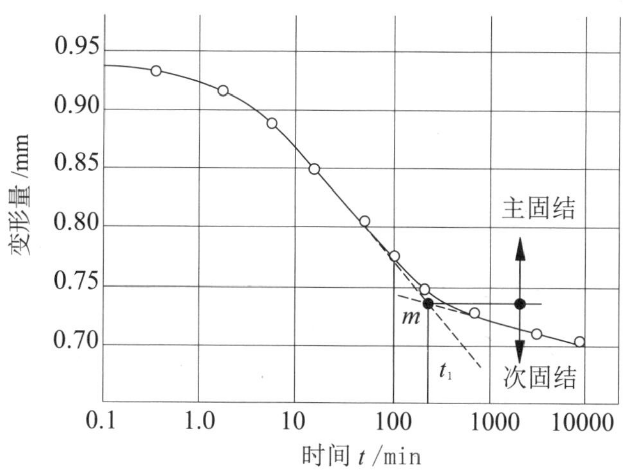

图 4.7　土体变形量与时间关系曲线

4.2　前期固结压力

天然土层在其应力历史上受过的最大固结压力（土体在固结过程中所受的最大竖向有效应力），称为先期固结压力，或称前期固结压力。根据应力历史可将地基土体分为正常固结土层、超固结土层和欠固结土层三类。正常固结土层的先期固结压力等于现有覆盖土重；超固结土层在其应力历史上曾经受过大于现有覆盖土重的竖向荷载，如开挖山体后的场地地基土体。而欠固结土层的先期固结压力则小于现有覆盖土重，如填土地基。在研究沉积土层的应力历史时，通常将先期固结压力与现有覆盖土重之比值定义为超固结比 OCR，其表达式如下

$$\mathrm{OCR}=\frac{p_c}{p_1} \tag{4.20}$$

式中，p_c——先期固结压力（kPa）；

p_1——现有覆盖自重应力（kPa）。

正常固结土层的 OCR = 1、超固结土层的 OCR > 1 和欠固结土层的 OCR < 1，如图 4.8 所示。根据《高层建筑岩土工程勘察标准》（JGJ/T 72—2017），对于天然土层，当 OCR = 1.0 ～ 1.2 时，可视为正常固结土层。

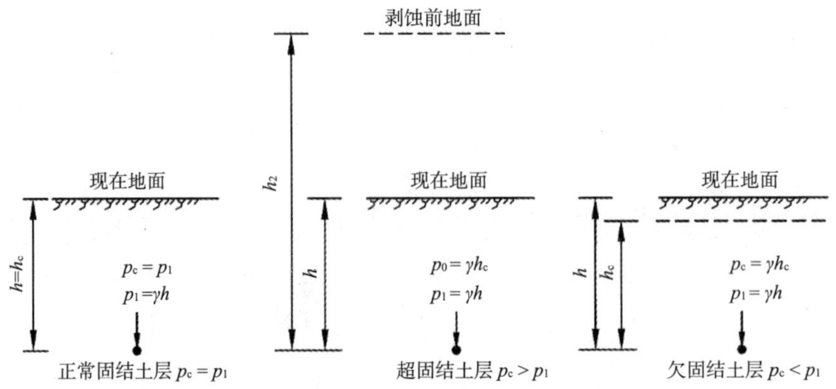

图 4.8　沉积土层按先期固结压力 p_c 分类

确定先期固结压力 p_c 最常用的方法是卡萨格兰德（Cassagrande）经验作图法，作图步骤如图 4.9 所示：

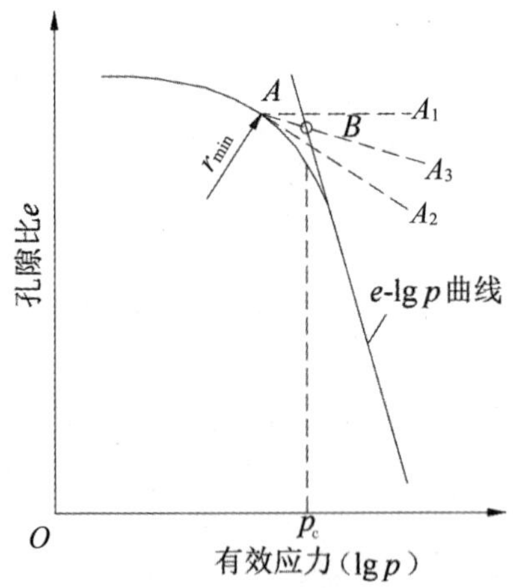

图 4.9　确定先期固结压力的卡萨格兰德法

①从 e–lg p 曲线上找出曲率半径最小的一点 A，过 A 点作水平线 A_1 和切线 A_2。

②作∠ A_1A_2 的平分线 A_3，与 e–lg p 曲线直线段的延长线相交于 B 点。

③ B 点所对应的有效应力就是先期固结压力 p_c。

必须指出，用这种简易的经验作图法时，对取土质量要求较高，绘制 e–lg p 曲线时要选用适当的比例尺等。否则，有时很难找到一个突变的 A 点，不一定都能得出可靠的结果。确定先期固结压力，还应结合场地地形、地貌等形成历史的调查资料加以判断，例如历史上由于自然力（流水、冰川等地质作用的剥蚀）和人工开挖等剥去原始地表土层，或在现场堆载预压作用等，都可能使土层成为超固结土层；而新近沉积的黏性土层和粉土层、海滨淤泥层及年代不久的人工填土层等则属于欠固结土层。此外，当地下水位发生前所未有的下降后，也会使土层处于欠固结状态。

现场原始压缩曲线，简称原始压缩曲线，是指室内压缩试验 e–lg p 曲线经修正后得出符合现场原始土体的孔隙比与有效应力的关系曲线。在计算地基的固结沉降时，必须弄清楚土层所经受的应力历史，以及土层是处于正常固结状态或超固结状态还是欠固结状态，从而由原始压缩曲线确定其压缩性指标。

对于正常固结土层，如图 4.10 所示，e–lg p 曲线中的 ab 段表示土样在现场成土的历史过程中已经达到固结稳定状态。b 点压力是土样在应力历史上所经受的先期固结压力 p_c，它等于现有的覆盖土自重应力 p_1。在现场应力增量的作用下，孔隙比 e 的变化将沿着 ab 段的延伸线 bc 段发展。但是，原始压缩曲线 ab 段不能由室内试验直接测得，只有将一般室内压缩曲线加以修正后才能求得。这是由于受扰动的影响，取到实验室的土样即使十分小心地保持其天然初始孔隙比不变，仍然会引起土样中有效应力的降低（图 4.11 中的水平线 bd 段）。当土样在室内加压时，孔隙比变化将沿着室内压缩曲线发展，寻求修正方法。

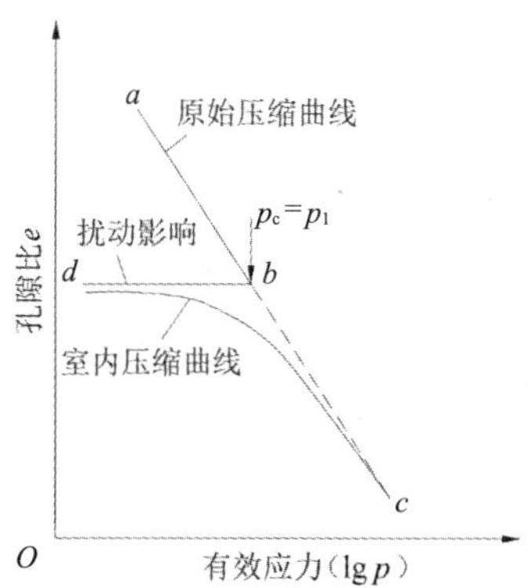

图 4.10　正常固结土层扰动对压缩性的影响

正常固结土层的原始压缩曲线，可根据施默特曼（Schmertmann）的方法按下列步骤将室内压缩曲线加以修正后求得（图 4.11）。

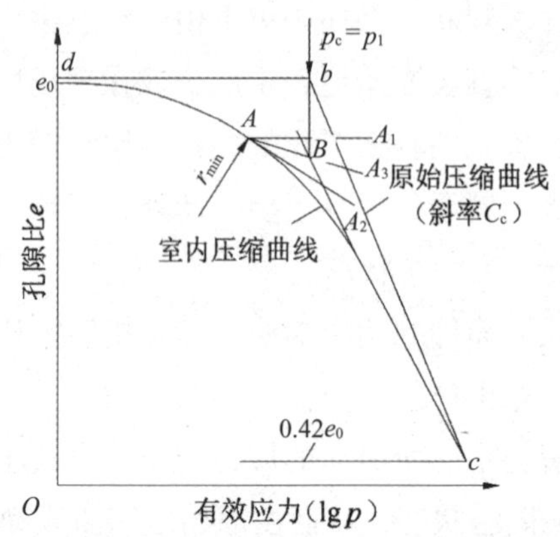

图 4.11　正常固结土的原始压缩曲线

①先作 b 点，其横坐标为试样的现场自重压力 p_1，由 e-lg p 曲线资料分析 p_1 等于 B 点所对应的先期固结压力 p_c，其纵坐标为现场孔隙比，如果土样保持不膨胀，取初始孔隙比 e_0。

②再作 c 点，由室内压缩曲线上孔隙比 $e = 0.42\ e_0$ 这一点确定，这是通过许多室内压缩试验发现的，若将土样加以不同程度的扰动，所得出的不同室内压缩曲线直线段，基本都相交于孔隙比 $e = 0.42\ e_0$ 这一点，由此推想原始压缩曲线也应交于该点。

③然后连接 bc，这一线段就是原始压缩曲线的直线段，于是可按该线段的斜率确定正常固结土层的压缩指数 C_c 值，$C_c = \Delta e/\lg(p_2/p_1)$。

对于超固结土，如图 4.12 所示。相应于原始压缩曲线 abc 中 b 点压力是土样的应力历史上曾经受到的最大压力，就是先期固结压力 p_c（$> p_1$），后来，有效应力减少到现有土自重应力 p_1（相当于原始回弹曲线 bb_1 上 b_1 点的压力）。在现场应力增量的作用下，孔隙比将沿着原始再压缩曲线 b_1c 变化。当压力超过先期固结压力后，曲线将与原始压缩曲线的延伸线（虚线 bc 段）重新连接。同样，土样扰动在孔隙比保持不变的情况下仍然引起了有效应力的降低（图 4.13 中水平线 b_1d 所示）。当土样在室内加压时，孔隙比变化将沿着室内压缩曲线发展。超固结土层的原始压缩曲线，可按下列步骤求得：

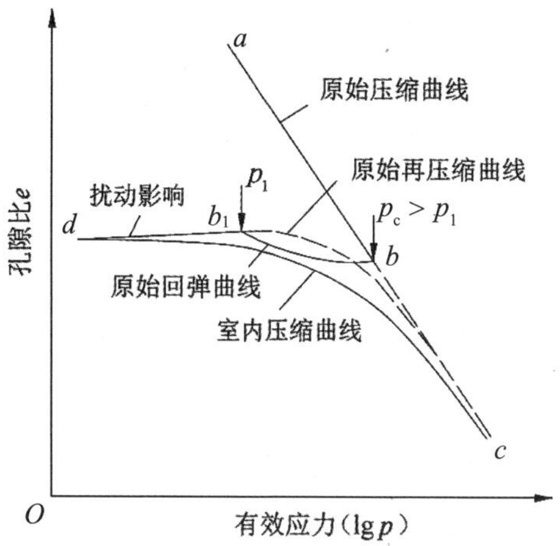

图 4.12　超固结土层扰动对压缩性的影响

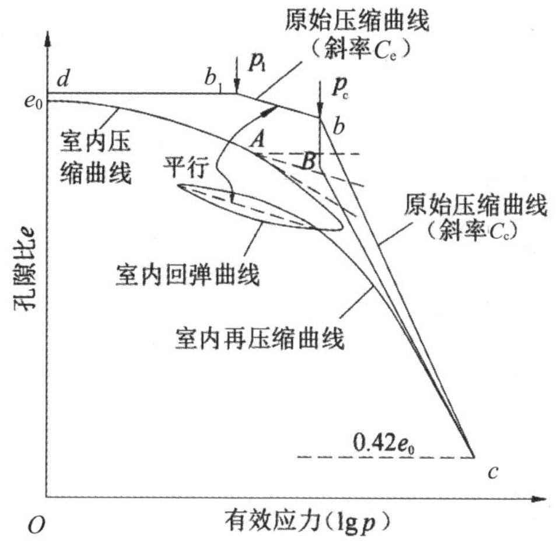

图 4.13　超固结土层的原始压缩和原始再压缩曲线

①先作 b_1 点，其横、纵坐标分别为试样的现场自重压力 p_1 和现场孔隙比 e_0。

②过 b_1 点画一条直线，其斜率等于室内回弹曲线与再压缩曲线的平均斜率，该直线与通过 B 点的垂线（其横坐标相应于先期固结压力值）交于 b 点，b_1b 就作为原始再压缩曲线，其斜率为回弹指数 C_e。根据经验得知，因为土样受到扰动，使初次室内压缩曲线的斜率比原始再压缩曲线的斜率要大得多，而室内回弹和再压缩曲线的平均斜率则比较接近于原始再压缩曲线的斜率。

③作 c 点，由室内压缩曲线上孔隙比 $e = 0.42\ e_0$ 这一点确定。

④连接 bc，即得原始压缩曲线的直线段，取其斜率作为压缩指数 C_c。

对于欠固结土层，由于自重作用下的压缩尚未稳定，只能近似地按与正常固结土层一样的方法求得原始压缩曲线，从而确定压缩指数 C_c。

4.3 地基沉降量

地基沉降计算是土力学的重要内容，对建筑工程、高等级公路、机场跑道等工程极其重要。地基沉降量是指地基土体变形在其表面形成的竖向位移量，我们通常采用地基最终沉降量来评价，地基最终沉降量是指在外荷载作用下地基土层被压缩达到固结稳定时基础底面的最大沉降量。为保证建筑物的安全使用，就需要控制地基的沉降和不均匀沉降。在土木工程建设中，因沉降量或不均匀沉降量超过允许范围而造成的工程事故时有发生。在对地基的沉降量进行计算时，不仅要计算地基的最终沉降量，也要计算施工完成后某一段时间发生的工后沉降量，前者与时间无关，后者与时间紧密关联。

地基沉降量的大小主要取决于土体的压缩性和外加荷载的形式与种类。影响沉降量计算精度的因素很多，加上工程结构的复杂性和荷载的多样性，要正确估算某一具体工程的地基沉降量特别是深厚软黏土地区工程的地基沉降量，不仅需要掌握正确的计算方法，还需要积累必要的工程经验。地基沉降计算方法有分层总和法、应力历史法等，其中使用频率最高的是分层总和法。

4.3.1 分层总和法

1. 经典方法

分层总和法是首先将压缩层范围内的地基土层分成若干层，假定每层土体均为弹性介质，分层计算土体竖向压缩量，然后求和得到总竖向压缩量，即为总沉降量。在计算土体竖向压缩量时，多数采用一维压缩计算模型。竖向附加应力采用前述章节介绍的弹性理论解答，通常采用压缩模量 E_s 计算沉降量。由于地基实际情况多为三维空间等因素，需要对一维压缩分层总和法得到的沉降计算结果进行修正。

分层总和法的基本假定如下：

①地基为半无限弹性体，地基土中的附加应力按第 3 章介绍的相关方法计算。

②基底附加应力 p_0 是作用于地表的局部荷载。

③每层土体均为弹性介质，土层压缩时不发生侧向变形。

④只计算竖向附加应力作用下产生的竖向压缩变形，不计剪应力的影响。

可见，地基中土层的受力状态与压缩试验中土样的受力状态相同，所以可以采用压缩试验得到的压缩性指标来计算土层压缩量。前述假定比较符合基础中心点下土体的受力状态，一般认为该法只适用于计算地基中心点的沉降。计算步骤如下：

第一，确定地基沉降计算深度。根据基底压力，按土中应力计算理论，计算土中自重应力 σ_{cz} 和附加应力 σ_z，并分别做出基底中心 σ_{cz} 变化线和 σ_z 线，如图 4.14 所示。取 $\sigma_z=0.2\sigma_{cz}$（硬质地基）或 $0.1\sigma_{cz}$（软质地基）处作为沉降计算深度下限，则从该处至基底的距离即为地基沉降计算深度 z_n。

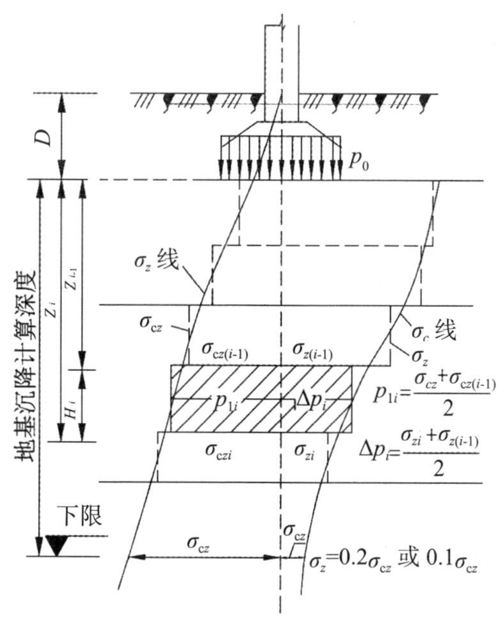

图 4.14　分层总和法计算模型

第二，地基土分层，计算每层土的竖向变形。将地基沉降计算深度 z_n 内的地基土进行分层，地层界线、地下水位线作为必须分层线，确保每层土体均质，厚度较大的地层还应细分，每个分层土体厚度不大于 $0.4B$，B 为基础宽度。

计算每层土体的竖向变形 s_i

$$s_i=\varepsilon_i H_i \tag{4.21}$$

式中，s_i——第 i 层土体的竖向变形（m）；

ε_i——第 i 层土体的竖向应变（侧限压缩应变）；

H_i——第 i 层土体的厚度（m）。

我们可以由式（4.21）继续推导出下列公式：

① e–p 曲线计算法：利用土体的 e–p 曲线，式（4.21）可改写为

$$s_i=\frac{e_{1i}-e_{2i}}{1+e_{1i}}H_i \tag{4.22}$$

式中，e_{1i}——第 i 层土体的自重应力 p_{1i} 在 e–p 曲线上对应的孔隙比；

p_{1i}——第 i 层土体自重应力平均值（kPa）。

$$p_{1i}=\frac{\sigma_{cz(i-1)}+\sigma_{czi}}{2} \tag{4.23}$$

式中：e_{2i}——第 i 层土体的自重应力平均值 p_{1i} 和土中附加应力平均值 Δp_i 之和 p_{2i} 在 e–p 曲线上对应的孔隙比。

$$\Delta p_i=\frac{\sigma_{z(i-1)}+\sigma_{zi}}{2} \tag{4.24}$$

$$p_{2i}=p_{1i}+\Delta p_i \tag{4.25}$$

②压缩系数计算法：将 $\Delta e_i=\alpha_i\Delta p_i$ 代入式（4.22），得

$$s_i=\frac{\alpha_i\Delta p_i}{1+e_{1i}}H_i \tag{4.26}$$

式中，α_i——第 i 层土体的压缩系数（MPa^{-1}）；其余变量物理意义同前。

③压缩模量法：将 $E_{si}=\dfrac{1+e_{1i}}{\alpha_i}$ 代入式（4.26），得

$$s_i=\frac{\Delta p_i}{E_{si}}H_i \tag{4.27}$$

式中，E_{si}——第 i 层土的压缩模量（MPa）；其余变量物理意义同前。

④体积压缩系数法：将 $m_{vi}=\dfrac{1}{E_{si}}$ 代入式（4.27），得

$$s_i=m_{vi}\Delta p_i H_i \tag{4.28}$$

式中，m_{vi}——第 i 层土体的体积压缩系数（MPa^{-1}）；其余变量物理意义同前。

第三，确定地基总沉降量的理论值。

$$s' = \sum_{i=1}^{n} s_i \tag{4.29}$$

式中，s'——地基总沉降量（m）；

n——地层土体分层总数。

第四，确定地基沉降量的应用值。由于前述计算结果均是在地基土体为弹性介质条件下获得的，实际上地基土体并非属于完全弹性体，存在蠕变可塑性，故在工程应用中需对理论值进行修正，得到最终沉降量的计算值：

$$s_{\infty} = \psi_s s' \tag{4.30}$$

式中，s_{∞}——最终沉降量（m）；

ψ_s——沉降计算经验系数，参见《建筑地基基础设计规范》（GB 50007—2011）。

【例题 4.1】 某工程矩形基础长 l=3.0 m，宽 b=2.0 m，埋深 d=1.2 m，上部结构物的荷载 F=300 kN，基础及其上填土的平均重度 γ_G=20.0 kN/m^3。地下水位深 1.8 m，基岩面距离地表 4.8 m。地表以下 2.4 m 范围内为黏土层，天然重度 γ=17.6 kN/m^3，饱和重度 γ_{sat1}=17.8 kN/m^3。黏土层以下为粉质黏土层，饱和重度 γ_{sat2}=18.2 kN/m^3。地基土层室内压缩试验成果见表 4.1。采用分层总和法，计算该矩形基础中心点的沉降量。

表 4.1　室内压缩试验成果

土层	孔隙比	p/kPa				
		0	50	100	200	300
黏土①	e	0.651	0.625	0.608	0.587	0.57
粉质黏土②	e	0.978	0.889	0.855	0.809	0.773

【解】（1）计算基底附加应力 p_0

基底压力 $p = \dfrac{F+G}{A} = \dfrac{F+\gamma_G Ad}{A} = \dfrac{300+20\times 3\times 2\times 1.2}{3\times 2} = 74$ kPa

基底土的自重应力 $p_c = \gamma d = 17.6\times 1.2 = 21.12$ kPa

所以，基底附加应力 $p_0 = p - p_c = 74 - 21.12 = 52.88$ kPa

（2）计算分层处的自重应力和附加应力

计算深度取至基岩面，计算深度范围内土体分为 6 层，每层厚度 0.6 m。

地下水位以上取天然重度进行计算，地下水位以下取有效重度进行计算。

第 0 点的自重应力为：17.6 × 1.2=21.12 kPa

第 1 点的自重应力为：17.6 × 1.2 + 17.6 × 0.6=31.68 kPa

第 2 点的自重应力为：17.6 × 1.2 + 17.6 × 0.6 +（17.8−10）× 0.6=36.36 kPa

同理可得，第 3 ～ 6 点的自重应力分别为：41.28 kPa，46.20 kPa，51.12 kPa 和 56.04 kPa。

计算各层上下界面处自重应力的平均值，各分层点的自重应力值和各分层的自重应力平均值见图 4.15 和表 4.2。

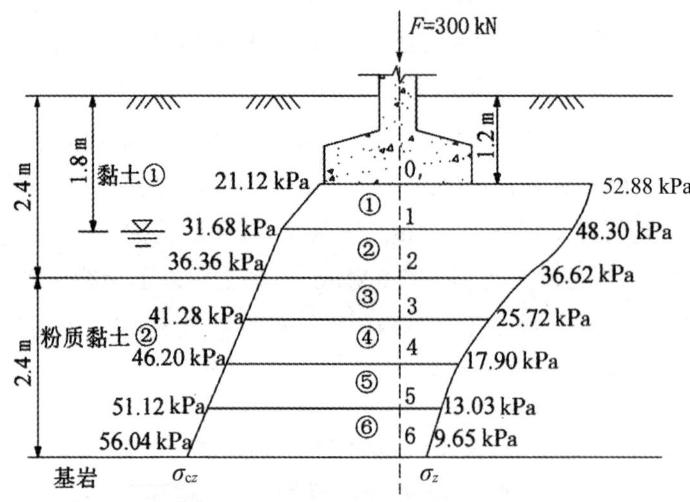

图 4.15　分层总和法计算示意图

（3）列表计算分层处的附加应力

从第 3 章查得附加应力系数并计算各分层点的附加应力，计算过程如表 4.3 所示。计算各层上下界面处附加应力的平均值，各分层点的附加应力值和各分层的附加应力平均值见图 4.15 和表 4.3。

表 4.2　各分层的压缩量计算

点号	z_i /m	σ_{cz} /kPa	σ_z /kPa	自重应力平均值 /kPa	附加应力平均值 /kPa	总应力平均值 /kPa	e_{1i}	e_{2i}	Δs_i
0	0	21.12	52.88	—	—	—	—	—	—
1	0.6	31.68	48.30	26.40	50.59	76.99	0.637	0.616	7.70

续表

2	1.2	36.36	36.62	34.02	42.46	76.48	0.633	0.616	6.25
3	1.8	41.28	25.72	38.82	31.17	69.99	0.909	0.875	10.69
4	2.4	46.20	17.90	43.74	21.81	65.55	0.900	0.878	6.95
5	3.0	51.12	13.03	48.66	15.47	64.13	0.891	0.879	3.81
6	3.6	56.04	9.65	53.58	11.34	64.92	0.887	0.879	2.54

表 4.3　分层处的附加应力计算

点号	z_i/m）	l/b	z_i/b	K_{z0}	$\sigma_z = K_{z0}p_0$/kPa
0	0	1.5	0	1	52.88
1	0.6	1.5	0.3	0.9133	48.30
2	1.2	1.5	0.6	0.6925	36.62
3	1.8	1.5	0.9	0.4863	25.72
4	2.4	1.5	1.2	0.3385	17.90
5	3.0	1.5	1.5	0.2465	13.03
6	3.6	1.5	1.8	0.1825	9.65

（4）列表计算各分层的压缩量

各分层的总应力平均值见表 4.2，将各分层的自重应力平均值和总应力平均值在表中内插，得到各层压缩前后的孔隙比 e_{1i} 和 e_{2i}，具体数值如表 4.2 所示。

（5）计算沉降量

将各层的压缩量求和，得到矩形基础中心点的沉降量

$$s = \sum_{i=1}^{n} \Delta s_i = 37.94 \text{ mm}$$

（6）计算最终沉降量

取沉降计算经验系数 ψ_s 为 1.2，得地基最终沉降量 s_∞ 为 45.53 mm。

2. 规范法

《建筑地基基础设计规范》（GB 50007—2011）所推荐的地基最终沉降计算方法（以下简称“规范法”）是另一种形式的分层总和法。它采用侧限条件下的土体压缩性指标，并应用平均附加应力系数计算，对分层求和得到的地基压缩量采用沉降计算经验系数进行修正，使计算结果更接近实测值。

平均附加应力系数的意义参见图 4.16。将地基视为半无限各向同性弹性介质，假设土体侧限条件下压缩模量 E_s 不随深度变化，于是从基底至任意深度 z 范围内的压缩量为

$$s' = \int_0^z \varepsilon_z \mathrm{d}z = \frac{1}{E}\int_0^z \sigma_z \mathrm{d}z \tag{4.31}$$

式中，A——深度 z 范围内的附加应力面积（m^2）。附加应力面积 A 也可用附加应力系数 K 来表示

$$A = \int_0^z \sigma_z \mathrm{d}z = p_0 \int_0^z K \mathrm{d}z \tag{4.32}$$

式中，p_0——对应于荷载效应永久组合时基础底面处的附加应力，即荷载作用密度；

σ_z——深度 z 处的附加应力；

K——附加应力系数，其值可由第三章相关表中查得。为了方便计算，引进平均附加应力系数 $\overline{\alpha}$，其表达式为

$$\overline{\alpha} = \frac{1}{z}\int_0^z K \mathrm{d}z \tag{4.33}$$

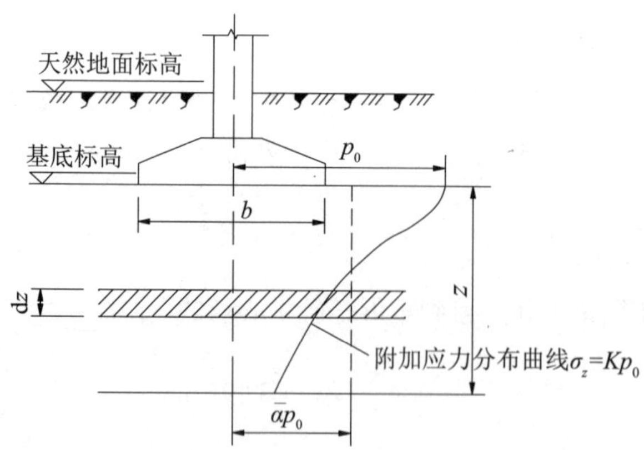

图 4.16　平均附加应力系数示意图

$\overline{\alpha}$ 值可由查表得到，表 4.4 和表 4.5 分别给出了均匀分布、三角形分布矩形荷载角点下的平均竖向附加应力系数 $\overline{\alpha}$ 值，查表方法与附加应力系数相同。

于是，式（4.31）可改写为

$$s' = \frac{p_0 z \overline{\alpha}}{E_s} \tag{4.34}$$

表 4.4　均匀分布矩形荷载角点下的平均竖向附加应力系数 $\bar{\alpha}$ 值

z/b	l/b												
	1.0	1.2	1.4	1.6	1.8	2.0	2.4	2.8	3.2	3.6	4.0	5.0	10.0
0.0	0.2500	0.2500	0.2500	0.2500	0.2500	0.2500	0.2500	0.2500	0.2500	0.2500	0.2500	0.2500	0.2500
0.2	0.2496	0.2497	0.2497	0.2498	0.2498	0.2498	0.2498	0.2498	0.2498	0.2498	0.2498	0.2498	0.2498
0.4	0.2474	0.2479	0.2481	0.2483	0.2483	0.2484	0.2485	0.2485	0.2485	0.2485	0.2485	0.2485	0.2485
0.6	0.2423	0.2437	0.2444	0.2448	0.2451	0.2452	0.2454	0.2455	0.2455	0.2455	0.2455	0.2455	0.2456
0.8	0.2346	0.2372	0.2387	0.2395	0.2400	0.2403	0.2407	0.2408	0.2409	0.2409	0.2410	0.2410	0.2410
1.0	0.2252	0.2291	0.2313	0.2326	0.2335	0.2340	0.2346	0.2349	0.2351	0.2352	0.2352	0.2353	0.2353
1.2	0.2149	0.2199	0.2229	0.2248	0.2260	0.2268	0.2278	0.2282	0.2285	0.2286	0.2287	0.2288	0.2289
1.4	0.2043	0.2102	0.2140	0.2164	0.2180	0.2191	0.2204	0.2211	0.2215	0.2217	0.2218	0.2220	0.2221
1.6	0.1939	0.2006	0.2049	0.2079	0.2099	0.2113	0.2130	0.2138	0.2143	0.2146	0.2148	0.2150	0.2152
1.8	0.1840	0.1912	0.1960	0.1994	0.2018	0.2034	0.2055	0.2066	0.2073	0.2077	0.2079	0.2082	0.2084
2.0	0.1746	0.1822	0.1875	0.1912	0.1938	0.1958	0.1982	0.1996	0.2004	0.2009	0.2012	0.2015	0.2018
2.2	0.1659	0.1737	0.1793	0.1833	0.1862	0.1883	0.1911	0.1927	0.1937	0.1943	0.1947	0.1952	0.1955
2.4	0.1578	0.1657	0.1715	0.1757	0.1789	0.1812	0.1843	0.1862	0.1873	0.1880	0.1885	0.1890	0.1895
2.6	0.1503	0.1583	0.1642	0.1686	0.1719	0.1745	0.1779	0.1799	0.1812	0.1820	0.1825	0.1832	0.1838
2.8	0.1433	0.1514	0.1574	0.1619	0.1654	0.1680	0.1717	0.1739	0.1753	0.1763	0.1769	0.1777	0.1784
3.0	0.1369	0.1449	0.1510	0.1556	0.1592	0.1619	0.1658	0.1682	0.1698	0.1708	0.1715	0.1725	0.1733
3.2	0.1310	0.1390	0.1450	0.1497	0.1533	0.1562	0.1602	0.1628	0.1645	0.1657	0.1664	0.1675	0.1685
3.4	0.1256	0.1334	0.1394	0.1441	0.1478	0.1508	0.1550	0.1577	0.1595	0.1607	0.1616	0.1628	0.1639
3.6	0.1205	0.1282	0.1342	0.1389	0.1427	0.1456	0.1500	0.1528	0.1548	0.1561	0.1570	0.1583	0.1595
3.8	0.1158	0.1234	0.1293	0.1340	0.1378	0.1408	0.1452	0.1482	0.1502	0.1516	0.1526	0.1541	0.1554
4.0	0.1114	0.1189	0.1248	0.1294	0.1332	0.1362	0.1408	0.1438	0.1459	0.1474	0.1485	0.1500	0.1516
4.2	0.1073	0.1147	0.1205	0.1251	0.1289	0.1319	0.1365	0.1396	0.1418	0.1434	0.1445	0.1462	0.1479
4.4	0.1053	0.1107	0.1164	0.1210	0.1248	0.1279	0.1325	0.1357	0.1379	0.1396	0.1407	0.1425	0.1444
4.6	0.1000	0.1070	0.1127	0.1172	0.1209	0.1240	0.1287	0.1319	0.1342	0.1359	0.1371	0.1390	0.1410
4.8	0.0967	0.1036	0.1091	0.1136	0.1173	0.1204	0.1250	0.1283	0.1307	0.1324	0.1337	0.1357	0.1379
5.0	0.0935	0.1003	0.1057	0.1102	0.1139	0.1169	0.1216	0.1249	0.1273	0.1291	0.1304	0.1325	0.1348
5.2	0.0906	0.0972	0.1026	0.1070	0.1106	0.1136	0.1183	0.1217	0.1241	0.1259	0.1273	0.1295	0.1320
5.4	0.0878	0.0943	0.0996	0.1039	0.1075	0.1105	0.1152	0.1186	0.1211	0.1229	0.1243	0.1265	0.1292
5.6	0.0852	0.0916	0.0968	0.1010	0.1046	0.1076	0.1122	0.1156	0.1181	0.1200	0.1215	0.1238	0.1266

续表

z/b	l/b												
	1.0	1.2	1.4	1.6	1.8	2.0	2.4	2.8	3.2	3.6	4.0	5.0	10.0
5.8	0.0828	0.0890	0.0941	0.0983	0.1018	0.1047	0.1094	0.1128	0.1153	0.1172	0.1187	0.1211	0.1240
6.0	0.0805	0.0866	0.0916	0.0957	0.0991	0.1021	0.1067	0.1101	0.1126	0.1146	0.1161	0.1185	0.1216
6.2	0.0783	0.0842	0.0891	0.0932	0.0966	0.0995	0.1041	0.1075	0.1101	0.1120	0.1136	0.1161	0.1193
6.4	0.0762	0.0820	0.0869	0.0909	0.0942	0.0971	0.1016	0.1050	0.1076	0.1096	0.1111	0.1137	0.1171
6.6	0.0742	0.0799	0.0847	0.0886	0.0919	0.0948	0.0993	0.1027	0.1053	0.1073	0.1088	0.1114	0.1149
6.8	0.0723	0.0779	0.0826	0.0865	0.0898	0.0926	0.0970	0.1004	0.1030	0.1050	0.1066	0.1092	0.1129
7.0	0.0705	0.0761	0.0806	0.0844	0.0877	0.0904	0.0949	0.0982	0.1008	0.1028	0.1044	0.1071	0.1109
7.2	0.0688	0.0742	0.0787	0.0825	0.0857	0.0884	0.0928	0.0962	0.0987	0.1008	0.1023	0.1051	0.1090
7.4	0.0672	0.0725	0.0769	0.0806	0.0838	0.0865	0.0908	0.0942	0.0967	0.0988	0.1004	0.1031	0.1071
7.6	0.0656	0.0709	0.0752	0.0789	0.0820	0.0846	0.0889	0.0922	0.0948	0.0968	0.0984	0.1012	0.1054
7.8	0.0642	0.0693	0.0736	0.0771	0.0802	0.0828	0.0871	0.0904	0.0929	0.0950	0.0966	0.0994	0.1036
8.0	0.0627	0.0678	0.0720	0.0755	0.0785	0.0811	0.0853	0.0886	0.0912	0.0932	0.0948	0.0976	0.1020
8.2	0.0614	0.0663	0.0705	0.0739	0.0769	0.0795	0.0837	0.0869	0.0894	0.0914	0.0931	0.0959	0.1004
8.4	0.0601	0.0649	0.0690	0.0724	0.0754	0.0779	0.0820	0.0852	0.0878	0.0893	0.0914	0.0943	0.0938
8.6	0.0588	0.0636	0.0676	0.0710	0.0739	0.0764	0.0805	0.0836	0.0862	0.0882	0.0898	0.0927	0.0973
8.8	0.0576	0.0623	0.0663	0.0696	0.0724	0.0749	0.0790	0.0821	0.0846	0.0866	0.0882	0.0912	0.0959
9.2	0.0554	0.0599	0.0637	0.0670	0.0697	0.0721	0.0761	0.0792	0.0817	0.0837	0.0853	0.0882	0.0931
9.6	0.0533	0.0577	0.0614	0.0645	0.0672	0.0696	0.0734	0.0765	0.0789	0.0809	0.0825	0.0855	0.0905
10.0	0.0514	0.0556	0.0592	0.0622	0.0649	0.0672	0.0710	0.0739	0.0763	0.0783	0.0799	0.0829	0.0880
10.4	0.0496	0.0537	0.0572	0.0601	0.0627	0.0649	0.0686	0.0716	0.0739	0.0759	0.0775	0.0804	0.0857
10.8	0.0479	0.0519	0.0553	0.0581	0.0606	0.0628	0.0664	0.0693	0.0717	0.0736	0.0751	0.0781	0.0834
11.2	0.0463	0.0502	0.0535	0.0563	0.0587	0.0609	0.0644	0.0672	0.0695	0.0714	0.0730	0.0759	0.0813
11.6	0.0448	0.0486	0.0518	0.0545	0.0569	0.0590	0.0625	0.0652	0.0675	0.0694	0.0709	0.0738	0.0793
12.0	0.0435	0.0471	0.0502	0.0529	0.0552	0.0573	0.0606	0.0634	0.0656	0.0674	0.0690	0.0719	0.0774
12.8	0.0409	0.0444	0.0474	0.0499	0.0521	0.0541	0.0573	0.0599	0.0621	0.0639	0.0654	0.0682	0.0739
13.6	0.0387	0.0420	0.0448	0.0472	0.0493	0.0512	0.0543	0.0568	0.0589	0.0607	0.0621	0.0649	0.0707
14.4	0.0367	0.0398	0.0425	0.0448	0.0468	0.0486	0.0516	0.0540	0.0561	0.0577	0.0592	0.0619	0.0677
15.2	0.0349	0.0379	0.0404	0.0426	0.0446	0.0463	0.0492	0.0515	0.0535	0.0551	0.0565	0.0592	0.0650
16.0	0.0332	0.0361	0.0385	0.0407	0.0425	0.0442	0.0469	0.0492	0.0511	0.0527	0.0540	0.0567	0.0625
18.0	0.0297	0.0323	0.0345	0.0364	0.0381	0.0396	0.0422	0.0442	0.0460	0.0475	0.0487	0.0512	0.0570

续表

z/b	l/b												
	1.0	1.2	1.4	1.6	1.8	2.0	2.4	2.8	3.2	3.6	4.0	5.0	10.0
20.0	0.0269	0.0292	0.0312	0.0330	0.0345	0.0359	0.0383	0.0402	0.0418	0.0432	0.0444	0.0468	0.0524

注：l 为基础长度（m）；b 为基础宽度（m）；z 为计算点离基础底面的垂直距离（m）。

表 4.5　三角形分布的矩形荷载角点下的平均竖向附加应力系数 $\overline{\alpha}$ 值

z/b	l/b									
	0.2		0.4		0.6		0.8		1.0	
	1	2	1	2	1	2	1	2	1	2
0.0	0.0000	0.2500	0.0000	0.2500	0.0000	0.2500	0.0000	0.2500	0.0000	0.2500
0.2	0.0112	0.2161	0.0140	0.2308	0.0148	0.2333	0.0151	0.2339	0.0152	0.2341
0.4	0.0179	0.1810	0.2450	0.2084	0.0270	0.2153	0.0280	0.2175	0.0285	0.2184
0.6	0.0207	0.1505	0.0308	0.1851	0.0355	0.1966	0.0376	0.2011	0.0388	0.2030
0.8	0.0217	0.1277	0.0340	0.1640	0.0405	0.1787	0.0440	0.1852	0.0459	0.1883
1.0	0.0217	0.1104	0.0351	0.1461	0.0430	0.1624	0.0476	0.1704	0.0502	0.1746
1.2	0.0212	0.0970	0.0351	0.1312	0.0439	0.1480	0.0492	0.1571	0.0525	0.1621
1.4	0.0204	0.0865	0.3440	0.1187	0.0436	0.1356	0.0495	0.1451	0.0534	0.1507
1.6	0.0195	0.0779	0.0333	0.1082	0.0427	0.1427	0.0490	0.1345	0.0533	0.1405
1.8	0.0186	0.0709	0.0321	0.0993	0.0415	0.1153	0.0480	0.1252	0.0525	0.1313
2.0	0.0178	0.0650	0.0308	0.0917	0.0401	0.1071	0.0467	0.1169	0.0513	0.1232
2.5	0.0157	0.0538	0.0276	0.0769	0.0365	0.0908	0.0429	0.1000	0.0478	0.1063
3.0	0.0140	0.0458	0.0248	0.0661	0.0330	0.0786	0.0392	0.0871	0.0439	0.0931
5.0	0.0097	0.0289	0.0175	0.0424	0.0236	0.0476	0.0285	0.0576	0.0324	0.0624
7.0	0.0073	0.0211	0.0133	0.0311	0.0180	0.0352	0.0219	0.0427	0.0251	0.0465
10.0	0.0053	0.0150	0.0097	0.0222	0.0133	0.0253	0.0162	0.0308	0.0186	0.0336

z/b	l/b									
	1.2		1.4		1.6		1.8		2.0	
	1	2	1	2	1	2	1	2	1	2
0.0	0.0000	0.2500	0.0000	0.2500	0.0000	0.2500	0.0000	0.2500	0.0000	0.2500
0.2	0.0153	0.2342	0.0153	0.2343	0.0153	0.2343	0.0153	0.2343	0.0153	0.2343
0.4	0.0288	0.2187	0.0289	0.2189	0.0290	0.2190	0.0290	0.2190	0.0290	0.2191
0.6	0.0394	0.2039	0.0397	0.2043	0.0399	0.2046	0.0400	0.2047	0.0401	0.2048

续表

0.8	0.0470	0.1899	0.0476	0.1907	0.0480	0.1912	0.0482	0.1915	0.0483	0.1917
1.0	0.0518	0.1769	0.0528	0.1781	0.0534	0.1789	0.0538	0.1794	0.0540	0.1797
1.2	0.0546	0.1649	0.0560	0.1666	0.0568	0.1678	0.0574	0.1684	0.0577	0.1689
1.4	0.0559	0.1541	0.0575	0.1562	0.0586	0.1576	0.0594	0.1585	0.0599	0.1591
1.6	0.0561	0.1443	0.0580	0.1467	0.0594	0.1484	0.0603	0.1494	0.0609	0.1502
1.8	0.0556	0.1354	0.0578	0.1381	0.0593	0.1400	0.0604	0.1413	0.0611	0.1422
2.0	0.0547	0.1274	0.0570	0.1303	0.0587	0.1324	0.0599	0.1338	0.0608	0.1348
2.5	0.0513	0.1107	0.0540	0.1139	0.0560	0.1163	0.0575	0.1180	0.0586	0.1193
3.0	0.0476	0.0976	0.0503	0.1008	0.0525	0.1033	0.0541	0.1052	0.0554	0.1067
5.0	0.0356	0.0661	0.0382	0.0690	0.0403	0.0714	0.0421	0.0734	0.0435	0.0749
7.0	0.0277	0.0496	0.0299	0.0520	0.0318	0.0541	0.0333	0.0558	0.0347	0.0572
10.0	0.0207	0.0359	0.0224	0.0379	0.0239	0.0395	0.0252	0.0409	0.0263	0.0403

z*/*b	***l*/*b***									
	3.0		4.0		6.0		8.0		10.0	
	1	2	1	2	1	2	1	2	1	2
0.0	0.0000	0.2500	0.0000	0.2500	0.0000	0.2500	0.0000	0.2500	0.0000	0.2500
0.2	0.0153	0.2343	0.0153	0.2343	0.0153	0.2343	0.0153	0.2343	0.0153	0.2343
0.4	0.0290	0.2192	0.0291	0.2192	0.0291	0.2192	0.0291	0.2192	0.0291	0.2192
0.6	0.0402	0.2050	0.0402	0.2050	0.0402	0.2050	0.0402	0.2050	0.0402	0.2050
0.8	0.0486	0.1920	0.0487	0.1920	0.0487	0.1921	0.0487	0.1921	0.0487	0.1921
1.0	0.0545	0.1803	0.0546	0.1803	0.0546	0.1804	0.0546	0.1804	0.0546	0.1804
1.2	0.0584	0.1697	0.0586	0.1699	0.0587	0.1700	0.0587	0.1700	0.0587	0.1700
1.4	0.0609	0.1603	0.0612	0.1605	0.0613	0.1606	0.0613	0.1606	0.0613	0.1606
1.6	0.0623	0.1517	0.0626	0.1521	0.0628	0.1523	0.0628	0.1523	0.0628	0.1523
1.8	0.0628	0.1441	0.0633	0.1445	0.0635	0.1447	0.0635	0.1448	0.0635	0.1448
2.0	0.0629	0.1371	0.0634	0.1377	0.0637	0.1380	0.0638	0.1380	0.0638	0.1380
2.5	0.0614	0.1223	0.0623	0.1233	0.0627	0.1237	0.0628	0.1238	0.0628	0.1239

z*/*b	***l*/*b***									
	3.0		4.0		6.0		8.0		10.0	
	1	2	1	2	1	2	1	2	1	2
3.0	0.0589	0.1104	0.0600	0.1116	0.0607	0.1123	0.0609	0.1124	0.0609	0.1125
5.0	0.0480	0.0797	0.0500	0.0817	0.0515	0.0833	0.0519	0.0837	0.0521	0.0839
7.0	0.0391	0.0619	0.0414	0.0642	0.0435	0.0633	0.0442	0.0671	0.0445	0.0674
10.0	0.0302	0.0642	0.0325	0.0485	0.0349	0.0509	0.0359	0.0520	0.0364	0.0526

则第 i 层土体的压缩量为

$$\Delta s_i' = \frac{p_0}{E_{si}}\left(z_i\overline{\alpha_i} - z_{i-1}\overline{\alpha}_{i-1}\right) \tag{4.35}$$

式中，$\Delta s'_i$——第 i 层土体的压缩量（mm）；

p_0——对应于荷载效应永久组合时基础底面处的附加应力（kPa）；

E_{si}——第 i 层土体的压缩模量（MPa），应取土体的自重应力至土体的自重应力与附加应力之和的应力段计算；

z_i，z_{i-1}——分别为基础底面至第 i 层土、第 i-1 层土底面的距离（m）；

$\overline{\alpha}_i$，$\overline{\alpha}_{i-1}$——分别为基础底面至第 i 层土、第 i-1 层土底面范围内平均附加应力系数，可查表 4.4 和表 4.5。

为了提高计算精度，规范法规定地基总沉降按式（4.35）得到各层土体压缩量之和后需要乘以沉降计算经验系数 ψ_s，可得规范法的沉降计算表达式

$$s = \psi_s s' = \psi_s \sum_{i=1}^{n} \frac{p_0}{E_{si}}\left(z_i\overline{\alpha_i} - z_{i-1}\overline{\alpha}_{i-1}\right) \tag{4.36}$$

式中，$s' = \sum \Delta s_i'$——按分层总和法计算得到的地基变形量；

ψ_s——沉降计算经验系数，根据地区沉降观测资料及经验确定，也可采用表 4.6 推荐的数值。

表 4.6　沉降计算经验系数 ψ_s 的值

地基附加应力	沉降计算经验系数	沉降计算范围内（压缩层）内压缩模量的当量值 $\overline{E}_s$ /MPa				
		2.5	4.0	7.0	15.0	20.0
$p_0 \geqslant f_{ak}$	ψ_s	1.4	1.3	1.0	0.4	0.2
$p_0 \leqslant 0.75 f_{ak}$	ψ_s	1.1	1.0	0.7	0.4	0.2

表中：f_{ak} 为地基承载力特征值；$\overline{E}_s = \sum A_i\,(\sum A_i / E_{si})$，其中 A_i 为第 i 层土的附加应力系数沿该土层厚度的积分值。

为简化表 4.6 中压缩模量的当量值 $\overline{E}_s$ 的计算，利用式（4.33）和式（4.35）得

$$A_i = \int_{z_{i-1}}^{z_i} K\mathrm{d}z = z_i\overline{\alpha_i} - z_{i-1}\overline{\alpha}_{i-1} = \Delta s_i' \frac{E_{si}}{p_0}$$

进而推得

$$\overline{E_s}=\frac{\sum A_i}{\sum A_i/E_{si}}=\frac{p_0 z_n \overline{\alpha_n}}{\sum \Delta s'}=\frac{p_0 z_n \overline{\alpha_n}}{s'} \tag{4.37}$$

规范法规定地基沉降计算深度 z_n 由下述方法确定：

由该深度 z_n 处向上取表 4.7 规定的计算厚度 Δz，参见图 4.17，所得的计算压缩量 $\Delta s_n'$ 不大于 z_n 范围内总的计算压缩量 s_n' 的 2.5%，即应满足式（4.38）要求（包括考虑相邻荷载的影响）

$$\Delta s_n' \leqslant 0.025\sum_{i-1}^{n}\Delta s_i' \tag{4.38}$$

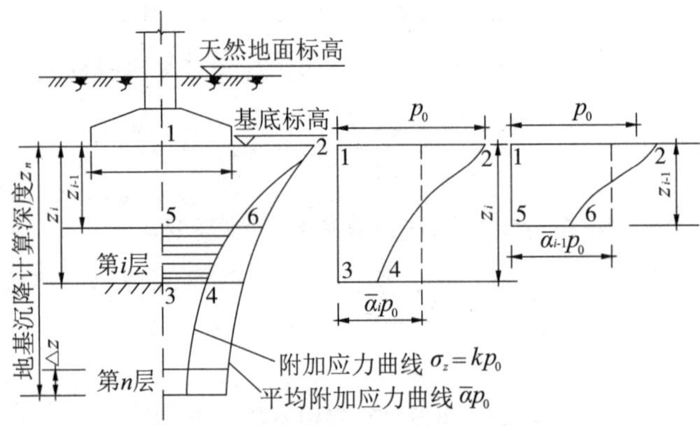

图 4.17　规范法计算地基沉降量

若由式（4.38）确定的计算深度 z_n 以下还有软土层，尚应向下继续计算，直至软土层中按规定厚度 Δz 计算的压缩量满足式（4.38）为止。

表 4.7　计算厚度 Δz 值

基础宽度 b/m	$b\leqslant 2$	$2<b\leqslant 4$	$4<b\leqslant 8$	$b>8$
Δz/m	0.3	0.6	0.8	1.0

当无相邻荷载影响，基础宽度在 1 ～ 30 m 范围之内时，基础中点地基沉降计算深度可按式（4.39）计算 .

$$z_n = b(2.5-0.4\ln b) \tag{4.39}$$

【例题 4.2】 某单独矩形基础长 l=3.6 m，宽 b=2.0 m，埋深 d=1.0 m，上部结构物的荷载 F=900 kN，基础及其上填土的平均重度 γ_G=20.0 kN/m^3。地

基土为粉质黏土，地下水位深 2.5 m，土的天然重度 γ=16.0 kN/m^3，饱和重度 γ_{sat}=17.2 kN/m^3。地下水位以上土的平均压缩模量 E_{s1}=4 MPa，地下水位以下土的平均压缩模量 E_{s2}=5 MPa，f_{ak}=200 kPa。如图 4.18 所示，采用规范法计算该矩形基础中心点的沉降量。

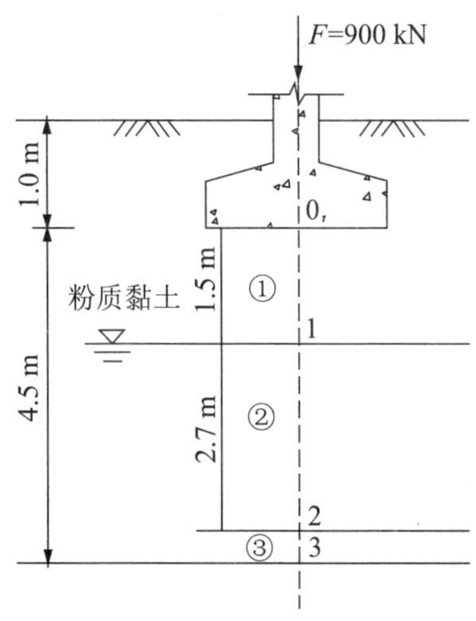

图 4.18　例题 4.2 图

【解】（1）确定沉降计算深度 z_n

由于该基础为单独基础，不存在相邻基础的影响，可按式（4.39）计算沉降计算深度：$z_n = b(2.5-0.4\ln b) = 2\times(2.5-0.4\ln 2)\approx 4.45$ m，取 z_n≈4.5 m。

（2）计算基底附加应力 p_0

基底压力为

$p=(F+G)/A=(F+\gamma_G Ad)/A=(900+20\times3.6\times2\times1)/(3.6\times2)=145$ kPa

基底土的自重应力为 $\sigma_{cz}=\gamma d=16\times1=16$ kPa

故基底附加应力为 $p_0 = p-\sigma_{cz}=145-16=129$ kPa

（3）列表计算各分层的压缩量

计算矩形基础中心点的沉降，应采用角点法将该基础分为四个小矩形。其长边 l_1=3.6/2=1.8 m，短边 b_1=2/2=1 m，原基础的中心点为四个小矩形的角点。查表 4.4 得到的平均附加应力系数应乘以 4。因 b=2 m，查表 4.7 可知，应求出深度 z_n 之上 Δz=0.3 m 厚土层的变形量 $\Delta s_i'$，来复核沉降计算深度。列表计算如表 4.8 所示。

表 4.8 各分层的压缩量计算

点号	z_i/m	l_1/b_1	z_i/b_1	$\overline{\alpha}$	$z_i\overline{\alpha}_i$ /m	$z_i\overline{\alpha}_i - z_{i-1}\overline{\alpha}_{i-1}$ /m	E_{si} /MPa	$\Delta s_i'$ /mm
0	0	1.8	0	4×0.2500=1	0	—	—	—
1	1.5	1.8	1.5	4×0.21445=0.8578	1.2867	1.2867	4	41.50
2	4.2	1.8	4.2	4×0.1289=0.5156	2.1655	0.8788	5	22.67
3	4.5	1.8	4.5	4×0.12285=0.4914	2.2113	0.0458	5	1.18

将各层的压缩量求和，得到未经修正的矩形基础中心点的沉降量

$$s' = \sum_{i-1}^{n} \Delta s_i' = 65.35 \text{ mm}$$

（4）复核沉降计算深度

由表 4.8 计算可知

$\Delta s_n' = 1.18$ mm， $0.025s' = 1.63$ mm；

$\Delta s_n' \leqslant 0.025s'$，所以沉降计算深度取 4.5 m 足够。

（5）求沉降计算经验系数 ψ_s，计算地基的最终沉降量

由式（4.37）有

$$\overline{E_s} = \frac{\sum A_i}{\sum A_i / E_{si}} = \frac{p_0 z_n \overline{\alpha_n}}{s'} = \frac{129 \times 4.5 \times 0.4914}{65.35} \approx 4.365 \text{ MPa}$$

已知

$$p_0\text{=129 kPa，} 0.75 f_{ak}\text{=150 kPa}$$

可见 $p_0 \leqslant 0.75 f_{ak}$，查表 4.6 可得

$$\psi_s = 0.963$$

则地基的最终沉降量为 $s = \psi_s \times s' \approx 62.93$ mm。

4.3.2 应力历史法

分层总和法是根据 e–p 曲线进行沉降计算的方法，而应力历史法则是根据原位压缩曲线 e–lg p 进行沉降计算的方法。原位压缩曲线是由折线组成的，通过原位压缩指数 C_{cf} 及回弹指数 C_e 两个变形指标即可进行沉降计算，计算时较为方便；此外，原位压缩曲线很直观地反映出前期固结压力 p_c，从而可以清楚地考虑地基的应力历史对沉降的影响。

1. 正常固结土层沉降计算

正常固结土层各分层 $p_{0i}=p_{ci}$，如图 4.19 所示，则固结沉降量的计算公式为

$$s_c=\sum_{i=1}^{n}\varepsilon_i H_i=\sum_{i=1}^{n}\frac{\Delta e_i}{1+e_{0i}}H_i=\sum_{i=1}^{n}\frac{H_i}{1+e_{0i}}\left(C_{cfi}\lg\frac{p_{czi}+\Delta p_{zi}}{p_{ci}}\right) \tag{4.40}$$

式中，ε_i——第 i 层土的侧限压缩应变，即竖向压缩应变；

H_i——第 i 层土的厚度（m）；

Δe_i——第 i 层土孔隙比变化；

e_{0i}——第 i 层土的初始孔隙比；

C_{cfi}——第 i 层土的原位压缩指数；

p_{czi}——第 i 层土自重应力的平均值（kPa）；

p_{ci}——第 i 层土前期固结压力的平均值（kPa）；

Δp_{zi}——第 i 层土附加应力的平均值（kPa）。

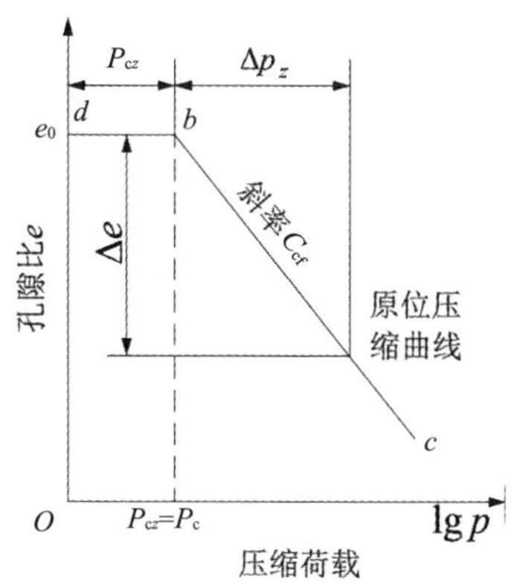

图 4.19　正常固结土层的孔隙比变化

2. 欠固结土层沉降计算

欠固结土层的沉降不仅包括地基受附加应力作用所引起的沉降，而且包括地基土体在自重作用下尚未固结的那部分沉降。可近似地按与正常固结土层一样的方法来计算孔隙比的变化 Δe_i，Δe_i 包括两部分：一部分由土体自重产生 $\Delta e'$，另一部分由土中附加应力产生 $\Delta e''$。这些孔隙比的变化均沿着图 4.20 中曲线 bc 段发生，所以欠固结土层的沉降量计算公式为

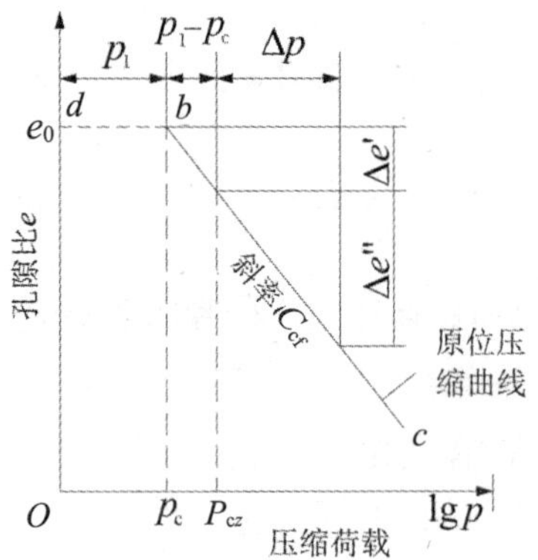

图 4.20 欠固结土层的孔隙比变化

$$s_c = \sum_{i=1}^{n} \frac{H_i}{1+e_{0i}} \left(C_{cfi} \lg \frac{p_{czi} + \Delta p_i}{p_{ci}} \right) \tag{4.41}$$

式中，Δp_i——各层土的平均附加应力（kPa）。

3. 超固结土层沉降计算

超固结土层各分层 $p_{0i} < p_{ci}$，沉降计算分下列两种情况：

①当 $\Delta p_i + p_{czi} \geqslant p_{ci}$ 时，如图 4.21（a）所示，沉降变形由两部分组成

$$\begin{aligned} s_{cn} &= \sum_{i=1}^{n} \frac{\Delta e_i}{1+e_{0i}} H_i = \sum_{i=1}^{n} \frac{\Delta e_i' + \Delta e_i''}{1+e_{0i}} H_i \\ &= \sum_{i=1}^{n} \frac{H_i}{1+e_{0i}} \left(C_{ei} \lg \frac{p_{ci}}{p_{czi}} + C_{cfi} \lg \frac{p_{czi} + \Delta p_i}{p_{ci}} \right) \end{aligned} \tag{4.42}$$

式中，Δe_i——第 i 层土的孔隙比变化；

$\Delta e_i'$——第 i 层土由现有土平均自重应力 p_{czi}，增至该分层前期固结压力 p_{ci} 所引起的孔隙比变化，$\Delta e_i' = C_{ei} \lg \frac{p_{ci}}{p_{czi}}$；

$\Delta e_i''$——第 i 层土由前期固结压力 p_{ci} 增至（$\Delta p_i + p_{czi}$）所引起的孔隙比变化，$\Delta e_i'' = C_{cfi} \lg \frac{p_{cz} + \Delta p_i}{p_{ci}}$；

C_{ei}——第 i 层土的压缩指数。

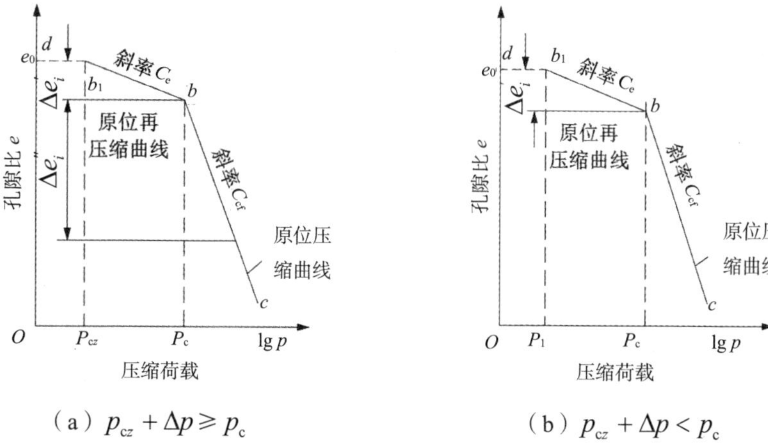

（a）$p_{cz}+\Delta p \geqslant p_c$　　　　（b）$p_{cz}+\Delta p < p_c$

图 4.21　超固结土层的孔隙比变化

②当$\Delta p + p_{czi} < p_{ci}$时，如图 4.21（b）所示，沉降变形仅有一部分

$$s_{cm}=\sum_{i=1}^{n}\frac{\Delta e_i}{1+e_{0i}}H_i=\sum_{i=1}^{n}\frac{H_i}{1+e_{0i}}\left(C_{ei}\lg\frac{p_{czi}+\Delta p_i}{p_{czi}}\right) \tag{4.43}$$

若超固结土层中，既有$\Delta p_i + p_{czi} \geqslant p_{ci}$，又有$\Delta p_i + p_{czi} < p_{ci}$的分层土，则其固结沉降量可分别按式（4.42）和式（4.43）计算，然后再将两部分相加。

【例题 4.3】 某超固结黏土层厚为 2 m，前期固结压力为 p_c=300 kPa，原位压缩曲线压缩指数 C_{cf}=0.5，回弹指数 C_e=0.1，土层所受的平均自重应力 p_{cz}=100 kPa，e_0=0.70。求下列两种情形下该黏土层的最终沉降量：（1）建筑物荷载在土层中引起的平均竖向附加应力 Δp=400 kPa；（2）建筑物荷载在土层中引起的平均竖向附加应力 Δp=180 kPa。

【解】

（1）$p_{cz}+\Delta p$ =500 kPa ＞ p_c=300 kPa，根据式（4.42），该黏土层的最终沉降量为

$$s_c=\sum_{i=1}^{n}\frac{H_i}{1+e_{0i}}\left(C_{ei}\lg\frac{p_{ci}}{p_{czi}}+C_{cfi}\lg\frac{p_{czi}+\Delta p_i}{p_{ci}}\right)$$
$$=\frac{200}{1+0.7}\left(0.1\times\lg\frac{300}{100}+0.5\times\lg\frac{500}{300}\right)=18.67\ \text{cm}$$

（2）$p_{cz}+\Delta p$ =280 kPa ＜ p_c=300 kPa，根据式（4.43），该黏土层的最终沉降量为

$$s_c = \sum_{i=1}^{n} \frac{H_i}{1+e_{0i}} \left(C_{ei} \lg \frac{p_{czi} + \Delta p_i}{p_{czi}} \right) = \frac{200}{1+0.7} \left(0.1 \times \lg \frac{280}{100} \right) = 5.26 \text{ cm}$$

4.4 太沙基单向渗透固结理论

4.4.1 物理模型

在厚度为 H 的饱和土层上面施加无限宽广的均布荷载 p（图 4.22），这时土体中的附加应力沿深度方向均匀分布（如面积 *abdc* 所示），土体只在与外荷载作用方向相一致的竖直方向发生渗流和变形（一维问题）。在渗流固结过程中，附加应力由孔隙水和土骨架共同承担，面积 *bedb* 表示时间为 t 时由孔隙水分担的超静水压力 u 的空间分布，面积 *abeca* 表示由土骨架分担的有效应力 σ' 沿竖向的分布。曲线 *be* 的位置随时间逐渐变化，当 t=0 时，*be* 与 *ac* 重叠，亦即全部附加应力由水承担；t= ∞ 时，*be* 与 *bd* 重叠，亦即全部附加应力由土骨架承担。在整个渗流固结过程中，土体中的超静水压力 u 和附加有效应力 σ' 是深度 z 和时间 t 的函数。饱和土体内的水体在荷载作用下从竖直方向排泄（向上、向下或同时向上下）的过程称为单向渗透固结作用。

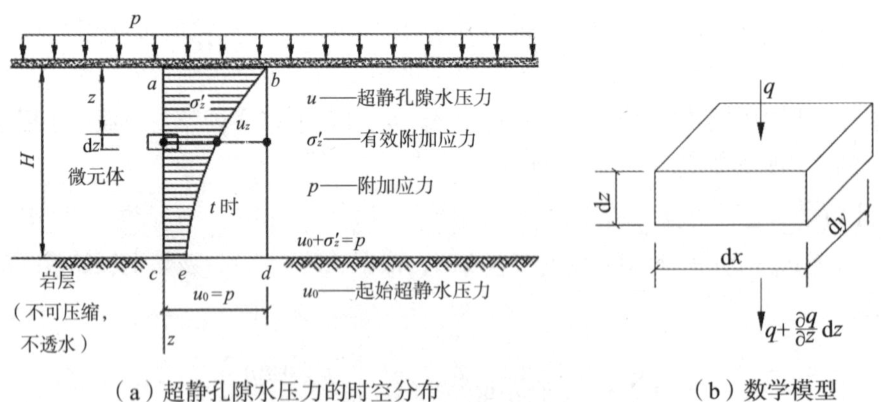

（a）超静孔隙水压力的时空分布　　（b）数学模型

图 4.22 饱和土体一维渗流固结过程

4.4.2 基本假定

太沙基建立一维渗流固结理论时给出了六个基本假定：

①土层均质并完全饱和。

②土颗粒和水不可压缩。

③土中水体渗出和土层压缩只沿一个方向，即竖向。

④土中水渗流服从达西定律，且渗透系数 k 保持不变。

⑤孔隙比的变化与有效应力的变化成正比，即 $-\mathrm{d}e/\mathrm{d}\sigma'=a$，且压缩系数 a 保持不变。

⑥外荷载一次瞬时施加并保持不变。

4.4.3　控制方程

1. 微分方程

在饱和土层顶面下 z 深度处有一个土单元体，如图 4.22（b）所示，由于固结时渗流只能是自下向上的，在外荷载一次施加后某时间 t（s）流入单元体的渗水量 q 为

$$q=vA=k_iA=k\left(-\frac{\partial h}{\partial z}\mathrm{d}x\mathrm{d}y\right)=-k\frac{\partial h}{\partial z}\mathrm{d}x\mathrm{d}y \tag{4.44}$$

式中，q——渗流量（$\mathrm{cm^3/s}$）；

k——z 方向的渗透系数（cm/s，1 cm/s≈3×10^7 cm/ 年）；

i——水头梯度；

h——透水面下 z 深度处的超静水头（cm）；

A——土单元体的过水面积（$\mathrm{cm^2}$），$A=\mathrm{d}x\mathrm{d}y$。

于是，土单元体的单位时间渗水量变化（渗出）为

$$\left(q+\frac{\partial q}{\partial z}\mathrm{d}z\right)-q=\frac{\partial q}{\partial z}\mathrm{d}z=-k\frac{\partial^2 h}{\partial z^2}\mathrm{d}x\mathrm{d}y\mathrm{d}z \tag{4.45}$$

根据土的三相理论，饱和土中孔隙的体积

$$V_\mathrm{v}=\frac{e}{1+e}V \tag{4.46}$$

则土单元体中单位时间孔隙体积 V_v（$\mathrm{cm^3}$）的减少量为

$$\frac{\partial V_\mathrm{v}}{\partial t}=-\frac{\partial}{\partial t}\left(\frac{e}{1+e}\mathrm{d}x\mathrm{d}y\mathrm{d}z\right) \tag{4.47}$$

式中，e——土的天然孔隙比；其余变量物理意义同前。

根据土单元体流入流出的连续性条件，土单元体在某时间 t 内的渗水量变化应等于同一时间 t 内该土单元体中孔隙体积的变化，因此可令式（4.45）与

式（4.47）相等，得

$$k\frac{\partial^2 h}{\partial z^2}=\frac{1}{1+e_0}\frac{\partial e}{\partial t} \tag{4.48}$$

根据 e–p 曲线切线的压缩系数 $a=-\dfrac{\mathrm{d}e}{\mathrm{d}\sigma'}$，有

$$\frac{\partial e}{\partial t}=-a\frac{\partial \sigma'}{\partial t} \tag{4.49}$$

式中，a——土的压缩系数（MPa^{-1}）；

$\partial\sigma'$——有效应力增量（kPa）。

将式（4.49）代入式（4.48），得

$$k\frac{1+e}{a}\frac{\partial^2 h}{\partial z^2}=-\frac{\partial \sigma'}{\partial t} \tag{4.50}$$

或

$$k\frac{\partial^2 h}{\partial z^2}=-m_{\mathrm{v}}\frac{\partial \sigma'}{\partial t} \tag{4.51}$$

根据有效应力原理，有

$$\sigma'=\sigma_z-u \tag{4.52}$$

式中，σ_z——土单元体中的附加应力，如在连续均布荷载作用下有 $\sigma_z=p$；

u——土单元体中的超孔隙水压力，$u=h\gamma_{\mathrm{w}}$。

以 $\dfrac{\partial^2 h}{\partial z^2}=\dfrac{1}{\gamma_{\mathrm{w}}}\dfrac{\partial^2 u}{\partial z^2}$ 和 $\dfrac{\partial \sigma'}{\partial t}=-\dfrac{\partial u}{\partial t}$ 代入式（4.50），得

$$k\frac{(1+e)}{\gamma_{\mathrm{w}}a}\frac{\partial^2 u}{\partial z^2}=\frac{\partial u}{\partial t} \tag{4.53}$$

令 $c_{\mathrm{v}}=\dfrac{(1+e)\ k}{a\gamma_{\mathrm{w}}}$，式（4.53）改写为

$$c_{\mathrm{v}}\frac{\partial^2 u}{\partial z^2}=\frac{\partial u}{\partial t} \tag{4.54}$$

式中，c_{v}——土的竖向固结系数（$\mathrm{cm^2/s}$），它是渗透系数 k、压缩系数 a、天然孔隙比 e 的函数，通过固结试验直接测定，属于土体物理参数，式（4.54）即为一维单向固结微分方程。

2. 方程求解

一维单向固结微分方程可根据土层的边界条件和初始条件求解。

①土层为单面排水，初始超孔隙水压力沿深度方向呈线性分布，如图 4.23 所示，排水方向竖直向上。

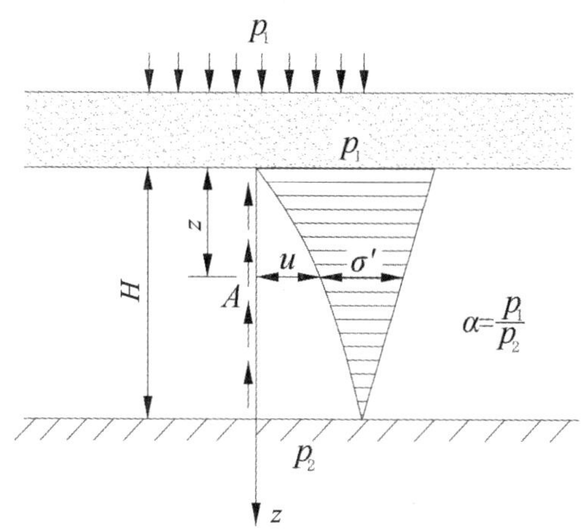

图 4.23　单面排水条件下超静孔隙水压力的消散

设土层排水面的初始超孔隙水压力为 p_1，不透水面的初始超孔隙水压力为 p_2，两者的比值为

$$\alpha = \frac{p_1}{p_2} \tag{4.55}$$

深度 z 处的初始超孔隙水压力 u_z 的计算式为

$$u_z = p_2\left[1+(\alpha-1)\frac{H-z}{H}\right] \tag{4.56}$$

初始起始条件和边界条件为

当 $t=0$，$0 \leqslant z \leqslant H$ 时，$u = p_2\left[1+(\alpha-1)\dfrac{H-z}{H}\right]$；

当 $0 < t < \infty$，$z=0$ 时，$u=0$；

当 $0 < t < \infty$，$z=H$ 时，$\dfrac{\partial u}{\partial z}=0$；

当 $t=\infty$，$0 \leqslant z \leqslant H$ 时，$u=0$。

采用分离变量法可求得式（4.54）的特解如下

$$u(z,\ t)=\frac{4p_2}{\pi^2}\sum_{m=1}^{\infty}\frac{1}{m^2}\left[m\pi\alpha+2(-1)^{\frac{m-1}{2}}(1-\alpha)\right]\exp\left(-\frac{m^2\pi^2}{4}T_v\right)\cdot\sin\frac{m\pi z}{2H} \quad (4.57)$$

在实际中，常取第一项，即取 m=1，从而可得

$$u=\frac{4p_2}{\pi^2}\left[\alpha(\pi-2)+2\right]\exp\left(-\frac{\pi^2}{4}T_v\right)\sin\frac{\pi z}{2H} \quad (4.58)$$

式中，m——奇正整数（m=1，3，5，…）；

H——孔隙水的最大渗径，在单面排水条件下为土层厚度（m）；

T_v——时间因素，$T_v=\frac{c_v t}{H^2}$，t 为固结时间（s）。

②土层为双面排水时，初始超孔隙水压力沿深度方向呈线性分布，如图 4.24 所示。

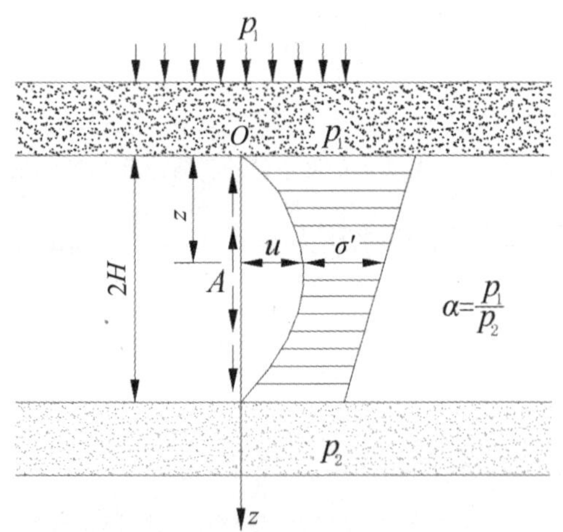

图 4.24　双面排水条件下超静孔隙水压力的消散

令$\alpha=\frac{p_1}{p_2}$，土层厚度为 2 H，求解的初始条件和边界条件为

当 t=0 和 $0\leqslant z\leqslant H$ 时，$u=p_2\left[1+(\alpha-1)\frac{H-z}{H}\right]$；

当 $0<t<\infty$，z=0 时，$u=0$；

当 $0<t<\infty$，z=H 时，$u=0$。

采用分离变量法可求得式（4.54）的特解为

$$u(z,\ t)=\frac{p_2}{\pi}\sum_{m=1}^{\infty}\frac{2}{m}\left[1-(-1)^m\alpha\right]\exp\left(-\frac{m^2\pi^2}{4}T_v\right)\cdot\sin\frac{m\pi(2H-z)}{2H} \quad (4.59)$$

在实际中，常取第一项，即取 m=1，从而可得

$$u=\frac{2p_2}{\pi}(1+\alpha)\exp\left(-\frac{\pi^2}{4}T_{\mathrm{v}}\right)\sin\frac{\pi(2H-z)}{2H} \tag{4.60}$$

式中，H——压缩土层最远的排水距离（cm），双面排水时 H 取土层厚度的一半；其余变量物理意义同前。

4.5　土体固结度

4.5.1　基本概念

1. 地基中任意点的固结度

如图 4.23 及图 4.24 所示，深度 z 处的 A 点在 t 时刻竖向有效应力 σ_t' 与初始超孔隙水压力 p 的比值，称为 A 点在 t 时刻的固结度。

2. 土层的平均固结度

t 时刻土层各点土骨架承担的有效应力图面积与初始超孔隙水压力（或附加应力）图面积之比，称为 t 时刻土层的平均固结度，用 U_t 表示，即

$$U_t=\frac{\text{有效应力图面积}}{\text{初始超孔隙水压力图面积}}=1-\frac{t\text{时刻超孔隙水压力图面积}}{\text{初始超孔隙水压力图面积}} \tag{4.61}$$

根据有效应力原理，土的变形只取决于有效应力。因此，对于一维竖向渗流固结，根据式（4.61），土层的平均固结度又可定义为

$$U_t=1-\frac{\int_0^H u(z,\ t)\mathrm{d}z}{\int_0^H p(z)\mathrm{d}z}=\frac{\int_0^H \sigma'(z,\ t)\mathrm{d}z}{\int_0^H p(z)z\mathrm{d}z}=\frac{\int_0^H \frac{a}{1+e_1}\sigma'(z,\ t)\mathrm{d}z}{\int_0^H \frac{a}{1+e_1}p(z)\mathrm{d}z}=\frac{s_t}{s_\infty} \tag{4.62}$$

式中，$\frac{a}{1+e_1}$——在整个渗流固结过程中为常数；

s_t——地基某时刻 t 的固结沉降量（cm）；

s_∞——地基最终的固结沉降量（cm）。

4.5.2　固结度计算

1. 初始超孔隙水压力沿深度方向呈线性分布情况下的固结度计算

初始超孔隙水压力沿深度方向呈线性分布的几种情况如图 4.25 所示。

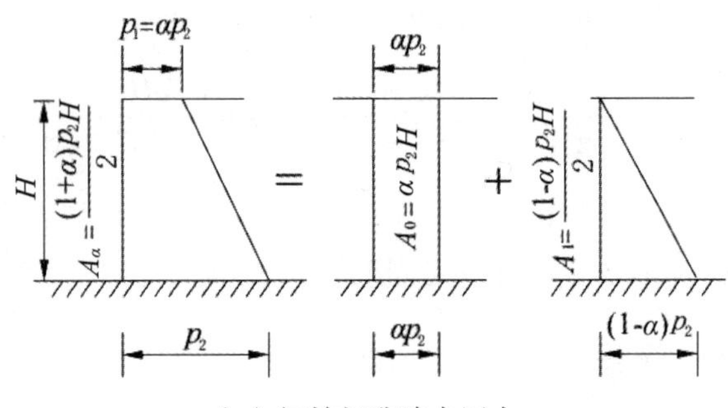

（a）初始超孔隙水压力

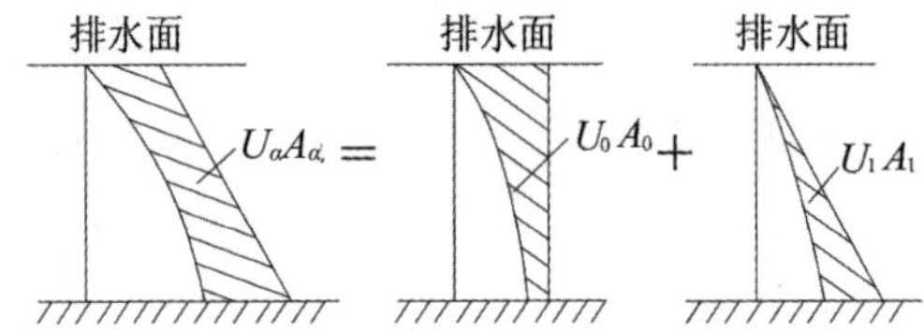

（b）t 时刻的超孔隙水压力和有效应力（阴影部分为有效应力）

图 4.25　利用 $U_0(t)$ 及 $U_1(t)$ 求 $U_\alpha(t)$

①将式（4.58）代入式（4.62）得到单面排水情况下，土层任一时刻 t 的固结度 U_t 的近似值

$$U_t=1-\frac{\left(\frac{\pi}{2}\alpha-\alpha+1\right)}{1+\alpha}\cdot\frac{32}{\pi^3}\cdot\exp\left(-\frac{\pi^2}{4}T_v\right) \tag{4.63}$$

α 取 1，即“0”型，初始超孔隙水压力分布图为矩形，代入式（4.63）得

$$U_0=1-\frac{8}{\pi^2}\cdot\exp\left(-\frac{\pi^2}{4}T_v\right) \tag{4.64}$$

α 取 0，即“1”型，初始超孔隙水压力分布图为三角形，代入式（4.64）得

$$U_1=1-\frac{32}{\pi^3}\cdot\exp\left(-\frac{\pi^2}{4}T_v\right) \tag{4.65}$$

不同 α 值时的固结度可按式（4.63）来求，也可利用式（4.64）和式（4.65）求得的 U_0 和 U_1，按式（4.66）来计算

$$U_\alpha=\frac{2\alpha U_0+(1-\alpha)U_1}{1+\alpha} \tag{4.66}$$

式（4.66）的推导参见图 4.26。

为方便查用，表 4.9 给出了单面排水时，不同 $\alpha=\dfrac{p_1}{p_2}$ 条件下的 U_t–T_v 关系。

表 4.9　单面排水时，不同 $a=\dfrac{p_1}{p_2}$ 条件下的 $U_t \sim T_v$ 值

a	固结度 U_t											类型
	0.0	0.1	0.2	0.3	0.4	0.5	0.6	0.7	0.8	0.9	1.0	
0.0	0.0	0.049	0.100	0.154	0.217	0.29	0.38	0.50	0.66	0.95	∞	“1”
0.2	0.0	0.027	0.073	0.126	0.186	0.26	0.35	0.46	0.63	0.92	∞	“0-1”
0.4	0.0	0.016	0.056	0.106	0.164	0.24	0.33	0.44	0.60	0.90	∞	
0.6	0.0	0.012	0.042	0.092	0.148	0.22	0.31	0.42	0.58	0.88	∞	
0.8	0.0	0.010	0.036	0.079	0.134	0.20	0.29	0.41	0.57	0.86	∞	
1.0	0.0	0.008	0.031	0.071	0.126	0.20	0.29	0.40	0.57	0.85	∞	“0”
1.5	0.0	0.008	0.024	0.058	0.107	0.17	0.26	0.38	0.54	0.83	∞	
2.0	0.0	0.006	0.019	0.050	0.095	0.16	0.24	0.36	0.52	0.81	∞	
3.0	0.0	0.005	0.016	0.041	0.082	0.14	0.22	0.34	0.50	0.79	∞	“0-2”
4.0	0.0	0.004	0.014	0.040	0.080	0.13	0.21	0.33	0.49	0.78	∞	
5.0	0.0	0.004	0.013	0.034	0.069	0.12	0.20	0.32	0.48	0.77	∞	
7.0	0.0	0.003	0.012	0.030	0.065	0.12	0.19	0.31	0.47	0.76	∞	
10.0	0.0	0.003	0.011	0.028	0.060	0.11	0.18	0.30	0.46	0.75	∞	
20.0	0.0	0.003	0.010	0.026	0.060	0.11	0.17	0.29	0.45	0.74	∞	
∞	0.0	0.002	0.009	0.024	0.048	0.09	0.16	0.23	0.44	0.73	∞	“2”

②将式（4.60）代入式（4.62）即得到双面排水，起始超孔隙水压力沿深度方向呈线性分布情况下土层任意时刻 t 的固结度 U_t 的近似值

$$U_t = 1 - \frac{8}{\pi^2} \cdot \exp\left(-\frac{\pi^2}{4} T_v\right) \tag{4.67}$$

从式（4.67）可看出，固结度 U_t 与 α 值无关，且形式上与土层单面排水时的 U_0 相同，注意式（4.67）中 $T_v=\dfrac{c_v t}{H^2}$ 中的 H 为固结土层厚度的一半，而式（4.64）中 $T_v=\dfrac{c_v t}{H^2}$ 中的 H 为固结土层厚度。因此，双面排水，初始超孔隙水压力沿深度方向呈线性分布情况下 t 时刻的固结度，可以用式（4.64）来求，只是要注意取前者土层厚度的一半作为 H 代入。

图 4.26（a）为起始超孔隙水压力沿深度方向呈线性分布的几种情况，在解决工程实际问题时，应考虑如何将实际的超孔隙水压力分布简化成图 4.25（a）中的计算图式，以便进行简化计算分析。图 4.26（b）列出了 5 种实际情况下的起始超孔隙水压力分布图。

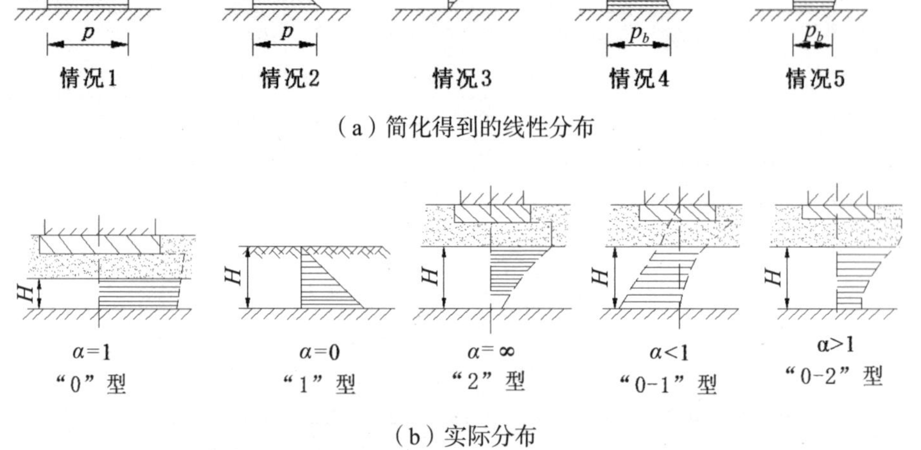

（a）简化得到的线性分布

（b）实际分布

图 4.26　起始超孔隙水压力的几种情况

情况 1：薄压缩层地基。

情况 2：土层在自重应力作用下的固结。

情况 3：基础底面积较小，传至压缩层底面的附加应力接近零。

情况 4：在自重应力作用下尚未固结的土层上作用有基础传来的荷载。

情况 5：基础底面积较小，传至压缩层底面的附加应力不接近零。

2. 固结度计算的讨论

从固结度的计算公式可以看出，固结度是时间因数的函数，时间因数越大，固结度越大，土层的沉降越接近于最终沉降量。从时间因数 $T_v=\frac{c_v t}{H^2}=\frac{k(1+e)}{a\gamma_w}\cdot\frac{t}{H^2}$ 的各个因子可清楚地分析出固结度与这些因数的关系：

①渗透系数 k 越大，越易固结，因为孔隙水易排出。

②$\frac{1+e}{a}=E_s$ 越大，即土的压缩性越小，越易固结，因为土骨架发生较小的压缩变形即能分担较大的外荷载，因此孔隙体积无须变化太大（不需排较多的水）。

③时间 t 越长，固结越充分。

④渗流路径 H 越大，显然孔隙水越难排出土层，越难固结。

【例题 4.4】 如图 4.27 所示，厚 10 m 的饱和黏土层表面瞬时大面积均匀堆载 p_0=150 kPa，若干年后，用测压管分别测得土层中 A，B，C，D，E 五点的孔隙水压力为 51.6 kPa、94.2 kPa、13.8 kPa、170.4 kPa、198.0 kPa。已知土层的压缩模量 E_s 为 5.5 MPa，渗透系数 k 为 5.14×10^{-8} cm/s。试估算此时黏土层的固结度，并计算此黏土层已固结了几年；再经过 5 年，则该黏土层的固结度将达到多少，黏土层 5 年间产生了多大的压缩量？

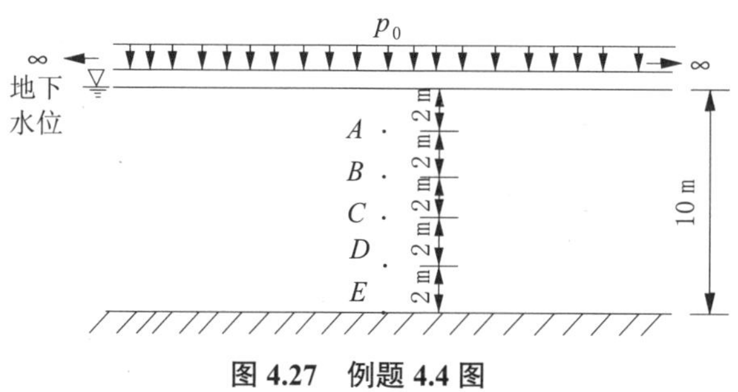

图 4.27　例题 4.4 图

【解】

（1）用测压管测得的孔隙水压力值包括静止孔隙水压力和超孔隙水压力，扣除静止孔隙水压力后，A，B，C，D，E 五点的超孔隙水压力分别为 32.0 kPa、55.0 kPa、75.0 kPa、92.0 kPa、100.0 kPa。计算此超孔隙水压力图的面积近似为 608 kPa · m，起始超孔隙水压力（或最终有效附加应力）图的面积为 150 × 10 kPa · m=1500 kPa · m，则此时固结度 $U_t=1-\dfrac{608}{1500}=59.5\%$，$\alpha$=1，查表 4.9 得 $T_v=0.29$。

黏土层的竖向固结系数

$$c_v=\frac{k(1+e)}{\alpha\gamma_w}=\frac{kE_s}{\gamma_w}=\frac{5.14\times10^{-8}\times5500\times10^{-2}}{9.8}\approx2.88\times10^{-3}\ \text{cm}^2/\text{s}\approx0.9\times10^{5}\ \text{cm}^2/\text{年}$$

由于是单面排水，则竖向固结时间因数 $T_v=\dfrac{c_v t}{H^2}$=0.29，得 $t\approx3.22$ 年，因此黏土层已固结了 3.22 年。

（2）再经过 5 年，则竖向固结时间因数 $T_v=\dfrac{c_v t}{H^2}=\dfrac{0.9\times10^5\times(3.22+5)}{1000^2}\approx0.74$，

查表 4.9，得 U_t=0.861，即该黏土层的固结度达到 86.1%。在整个固结过程中，黏土层的最终压缩量为$\frac{p_0 H}{E_s}=\frac{150\times1000}{5500}\approx27.3$ cm。因此，这 5 年间黏土层产生（86.1−59.5）%$\times$27.3$\approx$7.26 cm 的压缩量。

第 5 章　土体强度理论

5.1　土体强度参数

土是无黏性或有黏性的具有土骨架孔隙特性的三相体。土颗粒矿物本身具有较大的强度，不易发生破坏。土颗粒之间的接触面相对软弱，容易发生相对滑移。因此，土的强度主要由颗粒间的互相作用力决定，而不是由颗粒矿物的强度决定。在外荷载作用下，土中各点同时产生法向应力和剪应力，其中法向应力可使土体发生压密，这是有利的因素；而剪应力可使土体发生剪切，当土中某点由外力所产生的剪应力达到土的抗剪强度时，土就沿着剪应力作用方向产生相对滑动，该点便发生剪切破坏。因此，土的强度问题实质上就是土的抗剪强度问题。

抗剪强度是土的主要力学性质之一。土体是否达到剪切破坏状态，主要取决于土颗粒间的黏结力和摩擦力。黏结力包括土粒之间的胶结作用和颗粒之间的分子引力，受黏粒含量、矿物成分、含水量和土的结构等因素的影响。摩擦力包括滑动摩擦和咬合摩擦，受土的原始密度、剪切面上的法向总应力、土粒的形状、土粒表面的粗糙程度和土粒级配等因素的影响。

抗剪强度还与所受的应力组合密切相关。这种破坏时的应力组合关系就称为破坏准则。目前被认为比较能拟合试验结果，为生产实践所广泛采用的破坏准则为莫尔 - 库仑破坏准则。土的抗剪强度主要依靠室内试验和原位测试确定，试验仪器的种类和试验方法对确定强度值有较大的影响。在分析土体强度理论时，初等土力学把土体假设为理想塑性材料。

5.1.1　直剪试验抗剪强度指标

土体发生剪切破坏时，将沿着其内部某一曲面（滑动面）产生相对滑动，而该滑动面上的剪应力就等于土的抗剪强度。1776 年，法国著名力学家、物理学家库仑采用直剪仪研究了土体的抗剪强度特性。图 5.1（a）是直剪仪装置的原理简图。仪器由固定的上盒和可移动的下盒构成，截面积为 A 的图样置于上、下剪切盒之内。

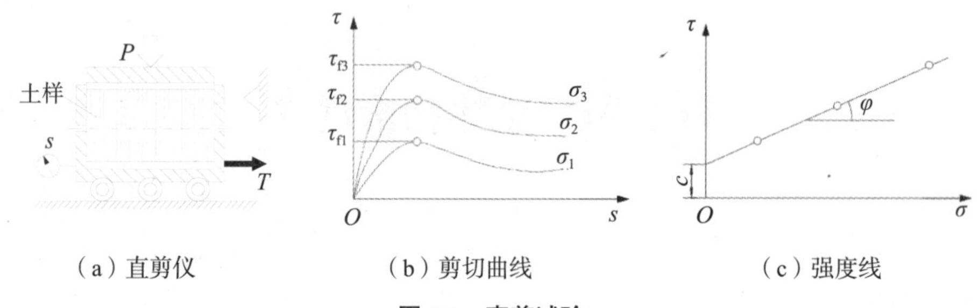

（a）直剪仪　　（b）剪切曲线　　（c）强度线

图 5.1　直剪试验

试验时，首先对试样施加竖向压力 P，然后施加水平力 T 于下盒，使试样在上、下盒间土的水平接触面产生剪切位移 s。在施加每一个法向应力 $\sigma=P/A$ 后，逐步增加剪切面上的剪应力 $\tau=T/A$，直至试样破坏。通常取四个试样，分别在不同 σ 下进行剪切，求得相应的 τ，将试验结果绘制成剪应力 τ 和剪变形 s 的关系曲线，如图 5.1（b）所示。图中每条曲线的峰值 τ_f 为土样在该级法向应力 σ 作用下所能承受的最大剪应力，即相应的抗剪强度。

试验结果表明，土的抗剪强度不是常量，而是随剪切面上的法向应力的增加而增大的，如图 5.1（c）所示。据此，库仑总结了土的破坏现象和影响因素，提出黏性土的抗剪强度公式为

$$\tau_{\mathrm{f}} = c + \sigma \tan \varphi \tag{5.1}$$

式中，τ_f——土的抗剪强度（kPa）；

σ——剪切滑动面上的法向应力（kPa）；

φ——土的内摩擦角（°）；

c——土的黏结力（kPa），对于无黏性土，c=0。

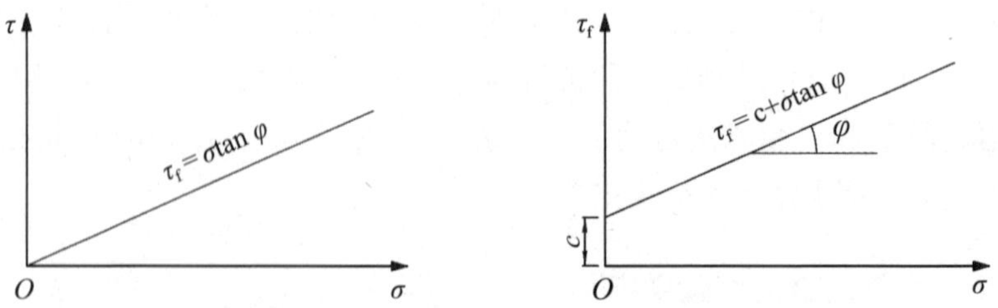

（a）砂土　　（b）黏性土

图 5.2　土的抗剪强度与法向应力之间的关系

式（5.1）即著名的摩尔－库仑强度公式，土的抗剪强度参数包括黏结力 c 和内摩擦角 φ，它们是两个主要的土体强度参数，与土体类型、含水量和土石比密切相关。由于有效应力原理的提出，人们认识到只有有效应力的变化才能真正引起土体强度的变化。因此，上述库仑公式改写为

$$\tau_{\mathrm{f}}=c'+\sigma'\tan\varphi'=c'+(\sigma-u)\tan\varphi' \tag{5.2}$$

式中：σ'——剪切破裂面上的有效法向应力（kPa）；

u——土中的孔隙水压力（kPa）；

c'——土的有效黏结力（kPa）；

φ'——土的有效内摩擦角（°）。

c' 和 φ' 称为土的有效抗剪强度指标，对于同一种土，其值理论上与试验方法无关，接近于常数。

式（5.1）称为总应力抗剪强度公式，式（5.2）称为有效应力抗剪强度公式。在土工分析中，采用有效应力分析时，应用土的有效应力强度指标；而采用总应力分析时，则应用土的总应力强度指标。

直接剪切试验目前仍然是室内土的抗剪强度最基本的测定方法。试验和工程实践都表明，土的抗剪强度与土体受力后的排水固结状况有关，为了能近似地模拟现场土体的剪切条件，我们在考虑剪切前土体在荷载作用下的固结程度、土体剪切速率或加荷速度快慢情况后，把直剪试验分为下述三种：快剪试验、固结快剪试验和慢剪试验。简要介绍如下：

①快剪试验。根据《土工试验方法标准》（GB/T 50123—2019），对土样施加垂直压力后，立即以 0.8 ～ 1.2 mm/min 的剪切速率快速施加水平剪应力，使一个试样在 3 ～ 5 min 内剪损。快剪试验近似模拟了“不排水剪切”过程，它只适用于渗透系数小于 10^{-6} cm/s 的黏性土，得到的抗剪强度指标用 c_{q} 和 φ_{q} 表示。

②固结快剪试验是对土样施加垂直压力后，让土样充分排水固结，待土样排水固结稳定后，以 0.8 ～ 1.2 mm/min 的剪切速率快速施加水平剪应力，使一个试样在 3 ～ 5 min 内剪损。固结快剪试验近似模拟了“固结不排水剪切”过程，它只适用于渗透系数小于 10^{-6} cm/s 的黏性土，得到的抗剪强度指标用 c_{cq} 和 φ_{cq} 表示。

③慢剪试验是对土样施加垂直压力后，让土样充分排水，待土样固结稳定后，再以小于 0.2 mm/min 的剪切速率施加水平剪应力进行剪切，使土样发生

剪切破坏并使土样在受剪过程中一直充分排水和产生体积变形，故慢剪试验对渗透系数无要求。慢剪试验近似模拟了“固结排水剪切”过程，得到的抗剪强度指标用 c_s 和 φ_s 表示。

直接剪切试验具有设备构造简单，操作方便等优点，但它也存在明显的缺点，主要包括：剪切面限定在上下盒之间的平面，不是土样剪切破坏时最薄弱的面；在剪切过程中，土样剪切面逐渐缩小，抗剪强度却是按土样的原截面积计算的。所以绘制 $\sigma-\tau$ 曲线时，用试验初的 σ 代表土样破坏时的法向应力，必然会出现误差，主要是 c 偏小，φ 偏大；试验时不能严格控制排水条件，不能测量孔隙水压力，在进行不排水剪切时，试件仍可能排水。因此，快剪试验和固结快剪试验仅适用于渗透系数小于 10^{-6} cm/s 的细粒土。

5.1.2　三轴试验抗剪强度指标

三轴试验是在三向加压条件下的剪切试验。对应于剪切试验中的快剪试验、固结快剪试验和慢剪试验，三轴压缩试验按剪切前受到周围压力 σ_3 的固结状态和剪切时的排水条件，分为三种：不固结不排水三轴试验（UU 试验）、固结不排水三轴试验（CU 试验）和固结排水三轴试验（CD 试验）。

不固结不排水三轴试验：可以测得土的不排水抗剪强度 C_u，不能测定有效应力抗剪强度指标 c' 和 φ'，也不能测定土的总应力抗剪强度指标 c 和 φ。

固结不排水三轴试验：可以测得土的总应力抗剪强度指标 c_{cu}，φ_{cu} 和有效应力抗剪强度指标 c'，φ'。

固结排水三轴试验：可以测得土的总应力抗剪强度指标 c_d、φ_d 和有效应力抗剪强度指标 c'，φ'。

常规三轴仪有应变控制式和应力控制式两种，应变控制式三轴仪（图 5.3）主要由反压力控制系统、周围压力控制系统、压力室和孔隙水压力测量系统组成。

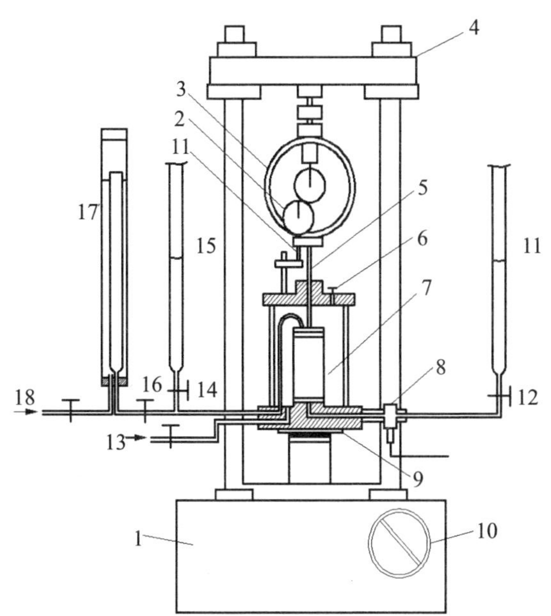

1—试验机；2—轴向位移计；3—轴向测力计；4—试验机横梁；5—活塞；6—排气孔；
7—压力室；8—孔隙压力传感器；9—升降台；10—手轮；11—排水管；
12—排水管阀；13—周围压力；14—排水管阀；15—量水管；
16—体变管阀；17—体变管；18—反压力

图 5.3　三轴仪示意图

常规三轴试验的一般步骤为：第一步，将试样制备成圆柱体，再将套上乳胶膜的试样放在密闭的压力室中，然后向压力室中注入液压，使试样在各向均受到周围压力 σ_3，并使该周围压力在整个试验过程中保持不变，这时试样内各向主应力均相等，因此在试样内部不产生任何剪应力；第二步，通过轴向加荷系统对试样施加竖向压力，当作用在试样上的水平向压力保持不变，而竖向压力逐渐增大时，试样终因受剪而破坏。

设剪切破坏时轴向加荷系统加在试样上的竖向压应力为 $\Delta\sigma_1$，则试样上的大主应力为 $\sigma_1=\sigma_3+\Delta\sigma_1$，而小主应力为 σ_3。据此可作出一个莫尔极限应力圆，见图 5.4（c）中的圆Ⅰ。选取同一种土样的三个以上试样，分别在不同的周围压力 σ_3 下进行试验，则可得到一组莫尔应力圆，见图 5.4（c）中的圆Ⅰ、圆Ⅱ和圆Ⅲ；并画一条公切线，这条线就是土的抗剪强度包线，由此求得土的抗剪强度指标 c 与 φ 值。

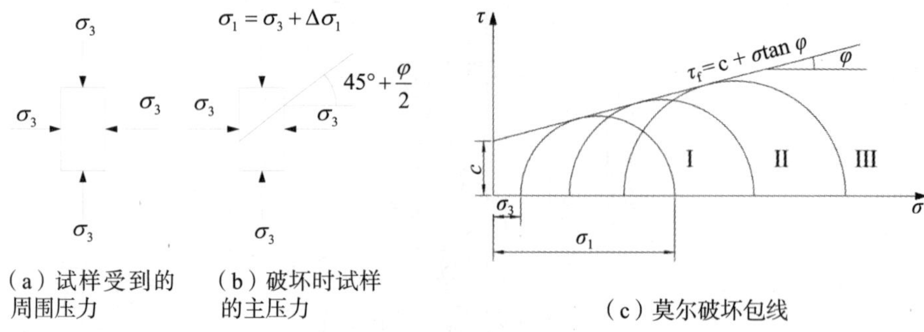

（a）试样受到的周围压力　（b）破坏时试样的主压力　（c）莫尔破坏包线

图 5.4　三轴压缩试验原理

1. 不固结不排水剪切试验

在不固结不排水剪切试验中，土样在施加周围压力和随后增加轴向压力直至土样剪切破坏的全过程中均处于不排水状态。饱和土样在不排水过程中土体体积保持不变。试验过程中，周围压力保持不变，可测量轴向力、轴向位移和土样中超孔隙水压力的变化过程，可测定剪切破坏时最大、最小主应力值和超孔隙水压力值。

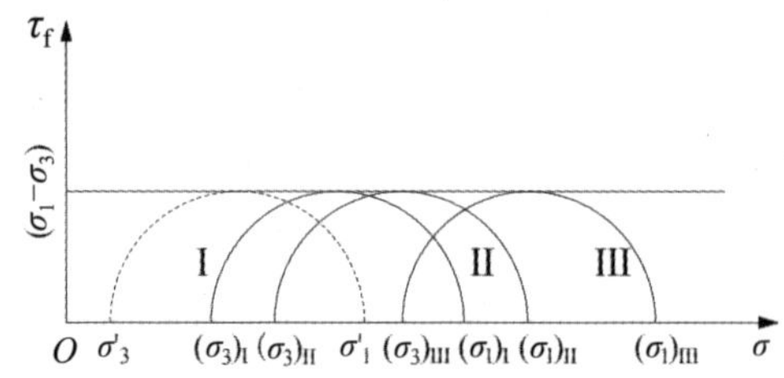

图 5.5　不固结不排水剪切试验

图 5.5 中，圆 I 表示一块土样在压力室压力为（σ_3）$_{\text{I}}$，轴向压力为（σ_1）$_{\text{I}}$时发生破坏时的总应力圆。应力圆的直径为（σ_1-σ_3）$_{\text{I}}$。若破坏时孔隙水压力为 u，则破坏时有效主应力 $\sigma_1'=(\sigma_1)_{\text{I}}-\mu$，$\sigma_3'=(\sigma_3)_{\text{I}}-\mu$。虚线圆是总应力圆 I 相应的有效应力圆。因为 $\sigma_1'-\sigma_3'=(\sigma_1-\sigma_3)_{\text{I}}$，所以有效应力圆的直径与总应力圆的直径相等。

圆Ⅱ是同组另一块土样在压力室压力为（σ_3）$_{\text{III}}$时进行同样试验得到的土样破坏时的总应力圆，此时的轴向压力为（σ_1）$_{\text{II}}$。在不固结不排水剪切试验中，土样在压力室压力下不发生固结，所以改变压力室压力并不改变试验中的有效应力，只引起土样中孔隙水压力变化。由于两个试样在剪切前的有效压力相等，在剪切时含水量保持不变，有效应力保持不变，所以抗剪强度不变，破坏时的应力圆直径不变。圆Ⅲ是另一块土样在压力室压力为（σ_3）$_{\text{Ⅲ}}$时进行同样试验得到的土样破坏时的总应力圆。三个总应力圆对应的有效应力圆是同一个。在图 5.5 中，三个总应力圆的包线是一条水平线。根据摩尔－库仑公式，有

$$c_u=\frac{1}{2}(\sigma_1-\sigma_3) \tag{5.3}$$

式中，c_u——土的不排水抗剪强度（kPa）。

因为几个土样在进行不固结不排水剪切试验时得到的有效应力圆只有一个，所以不能由不固结不排水剪切试验测定相应的有效应力强度指标 c' 和 φ'，也不能测定土的总应力强度指标 c 和 φ。

2. 固结不排水剪切试验

在施加周围压力 σ_3 后，将排水阀打开，让土样在周围压力作用下排水固结，土样中超静孔压消散。固结完成后，关闭排水阀。然后增加轴向压力 σ_1 对土样进行剪切，直至土样产生剪切破坏。在剪切过程中，土样处于不排水状态。试验过程中可测量轴向力、轴向位移和土样中超孔隙水压力的变化过程。在固结不排水剪切试验中还可测定土样施加周围压力后、排水阀尚未打开前，土样中的孔隙水压力值。通过将周围压力值与由其产生的超孔隙水压力值进行比较，可判断土样是否为饱和土样。对处于不排水条件下的饱和土样来说，施加的周围压力值与由其产生的超孔隙水压力值两者应是相等的。由于不排水，试样在剪切过程中没有任何体积变形。可以测得土的总应力抗剪强度指标 c_{cu}，φ_{cu} 和有效应力抗剪强度指标 c'、φ'。

【例题 5.1】 三个相同土样在固结不排水剪切实验过程中周围压力分别为 100 kPa、200 kPa 和 300 kPa，测得土样在剪切破坏时最大轴向应力分别为 211 kPa、401 kPa 和 590 kPa，破坏时静孔隙水压力分别为 43 kPa、92 kPa 和 142 kPa，试求土的抗剪强度总应力指标和有效应力强度指标。

【解】 由测定的周围压力值、破坏时最大轴向应力值和超静孔隙水压力值可以计算出三个土样破坏时的总压力和有效应力，如表 5.1 所示。画出应力圆并作出公切线如图 5.6 所示，从图上可以得到有效应力抗剪强度指标 c' = 3 kPa，φ' = 28°，总应力抗剪强度 c=8 kPa，φ=18°。

表 5.1　土样破坏时，由固结不排水剪切试验测得的应力值

土样编号	σ_3	σ_1	u	$\frac{1}{2}(\sigma_1-\sigma_3)$	$\frac{1}{2}(\sigma_1+\sigma_3)$	$\frac{1}{2}(\sigma_1'-\sigma_3')$	$\frac{1}{2}(\sigma_1'+\sigma_3')$
1	100	211	43	55.5	155.5	55.5	112.5
2	200	401	92	100.5	300.5	100.5	208.5
3	300	590	142	145.0	445.0	145.0	303.0

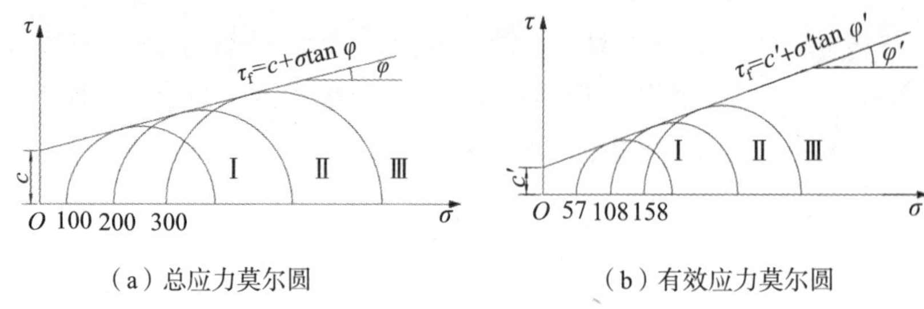

（a）总应力莫尔圆　　（b）有效应力莫尔圆

图 5.6　CU 试验的莫尔圆和强度包线

从上例中可以知道，对于试验成果若用有效力法整理与表达时，可将试验所得的总应力莫尔圆利用 $\sigma=\sigma-u$ 的关系改绘成有效应力莫尔圆。例如，对于试样 3，总应力圆Ⅲ的圆心坐标为 $\frac{1}{2}(\sigma_1+\sigma_3)=445\ \text{kPa}$，破坏时的孔隙水压力 u=142 kPa, 则有效应力圆的圆心坐标为

$$\frac{1}{2}(\sigma_1'+\sigma_3')=\frac{1}{2}(\sigma_1-u+\sigma_3-u)=\frac{1}{2}(\sigma_1+\sigma_3)-u=445-142=303\ \text{kPa}$$

理论上，试验所得的三个极限应力圆应具有同一条公切线。但在实际试验成果整理时，由于土样的不均匀性及试验误差等因素的影响，各个土样的应力莫尔圆并没有一条公切线，需要凭经验判断或者数学处理方法处理画出一条公切线，这样才能得到相应的强度指标值。

3. 固结排水剪切试验

土样先在围压作用下排水固结，然后在排水条件下缓慢增加轴向压力，直至土样剪切破坏。理论上，在剪切过程中应不让土样产生超孔隙水压力，但在实际试验中是很难达到的，通常通过减少加荷速率，使土样内部超孔隙水压力降到很低水平。在固结排水剪切试验中，除可测量周围压力、轴向压力和轴向位移外，还可通过测量排水量来测定土体在剪切过程中的体积变形。在固结排水剪切试验中，土样中超孔隙水压力常为零，所以有效应力与总应力相等，通过固结排水剪切试验测得的土的抗剪强度指标常用 c_d 和 φ_d 表示。理论和实验研究表明，由固结排水剪切试验测定的土的抗剪强度指标 c_d 和 φ_d 值与由固结不排水剪切试验测得的相应有效应力强度指标 c' 和 φ' 值基本相等，但 φ_d 值往往比 φ' 值高 $1^\circ \sim 2^\circ$ 。

5.2　土体极限平衡理论

1910 年，莫尔（Mohr）提出材料的破坏是剪切破坏，并指出在破坏面上的剪应力 τ 是该面上法向应力 σ 的函数。这个函数在 τ - σ 坐标中是一条曲线，称为莫尔包线，如图 5.7 中实线所示，土的莫尔包线通常近似地用直线表示，如图 5.7 中的虚线所示，该直线方程就是库仑公式。由库仑公式表示莫尔包线的土体强度理论称为莫尔 - 库仑强度理论。

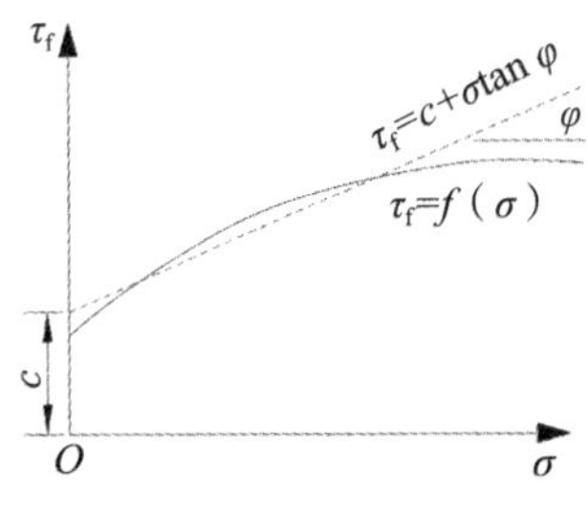

图 5.7　莫尔包线图

5.2.1　应力状态与莫尔圆

当土体处于三维应力状态，土体中任意一点在某一平面上发生剪切破坏时，该点即处于极限平衡状态。为了简化分析，下面仅考虑在平面上建立土的极限平衡条件，并且引用了材料力学中用莫尔圆表示某点应力状态的方法。

根据材料力学，在土体中取一微单元体，设作用在该单元体上的大、小主应力分别为 σ_1 和 σ_3，并且在土体内与大主应力 σ_1 作用平面成任意角 α 的平面 *a—a* 上存在着正应力 σ 和剪应力 τ，为了建立 σ，τ 与 σ_1，σ_3 之间的关系，取微棱柱体 *abc* 为隔离体，将各力分别在水平和垂直方向投影，根据静力平衡条件得

$$\sigma_3 \mathrm{d}s\sin\alpha - \sigma\mathrm{d}s\sin\alpha + \tau\mathrm{d}s\cos\alpha = 0$$

$$\sigma_1 \mathrm{d}s\cos\alpha - \sigma\mathrm{d}s\cos\alpha - \tau\mathrm{d}s\sin\alpha = 0$$

联立求解以上方程，在 *a—a* 平面上的正应力和剪应力分别为

$$\sigma=\frac{1}{2}(\sigma_1+\sigma_3)+\frac{1}{2}(\sigma_1-\sigma_3)\cos 2\alpha$$

$$\tau=\frac{1}{2}(\sigma_1-\sigma_3)\sin 2\alpha$$

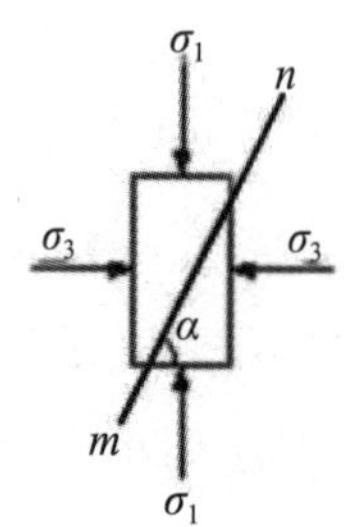

（a）微单元体上的应力

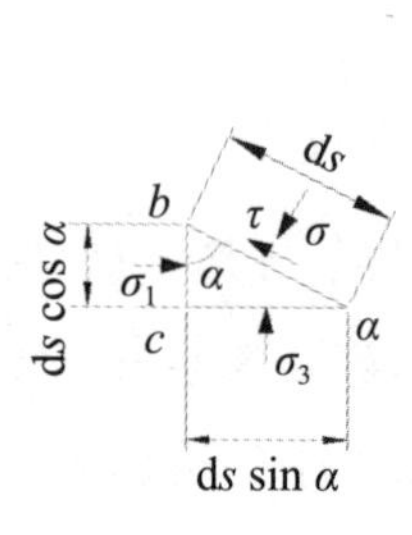

（b）隔离体 abc 上的应力

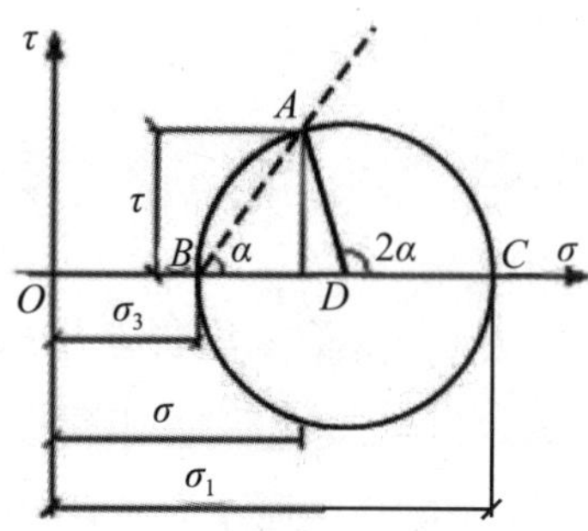

（c）应力莫尔圆

图 5.8　用应力莫尔圆表示土体中任意一点的应力状态

根据莫尔圆原理，σ，τ 与 σ_1，σ_3 之间的关系可以用莫尔应力圆表示。即在 $\tau-\sigma$ 坐标系中，按一定的比例，沿 σ 轴截取 OB 和 OC 分别表示为 σ_3 和 σ_1，以 D 点为圆心，以 $\frac{1}{2}(\sigma_1-\sigma_3)$ 为半径做一个圆，从 DC 开始逆时针旋转 2α 角，使 DA 线与圆周交于 A 点，可以证明 A 点的横坐标为 a—a 面上正应力 σ，纵坐标为剪应力 τ。这样就可以用莫尔应力圆表示土体中任意一点的应力状态，圆周上各点的坐标就表示该点在相应平面上的正应力和剪应力。

5.2.2　极限平衡条件

土体中某点发生剪切破坏时，该点的莫尔应力圆与莫尔强度包线相切，亦称该点处于极限平衡状态。处于极限平衡状态下的应力条件称为土的极限平衡条件。

根据极限应力圆（剪切破坏时的莫尔应力圆）与剪切强度包线之间的几何关系，可建立土的极限平衡条件。如图 5.9 所示，土的抗剪强度指标为 c 和 φ，该点此时最大主应力为 σ_1，最小主应力为 σ_3。

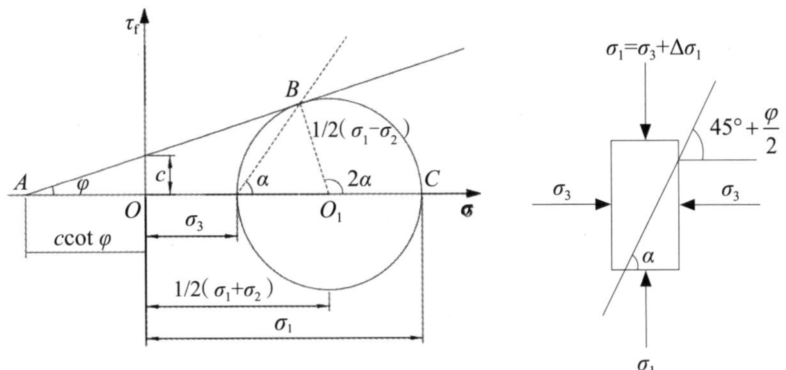

图 5.9　土体处于极限平衡状态时的莫尔应力圆及破坏面

设土体中某点剪切破坏时的破裂面与大主应力的作用面成 α，将抗剪强度包线延长与 σ 轴交于 A 点，由直角三角形△ O_1AB 可知

$$\sin\varphi=\frac{\overline{BO_1}}{AO_1}=\frac{\overline{BO_1}}{AO+OO_1}$$

因　　$BO_1=\frac{1}{2}(\sigma_1-\sigma_3)$，$AO=c\cos\varphi$，$OO_1=\frac{1}{2}(\sigma_1+\sigma_3)$

由此得

$$\frac{1}{2}(\sigma_1-\sigma_3)=\left[c\cos\varphi+\frac{1}{2}(\sigma_1+\sigma_3)\right]\sin\varphi \tag{5.4}$$

化简后得

$$\sigma_1=\sigma_3\cdot\frac{1+\sin\varphi}{1-\sin\varphi}+2c\cdot\frac{\cos\varphi}{1-\sin\varphi} \tag{5.5}$$

$$\sigma_3=\sigma_1\cdot\frac{1-\sin\varphi}{1+\sin\varphi}-2c\cdot\frac{\cos\varphi}{1-\sin\varphi} \tag{5.6}$$

根据三角函数关系

$$\frac{\cos\varphi}{1-\sin\varphi}=\sqrt{\left(\frac{\cos\varphi}{1-\sin\varphi}\right)^2}=\sqrt{\frac{1+\sin\varphi}{1-\sin\varphi}}$$

$$\frac{1+\sin\varphi}{1-\sin\varphi}=\frac{1-\cos(90^\circ+\varphi)}{1+\cos(90^\circ+\varphi)}=\frac{2\sin^2\left(45^\circ+\frac{\varphi}{2}\right)}{2\cos^2\left(45^\circ+\frac{\varphi}{2}\right)}$$

代入式（5.5）、式（5.6），得到土体的极限平衡条件：

$$\sigma_1 = \sigma_3 \tan^2\left(45^\circ + \frac{\varphi}{2}\right) + 2c\tan\left(45^\circ + \frac{\varphi}{2}\right) \tag{5.7}$$

$$\sigma_3 = \sigma_1 \tan^2\left(45^\circ - \frac{\varphi}{2}\right) - 2c\tan\left(45^\circ - \frac{\varphi}{2}\right) \tag{5.8}$$

对于无黏性土，由于 $c = 0$，则由式（5.7）和式（5.8）可知，无黏性土的极限平衡条件为

$$\sigma_1 = \sigma_3 \tan^2\left(45^\circ + \frac{\varphi}{2}\right) \tag{5.9}$$

$$\sigma_3 = \sigma_1 \tan^2\left(45^\circ - \frac{\varphi}{2}\right) \tag{5.10}$$

由直角三角形△ O_1AB 的外角和内角关系可得

$$2\alpha = 90^\circ + \varphi$$

即

$$\alpha = 45^\circ + \frac{\varphi}{2} \tag{5.11}$$

因此，破裂面与大主应力的作用面成 $\alpha = 45^\circ + \frac{\varphi}{2}$ 的夹角。

5.2.3　土体破坏的判断方法

将土的抗剪强度包线与莫尔应力圆画在同一张坐标图上，如图 5.10 所示。它们之间的关系可以有三种情况：

①整个莫尔应力圆位于抗剪强度包线的下方（圆Ⅰ），说明通过该点的任意平面上的剪应力都小于土的抗剪强度，因此该点不会发生剪切破坏，该点处于弹性状态。

②莫尔应力圆与抗剪强度包线相切（圆Ⅱ），切点为 A 点，说明在 A 点所代表的平面上，剪应力正好等于土的抗剪强度，即该点处于极限平衡状态，圆Ⅱ称为极限应力圆。

③莫尔应力圆与抗剪强度包线相割（圆Ⅲ），表明该点某些平面上的剪应力已超过了土的抗剪强度，事实上该应力圆所代表的应力状态是不存在的，因为在此之前，该点早已沿某一平面发生剪切破坏了。

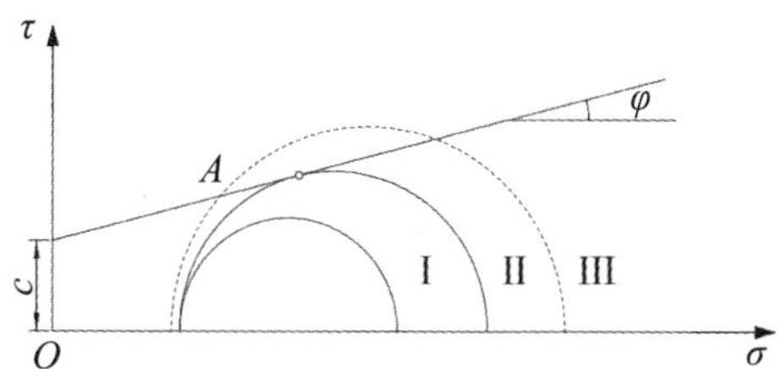

图 5.10　莫尔应力圆与抗剪强度包线之间的关系

利用极限平衡条件式（5.7）~式（5.10）判别土体是否发生剪切破坏，主要可采用如下三种方法。

1. 最大主应力比较法

如图 5.11（a）所示，利用土体的实际最小主应力 σ_3 和强度参数 c，φ，求取土体处在极限平衡状态时的最大主应力 σ_{1f}

$$\sigma_{1f} = \sigma_3 \tan^2\left(45^\circ + \frac{\varphi}{2}\right) + 2c\tan\left(45^\circ + \frac{\varphi}{2}\right) \tag{5.12}$$

并与土体的实际最大主应力 σ_1 相比较：如果 $\sigma_{1f} > \sigma_1$，表示达到极限平衡状态要求的最大主应力大于实际的最大主应力，土体没有发生破坏；如果 $\sigma_{1f} = \sigma_1$，表示土体正好处于极限平衡状态，土体发生破坏；如果 $\sigma_{1f} < \sigma_1$，显然表示土体也已发生了破坏，但实际上这种情况是不可能存在的，因为此时一些面上的剪应力 τ 已经大于土的抗剪强度。

2. 最小主应力比较法

如图 5.11（b）利用土体的实际最大主应力 σ_1 和强度参数 c，φ，求取土体处在极限平衡状态时的最小主应力 σ_{3f}

$$\sigma_{3f} = \sigma_1 \tan^2\left(45^\circ - \frac{\varphi}{2}\right) - 2c\tan\left(45^\circ - \frac{\varphi}{2}\right) \tag{5.13}$$

并与土体的实际最小主应力 σ_3 相比较：如果 $\sigma_{3f} < \sigma_3$，表示达到极限平衡状态下的最小主应力小于实际的最小主应力，土体没有发生破坏；如果 $\sigma_{3f} = \sigma_3$，表示土体正好处于极限平衡状态，土体发生破坏；如果 $\sigma_{3f} > \sigma_3$，显然表示土体也已发生了破坏，实际上这种情况也是不可能存在的。

3. 内摩擦角比较法

如图 5.11（c）所示，假定土体的莫尔 - 库仑包线与横轴相交于 O' 点，通过该交点 O' 作土体莫尔应力圆的切线，将该切线的倾角称为该莫尔压力圆的

视内摩擦角 φ_m。根据几何关系，φ_m 的大小可用式（5.14）进行计算。

$$\sin\varphi_m = \frac{\sigma_1 - \sigma_3}{\sigma_1 + \sigma_3 + 2c\cdot\cos\varphi} \tag{5.14}$$

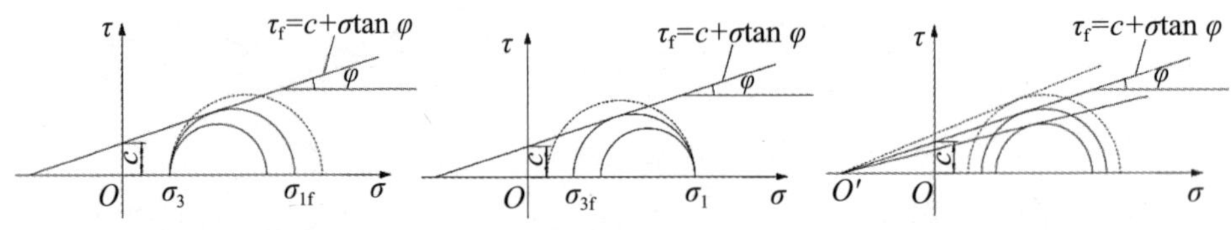

（a）最大主应力比较法　（b）最小主应力比较法　（c）内摩擦角比较法

图 5.11　土体是否破坏的判别

将视内摩擦角 φ_m 与土体的实际内摩擦角 φ 相比较，可直观地判断土体是否发生了剪切破坏：如果 $\varphi_m<\varphi$，显然表示土体的莫尔应力圆位于强度包线之下，土体没有发生破坏；如果 $\varphi_m=\varphi$，则表示土体的莫尔应力圆正好同强度包线相切，土体发生破坏；如果 $\varphi_m>\varphi$，显然表示土体已发生了破坏，但同上所述，这种情况也是不可能存在的，因为实际上在此之前土体必已破坏。

【例题 5.2】 土样内摩擦角 $\varphi=24°$，黏结力 c=20 kPa，承受的最大主应力和最小主应力分别为 σ_1 =450 kPa，σ_3 =150 kPa，试判断该土样是否达到极限平衡状态?

【解】（1）由极限平衡条件进行判断，最大主应力的计算值为

$$\begin{aligned}\sigma_{1f} &= \sigma_3\tan^2\left(45°+\frac{\varphi}{2}\right)+2c\tan\left(45°+\frac{\varphi}{2}\right)\\ &=150\times\tan^2\left(45°+\frac{24°}{2}\right)+2\times20\times\tan\left(45°+\frac{24°}{2}\right)\\ &=150\times\tan^2 57°+40\times\tan 57°\\ &\approx 417\ \text{kPa}<450\ \text{kPa}\end{aligned}$$

已知 σ_1 =450 kPa，大于极限平衡状态时的最大主应力 σ_{1f}，说明土样的莫尔应力圆已经超过土的抗剪强度包线，该土样已破坏。

（2）由极限平衡条件进行判断，最小主应力的计算值为

$$\begin{aligned}\sigma_{3f} &= \sigma_1\tan^2\left(45°-\frac{\varphi}{2}\right)+2c\tan\left(45°-\frac{\varphi}{2}\right)\\ &=450\times\tan^2\left(45°-\frac{24°}{2}\right)-2\times20\times\tan\left(45°-\frac{24°}{2}\right)\end{aligned}$$

$$=450\times\tan^2 33°-40\times\tan 33°$$

$$\approx 164\ \text{kPa}>150\ \text{kPa}$$

已知 σ_3 =150 kPa，小于极限平衡状态时的最小主应力 σ_{3f}，说明土样的莫尔应力圆已经超过土的抗剪强度包线，该土样已破坏。

（3）由极限平衡条件进行判断，视内摩擦角 φ_m 的计算方法为

$$\sin\varphi_m=\frac{\sigma_1-\sigma_3}{\sigma_1+\sigma_3+2c\cdot\cos\varphi}$$

$$=\frac{450-150}{450+150+2\times20\times\cos 24°}$$

$$=0.48625$$

可得

$$\varphi_m=29°>24°$$

已知 $\varphi=24°$，小于极限平衡状态时的视内摩擦角 φ_m，说明土样的莫尔应力圆已经超过土的抗剪强度包线，该土样已破坏。如果用图解法判断，则会得到莫尔应力圆与抗剪强度包线相割的结果。

5.3　类土体抗剪强度参数

5.3.1　类土体等效结构模型

1. 类土体结构特征

在三峡库区的巫山、奉节、巴东、秭归等区域岸坡地带，存在大量碳酸盐（巴东组地层）岩组成的岩质岸坡，岸坡卸荷作用强烈，风化严重，呈碎裂岩体及散体结构混合发育，岩块表层存在 1 ～ 2 cm 厚的风化层，其中蒙脱石、高岭石、伊利石等亲水性黏土矿物含量多，此类岸坡可称为类土体边坡。类土体远看如土，近看为石，是滑坡灾害易发地段，如龚家方岸坡、青石岸坡、凉水井岸坡等。以龚家方岸坡为例，龚家方岸坡类土体现场剖面如图 5.12 所示，经现场取样及室内级配试验得出的类土体颗粒级配曲线如图 5.13 所示，级配曲线随着颗粒粒径的降低呈现出先急剧降低、再形成近似平台、后缓慢降低的趋势，为类土体颗粒典型级配特征。同时，对于图 5.13 中龚家方岸坡类土体颗粒级配曲线：颗粒粒径 85 ～ 40 mm，含量达到 60%；颗粒粒径 40 ～ 2 mm，含量仅为 10%；颗粒粒径 2 ～ 0.1 mm，含量为 30%。可以得出，类土体颗粒粒径集中在 85 ～ 40 mm 和 2 ～ 0.1 mm 两个区间，区间内粒径差异不大，而两个区间的粒径最小差值达到 38 mm，忽略颗粒级配曲线中的中间粒径（粒径

40 ～ 2 mm），类土体主要由强风化岩体块石和黏土等充填物构成。因此，可将类土体概化为如图 5.14 所示的结构图。同时，室内试验结果发现：类土体中的强风化碎裂岩体强度较高，远大于黏土等充填物；而黏土等充填物包裹在碎裂岩体内，含水量越大，包裹程度越好。充填物中含有大量蒙脱石、高岭石等亲水性黏土矿物，土体有显著弹塑性特征。

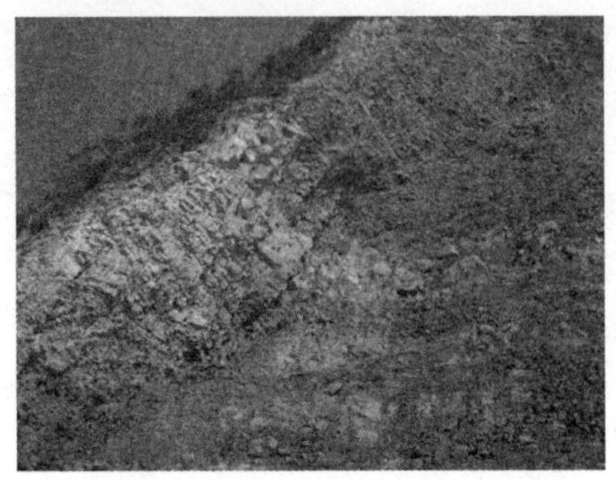

图 5.12　龚家方岸坡类土体现场剖面

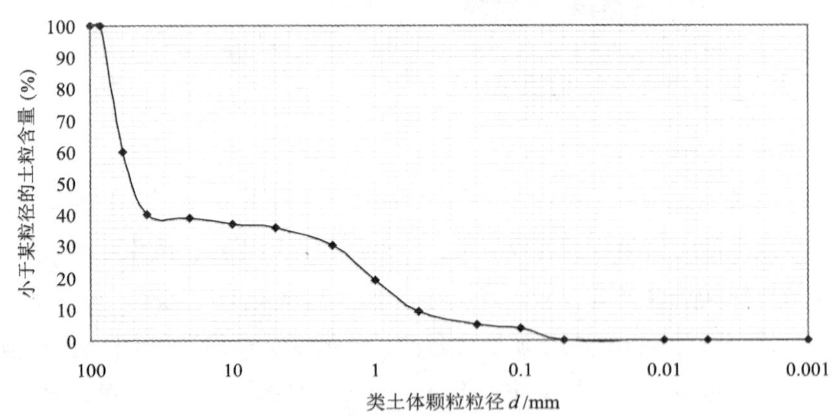

图 5.13　龚家方岸坡类土体颗粒级配曲线

图例

碎裂岩块

黏土等充填物

图 5.14　类土体结构图

2. 类土体等效结构模型

针对类土体颗粒粒径的分区集中现象和高强度的碎裂岩块及具有弹塑性的黏土等充填物，类土体等效颗粒如图 5.15 所示。等效颗粒为球体，直径为 d_1；内部为高强度碎裂岩块，同样为球体，称为基质；直径是碎裂岩块的平均粒径，记为 d_2，表层为黏土等充填物，称为包裹体；厚度为（d_1-d_2）/2，在平面内，可通过类土体内黏土充填物面积与包裹在基质上面积等效得到。同时，为了便于后续对类土体抗剪强度参数的研究，将类土体等效为由大量等效颗粒紧密排列组成的结构体，称为类土体等效结构模型，如图 5.16 所示。

图 5.15　类土体等效颗粒　　**图 5.16　类土体等效结构模型**

5.3.2　类土体抗剪强度参数等效方法

由图 5.16 可见，基质的强度较高，因此可认为基质在外力作用下不发生变形。类土体等效颗粒的变形由外层包裹体的弹塑性累积应变控制。在变形过程中，类土体等效颗粒间的初始接触为点接触，在等效颗粒受外力作用发生变形时，接触形式由点接触变为面接触，如图 5.17 所示。类土体的变形受垂直于接触面方向的正应变 ε_n 和平行于接触面方向的剪应变 ε_t 控制，大量等效颗粒水平方向和竖直方向的累积应变构成了类土体的变形。

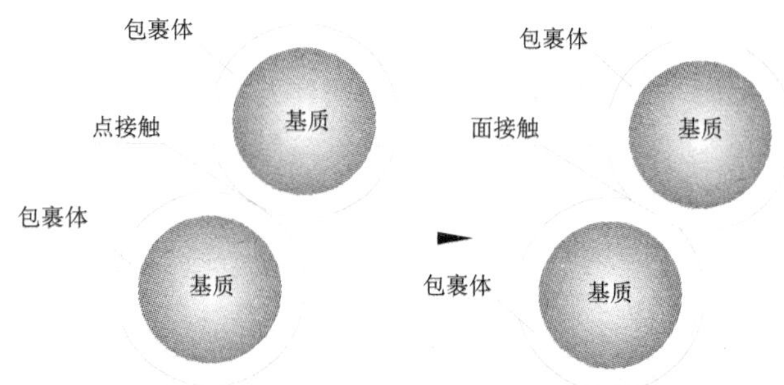

图 5.17　类土体等效颗粒间的变形过程

类土体等效颗粒间由点接触变为面接触的过程实际是类土体发生变形量累加的过程。如图 5.18 所示，类土体受两向应力 σ_1 与 σ_3 作用，变形由类土体颗粒间的点接触演变为面接触，随着变形量的累加，接触面积不断增大。已知水平方向等效颗粒个数为 m，竖直方向等效颗粒个数为 n，水平和竖直总位移分别为 u、v，则将类土体产生的正应变 ε_n 与剪应变 ε_t 分解到水平方向和竖直方向上，则有

$$\frac{\sqrt{3}}{2}\varepsilon_t+\frac{1}{2}\varepsilon_n=\frac{u}{d_1(n-1)} \tag{5.15}$$

$$\frac{1}{2}\varepsilon_t+\frac{\sqrt{13}}{2}\varepsilon_n=\frac{v}{d_1(m-1)} \tag{5.16}$$

整理得

$$\varepsilon_n=\frac{(\sqrt{3}-1)v}{2d_1(m-1)}+\frac{u}{d_1(n-1)} \tag{5.17}$$

$$\varepsilon_t=\frac{(\sqrt{3}-1)v}{2d_1(m-1)}+\frac{(2-\sqrt{3})u}{d_1(n-1)} \tag{5.18}$$

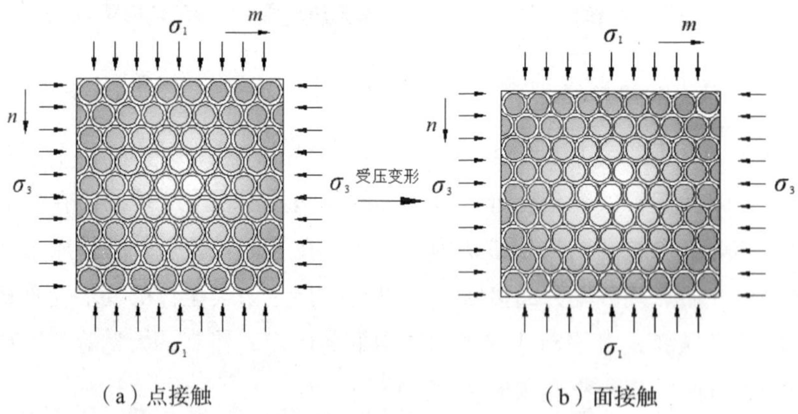

图 5.18　两向应力作用下类土体变形过程

如图 5.19 所示，为类土体等效颗粒包裹体接触面受力图，假定类土体等效颗粒的正应变为弹塑性压缩，则垂直于接触面方向的包裹体本构方程可表示为

$$\varepsilon_n=f(\sigma_n) \tag{5.19}$$

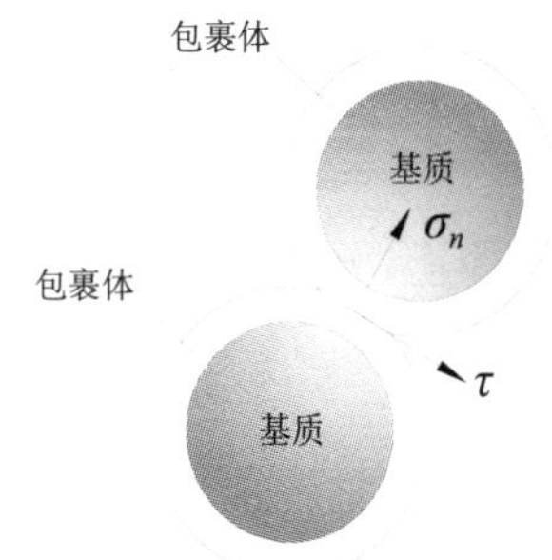

图 5.19　类土体等效颗粒包裹体接触面受力图

若包裹体在平行于接触面方向发生剪切变形，假定剪切破坏满足莫尔 - 库伦准则，则有

$$\tau = c+\sigma_n \tan\varphi \tag{5.20}$$

式中，c——类土体等效黏结力（kPa）；

φ——类土体等效内摩擦角（°）。

根据能量平衡原理，外力做功等于材料变形功。对于类土体，外力作用使等效颗粒发生正应变和剪应变，在应变增加的过程中，颗粒间的接触面积逐渐增大并消耗外力功。颗粒之间的接触面积越大，消耗外力功的能力越强，所以外力功不断储存为颗粒的变形势能。当应变增大到一定数值后，颗粒发生剪切破坏。对于平面问题，外力功计算式为

$$W=\iint_S (Xu+Yv)\,\mathrm{d}S \tag{5.21}$$

式中，X——类土体水平方向所受外力（kN）；

Y——类土体竖直方向所受外力（kN）；

S——外力作用面积（m^2）。

类土体弹塑性压缩功计算式为

$$E_n=\int_0^{\varepsilon_n} f(\sigma_n)A\,\mathrm{d}\varepsilon_n=\int_0^{\frac{(\sqrt{3}-1)v}{2d_1(m-1)}+\frac{u}{d_1(n-1)}} f(\sigma_n)A\,\mathrm{d}\varepsilon_n \tag{5.22}$$

由于等效颗粒包裹体厚度较小，类土体颗粒间的轴向应变可忽略不计。

类土体剪切变形功的计算式为

$$E_t=\int_0^{\varepsilon_t} \tau A\,\mathrm{d}\varepsilon_t=\int_0^{\frac{(\sqrt{3}-1)v}{2d_1(m-1)}+\frac{(2-\sqrt{3})u}{d_1(n-1)}} (\sigma_n\tan\varphi+c)A\,\mathrm{d}\varepsilon_t \tag{5.23}$$

式中，A——类土体接触面积（m^2）；其余变量物理意义同上。

若包裹体为理想塑性土，根据塑性土体具有相适应的流动法则，在剪切做功的同时，由于体积膨胀，正应力对应的功被土体吸收，因此 $\sigma_n\tan\varphi$ 项产生的功为体积膨胀功，黏结力 c 项产生的功为剪切滑动时的消耗功。

外力功 W 等于类土体弹塑性压缩功 E_n 与剪切变形功 E_t 之和，即

$$W = E_n + E_t \tag{5.24}$$

将式（5.21）至式（5.23）代入式（5.24），得

$$\iint_S (Xu + Yv)\mathrm{d}S = \int_0^{\frac{(\sqrt{3}-1)v}{2d_1(m-1)}+\frac{u}{d_1(n-1)}} f(\sigma_n)A\mathrm{d}\varepsilon_n + \int_0^{\frac{(\sqrt{3}-1)v}{2d_1(m-1)}+\frac{(2-\sqrt{3})u}{d_1(n-1)}} (\sigma_n\tan\varphi + c)A\mathrm{d}\varepsilon_t \tag{5.25}$$

式（5.25）建立了外力功与类土体变形之间的关系，也是类土体等效抗剪强度参数计算的隐式表达式。式（5.25）含有 c 与 φ 两个抗剪强度参数，求解时应对类土体试样施加两次外力功，记录试样水平、竖直方向位移，并分析应力、应变关系式（5.19），分别将各参数代入式（5.25）即可求出类土体等效抗剪强度参数。

第 6 章　土压力

6.1　土压力分类

土压力通常是指土体对挡土结构物产生的侧向压力，是作用于挡土结构物上的主要荷载。因此，在设计挡土结构物时，首先要确定土压力的大小、方向和作用点。土压力的计算是一个比较复杂的问题。根据挡土结构物的位移方向，土压力一般可分为静止土压力、主动土压力和被动土压力，如图 6.1 所示。

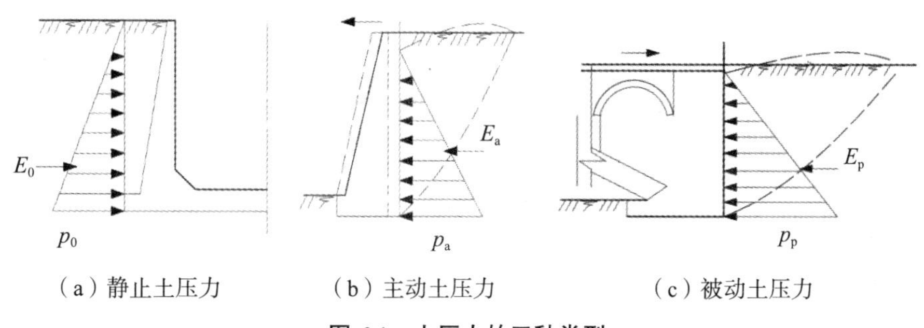

（a）静止土压力　（b）主动土压力　（c）被动土压力

图 6.1　土压力的三种类型

6.1.1　静止土压力

当挡土结构物静止不动，其后填土处于平衡状态时，作用在挡土结构物上的土压力称为静止土压力。作用在每延米挡土结构物上的静止土压力的合力用 E_0（kN/m）表示。静止土压力的强度用 p_0（kPa）表示，计算模型见图 6.2，计算公式为

$$p_0 = K_0 \sigma_{cz} = K_0 \gamma z \tag{6.1}$$

式中，K_0——静止土压力系数（也称侧压力系数）；

γ——填土的重度（kN/m^3）；

z——计算点在挡土结构物后填土中的深度（m）。

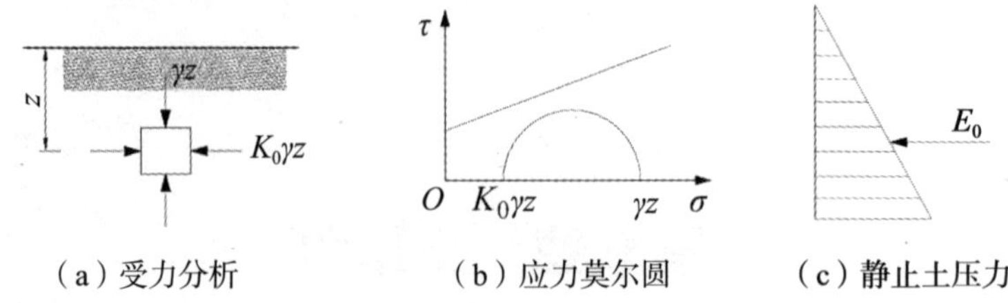

（a）受力分析　（b）应力莫尔圆　（c）静止土压力

图 6.2　静止土压力

土的静止土压力系数可以在三轴仪中测定，也可在专门的侧压力仪器中测得。在缺乏试验资料时可按下面经验公式估算

对砂土，有

$$K_0 = 1 - \sin \varphi' \tag{6.2}$$

对黏性土，有：

$$K_0 = 0.95 - \sin \varphi' \tag{6.3}$$

对超固结黏性土，有：

$$K_0 = \sqrt{\mathrm{OCR}}\left(1 - \sin \varphi'\right) \tag{6.4}$$

式中，φ'——土的有效内摩擦角（°）。

表 6.1 列出了不同土的静止土压力系数的参考值，图 6.3 给出了 K_0 与 I_p 及 OCR 的试验关系曲线。

表 6.1　不同土的静止土压力系数参考值

土名	K_0
砾石、卵石	0.20
砂性土	0.25 ～ 0.35
黏性土	0.45 ～ 0.55

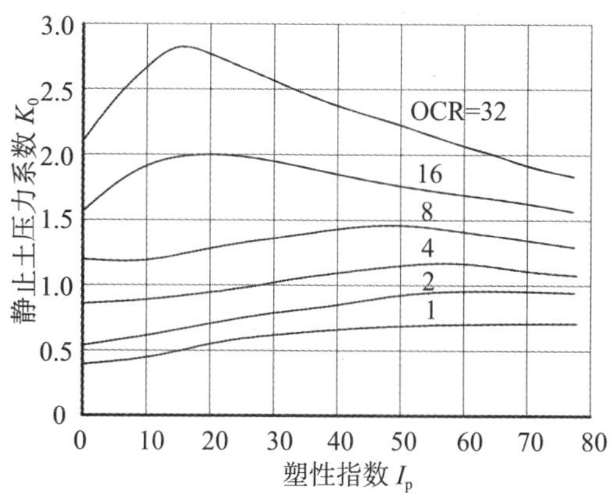

图 6.3　K_0 与 I_p 及 OCR 的关系

由式（6.1）可见，静止土压力 p_0 沿深度呈直线分布，如图 6.4（a）所示。作用在每延米挡土结构物上的静止土压力的合力 E_0 为

$$E_0 = \frac{1}{2} K_0 \gamma H^2 \tag{6.5}$$

式中，H——挡土结构物的高度（m）；其余变量物理意义同前。

若挡土结构物后填土中有地下水，计算静止土压力时，水下土应考虑水的浮力作用，对于透水性的土应采用浮重度 γ' 计算，同时考虑作用在挡土结构物上的静水压力，如图 6.4（b）所示。

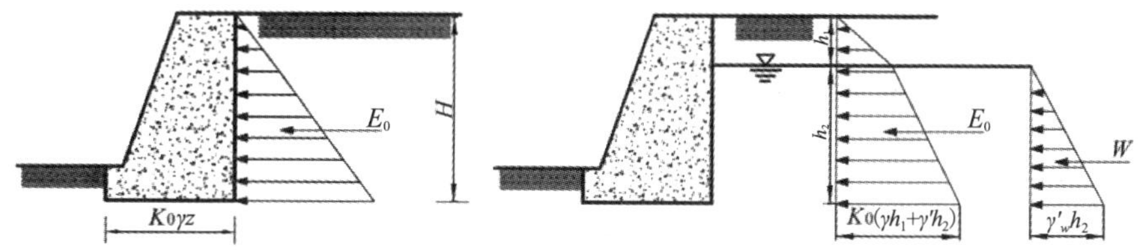

（a）静止土压力沿深度方向的分布　（b）考虑水的浮力作用时的静止土压力计算

图 6.4　静止土压力分布

【例题 6.1】计算作用在如图 6.5 所示挡土墙上的静止土压力分布值及其合力 E_0。

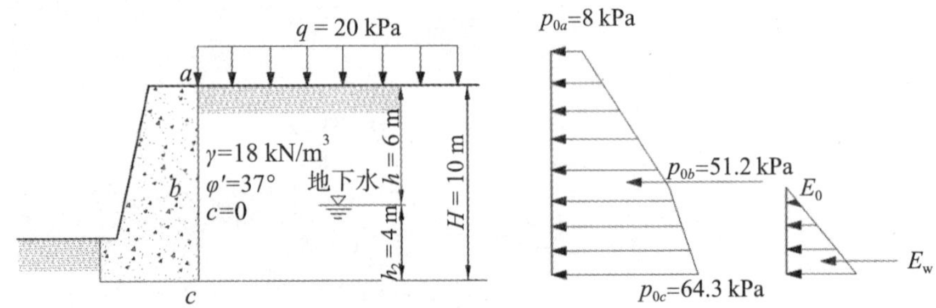

图 6.5　挡土墙的静止土压力及静水压力的分布

【解】对砂土，按式（6.2）计算静止土压力系数 K_0

$$K_0 = 1 - \sin\varphi' = 1 - \sin 37^\circ = 0.4$$

按式（6.1）计算土中各点静止土压力值

a 点: $p_{0a}=K_0q=0.4\times20=8$ kPa

b 点： $p_{0b} = K_0\left(q+\gamma h_1\right) = 0.4\times\left(20+18\times6\right) = 51.2$ kPa

c 点： $p_{0c} = K_0\left(q+\gamma h_1+\gamma' h_2\right) =$ $0.4\times[20+18\times6+(18-9.81)\times4]\approx64.3$ kPa

静止土压力的合力 E_0 为

$$E_0 = \frac{1}{2}(p_{0a}+p_{0b})h_1 + \frac{1}{2}(p_{0b}+p_{0c})h_2$$

$$= \frac{1}{2}(8+51.2)\times6 + \frac{1}{2}(51.2+64.3)\times4 = 408.6 \text{ kN/m}$$

E_0 的作用点位置与挡土墙底面的距离为

$$d = \frac{1}{E_0}\left[p_{0a}h_1\left(\frac{h_1}{2}+h_2\right) + \frac{1}{2}(p_{0b}-p_{0a})h_1\left(h_2+\frac{h_1}{3}\right) + p_{0b}\times\frac{h_2^2}{2} + \frac{1}{2}(p_{0c}-p_{0b})\frac{h_2^2}{3}\right]$$

$$= \frac{1}{408.6}\left[8\times6\left(\frac{6}{2}+4\right) + \frac{1}{2}\times43.2\times6\times\left(4+\frac{6}{3}\right) + 51.2\times\frac{4^2}{2} + \frac{1}{2}(64.3-51.2)\frac{4^2}{3}\right]$$

$$\approx 3.8 \text{ m}$$

作用在墙上的静水压力的合力为

$$E_w = \frac{1}{2}\gamma_w h_2^2 = \frac{1}{2}\times9.81\times4^2 \approx 78.5 \text{ kN/m}$$

挡土墙的静止土压力及静水压力的分布如图 6.5 所示。

6.1.2　主动土压力

若挡土结构物在其后填土压力的作用下，背离填土方向移动。这时，作用在挡土结构物上的土压力将由静止土压力逐渐减小。当挡土结构物后填土达到极限平衡，并出现连续滑动面使土体下滑时，土压力减至最小值，称为主动土压力。作用在每延米挡土结构物上的主动土压力的合力用 E_a（kN/m）表示，主动土压力的强度用 p_a（kPa）表示。

6.1.3　被动土压力

若挡土结构的在外力作用下，向其后填土方向移动，这时作用在挡土结构物上的土压力将由静止土压力逐渐增大，一直到土体达到极限平衡，并出现连续滑动面，挡土结构物后填土向上挤出隆起，这时土压力增至最大值，称为被动土压力。作用在每延米挡土结构物上的被动土压力的合力用 E_p（kN/m）表示，被动土压力的强度用 p_p（kPa）表示。

实际上，土压力是挡土结构物与填土相互作用的结果。大部分情况下，土压力均介于主动土压力和被动土压力之间。在影响土压力大小及其分布的诸因素中，挡土结构物的位移是关键因素，图 6.1 给出了土压力与挡土结构物位移间的关系，从图 6.1 中可以看出，挡土结构物产生被动土压力时所需的位移远大于产生主动土压力时所需的位移。

6.2　朗肯土压力理论

英国科学家朗肯于 1857 年研究了在自重应力作用下，半无限土体内各点的应力从弹性平衡状态发展为极限平衡状态的条件，提出了计算挡土墙土压力的理论，其分析方法如下。

假定图 6.6（a）和图 6.7（a）中的土体物是具有水平表面的半无限土体。当土体静止不动时，深度 z 处土单元体的应力为 $\sigma_v = \gamma z$，$\sigma_h = K_0 \gamma z$；可分别用图 6.6（b）和图 6.7（b）的圆①表示。若以某一刚性竖直光滑面 mn 代表挡土墙墙背，用以代替 mn 左侧的土体而不会影响右侧土体中的应力状态，则当 mn 面向外平移时，右侧土体中的水平应力 σ_h 将逐渐减小，而 σ_v 保持不变。因此，莫尔应力圆的直径逐渐加大。当侧向位移至 $m'n'$ 时，其量已足够大，以至莫尔应力圆与土体的抗剪强度包线相切，如图 6.6（b）中的圆②，表示土体达到主动极限平衡状态。这时，$m'n'$ 后面的土体中的剪应力达到土的抗剪强度［图 6.6（a）］，土体中的抗剪强度已全部发挥出来，使得作用在墙上的土压力 σ_h 达到最小值，即为主动土压力 p_a。以后，即使墙再继续移动，土压力也不会进一步减小。这时，竖向应力 $\sigma_v=\sigma_1$，水平应力 $\sigma_h=p_a=\sigma_3$。根据极限平衡条件公式，当达到极限平衡状态时，破裂面与水平面（最大主应力作用面）的夹角为 $45°+\dfrac{\varphi}{2}$。

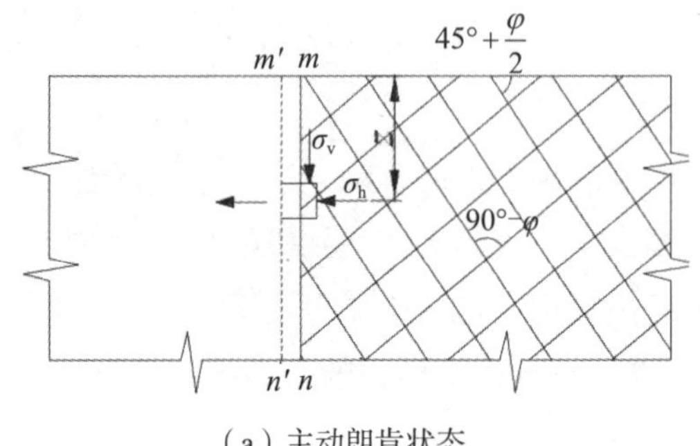

(a) 主动朗肯状态

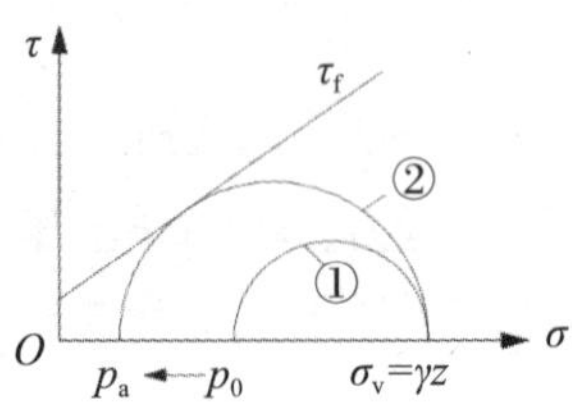

(b) 莫尔应力圆与朗肯状态关系

图 6.6　主动极限平衡状态

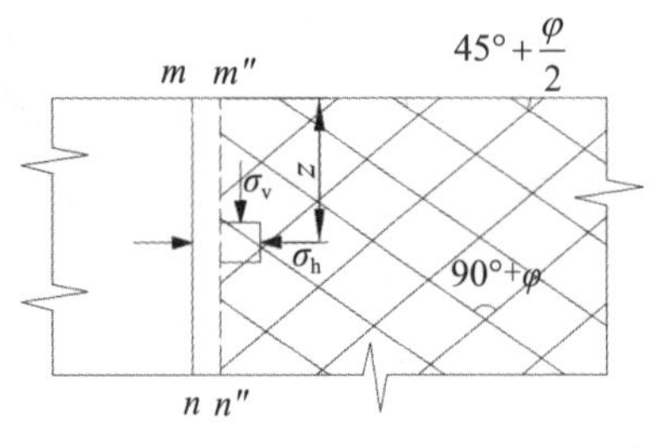

(a) 被动朗肯状态

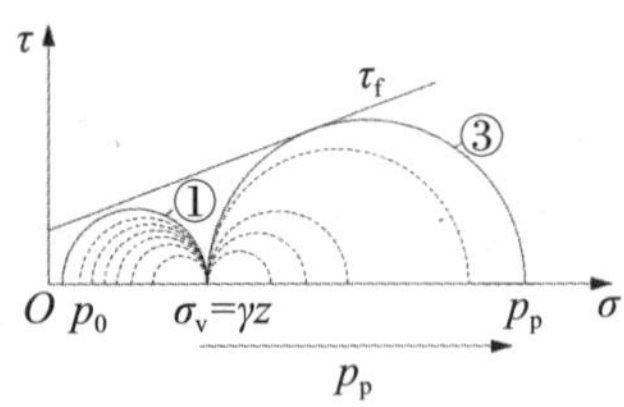

(b) 莫尔应力圆与朗肯状态关系

图 6.7　被动极限平衡状态

相反，若 mn 面在外力作用下向土体方向移动，挤压土体，σ_h 将逐渐增加，土体中的剪应力最初减小；后来逐渐反向增加，直至剪应力增加到土体的抗剪强度时，莫尔应力圆又与强度包线相切，达到被动极限平衡状态，如图 6.7（b）中的圆③所示。这时，作用在 $m''n''$ 面上的土压力达到最大值，即为被动土压力 p_p，土体中的抗剪强度已全部发挥出来，$m''n''$ 面再继续移动，土压力也不会进一步增大。这时，水平应力 $\sigma_h=p_a=\sigma_3$，竖向应力 $\sigma_v=\sigma_3$。根据极限平衡条件公式，当达到极限平衡状态时，破裂面与竖直面（最大主应力作用面）的夹角为 $45°+\dfrac{\varphi}{2}$，与水平面的夹角为 $45°-\dfrac{\varphi}{2}$。

假定挡土墙墙背直立、光滑，墙后土体表面水平且无限延伸，朗肯认为此时作用在挡土墙墙背上的土压力，就是墙后半无限土体达到极限平衡状态时的应力，这样就可以应用土体处于极限平衡状态时的最大主应力和最小主应力的关系式来计算作用于墙背上的土压力。

下面讨论符合朗肯理论边界条件的挡土墙两种土压力的计算方法。

6.2.1　主动土压力

根据前述分析可知，当墙后填土达到主动极限平衡状态时，作用于任意深度 z 处土单元体上的竖向应力 $\sigma_v = \gamma z$ 应是最大主应力 σ_1，而作用在墙背的水平向土压力 p_a 应是最小主应力 σ_3。因此，利用极限平衡条件下 σ_1 与 σ_3 的关系，即可直接求出主动土压力强度 p_a。

1. 无黏性土

已知土的抗剪强度为 $\tau_f = \sigma \tan\varphi$，根据极限平衡条件式

$$\sigma_3 = \sigma_1 \tan^2\left(45° - \frac{\varphi}{2}\right)$$

将 $\sigma_3 = p_a$ 及 $\sigma_1 = \gamma z$ 代入，可得

$$p_a = \gamma z \tan^2\left(45° - \frac{\varphi}{2}\right) = K_a \gamma z \tag{6.6}$$

式中，$K_a = \tan^2\left(45° - \frac{\varphi}{2}\right)$，称为朗肯主动土压力系数。

p_a 的作用方向垂直于墙背，沿墙高呈三角形分布。若墙高为 H，则作用于单位墙长度上的总土压力 E_a 为

$$E_a = K_a \frac{\gamma H^2}{2} \tag{6.7}$$

E_a 垂直于墙背，作用点在距墙底 $\frac{H}{3}$ 处，如图 6.8（a）所示。

当墙向远离填土方向偏移，达到主动极限平衡状态时，墙后填土发生破坏，形成如图 6.8（a）所示的滑动楔体，滑动面与最大主应力作用面（水平面）的夹角 $\alpha = 45° + \frac{\varphi}{2}$。在滑动楔体内，土体均达到极限平衡状态，两组破裂面之间的夹角为（$90° - \varphi$）。

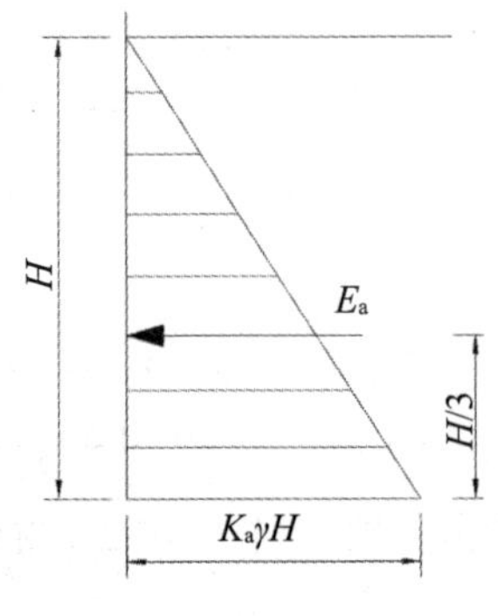

（a）主动土压力分布

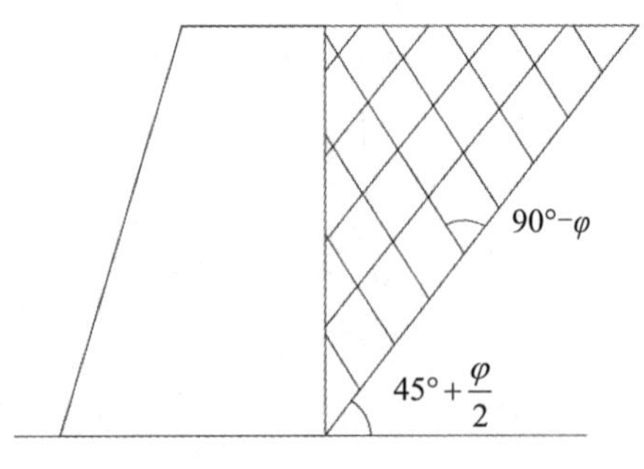

（b）墙后破裂面形状

图 6.8　无黏性土主动土压力

2. 黏性土

黏性土的抗剪强度 $\tau_f = c + \sigma \tan\varphi$，达到主动极限平衡状态时，$\sigma_1$ 与 σ_3 的关系应满足 $\sigma_3 = \sigma_1 \tan^2\left(45° - \dfrac{\varphi}{2}\right) - 2c\tan\left(45° - \dfrac{\varphi}{2}\right)$。将 $\sigma_3 = p_a$，$\sigma_1 = \gamma z$ 代入，得

$$p_a = \gamma z \tan^2\left(45° - \frac{\varphi}{2}\right) - 2c\tan\left(45° - \frac{\varphi}{2}\right) = K_a\gamma z - 2c\sqrt{K_a} \tag{6.8}$$

式（6.8）说明，黏性土的主动土压力由两部分组成：第一项为土重产生的土压力 $\gamma z K_a$，是正值，随深度呈三角形分布；第二项为黏结力 c 产生的抗力，表现为负的土压力，起减少土压力的作用，其值是常量，不随深度变化，见图 6.9（b）。两项叠加使得墙后土压力在深度 z_0 位置以上出现负值，即拉应力，但实际上墙和填土之间没有抗拉强度，故拉应力的存在会使填土与墙背脱开，出现深度为 z_0 的裂缝，如图 6.9（d）所示。因此，在深度 z_0 位置以上，可以认为土压力为零；在深度 z_0 位置以下，土压力强度按△ abc 分布，如图 6.9（c）所示。z_0 的值可根据式（6.8）中 p_a=0 的条件求出，即

$$K_a\gamma z_0 - 2c\sqrt{K_a} = 0 \tag{6.9}$$

$$z_0 = \frac{2c}{\gamma\sqrt{K_a}} \tag{6.10}$$

总主动土压力 E_a 应为△ abc 的面积，即

$$E_a = \frac{1}{2}K_a\gamma\left(H - z_0\right)^2 = \frac{1}{2}K_a\gamma H^2 - 2\sqrt{K_a}cH + \frac{2c}{\gamma} \tag{6.11}$$

E_a 作用点则位于墙底以上 $\frac{1}{3}(H-z_0)$ 处。

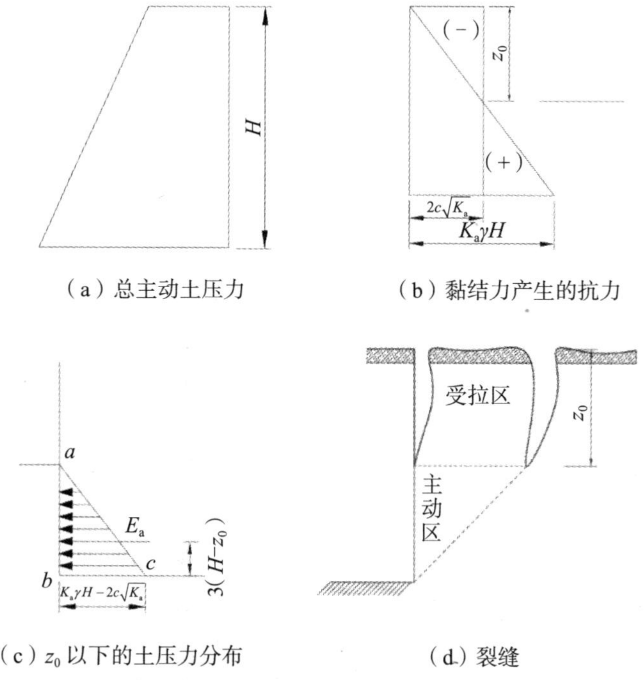

（a）总主动土压力　（b）黏结力产生的抗力

（c）z_0 以下的土压力分布　（d）裂缝

图 6.9　黏性土主动土压力分布

6.2.2　被动土压力

当墙推挤墙后填土，使墙后填土达到被动极限平衡状态时，水平土压力比竖向应力大，所以此时竖向应力 $\sigma_v=\gamma z$ 应为最小主应力 σ_3，作用在墙背的水平土压力 p_p 则为最大主应力 σ_1。

1. 无黏性土

根据极限平衡条件公式，$\sigma_1=\sigma_3\tan^2\left(45^\circ+\frac{\varphi}{2}\right)$。将 $p_p=\sigma_1$，$\gamma z=\sigma_3$ 代入，可得

$$p_p=\gamma z\tan^2\left(45^\circ+\frac{\varphi}{2}\right)=K_p\gamma z \tag{6.12}$$

式中，$K_p=\tan^2\left(45^\circ+\frac{\varphi}{2}\right)$，称为朗肯被动土压力系数。

p_p 沿墙高呈三角形分布，单位长度墙体上被动土压力合力 E_p 作用点的位

置与主动土压力相同，如图 6.10（a）所示，则有

$$E_p = \frac{1}{2} K_p \gamma H^2 \tag{6.13}$$

达到被动极限平衡状态时，墙后填土发生破坏，形成滑动楔体，如图 6.10（b）所示，滑动面与最小主应力作用面（水平面）之间的夹角 $\alpha = 45° - \frac{\varphi}{2}$，两组破裂面之间的夹角为（$90° + \varphi$）。

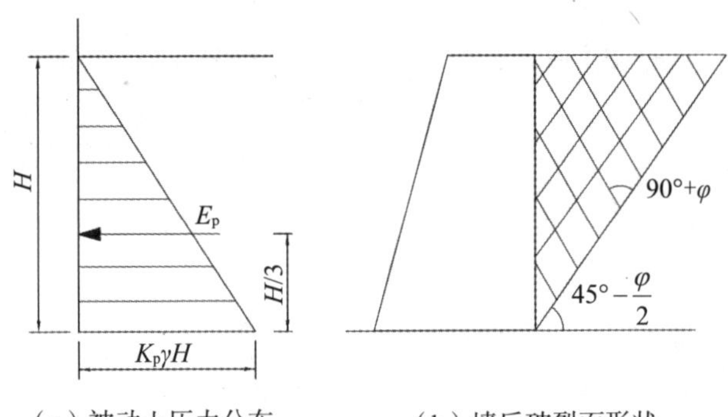

（a）被动土压力分布　　（b）墙后破裂面形状

图 6.10　无黏性土被动土压力

2. 黏性土

将 $p_p = \sigma_1$，$\gamma z = \sigma_3$ 代入 $\sigma_1 = \sigma_3 \tan^2\left(45° + \frac{\varphi}{2}\right) + 2c\tan\left(45° + \frac{\varphi}{2}\right)$，可得黏性土作用于挡土墙背上的被动土压力强度 p

$$p = \gamma z \tan^2\left(45° + \frac{\varphi}{2}\right) + 2c\tan\left(45° + \frac{\varphi}{2}\right) = K_p \gamma z + 2c\sqrt{K_p} \tag{6.14}$$

由式（6.14）可知，黏性土的被动土压力也由两部分组成，一部分为土的摩擦阻力，另一部分为土的黏聚阻力。叠加后，其压力强度 p 沿墙高呈梯形分布，如图 6.11（b）所示。总被动土压力为

$$E_p = \frac{1}{2} K_p \gamma H^2 + 2cH\sqrt{K_p} \tag{6.15}$$

E_p 的作用方向垂直于墙背，作用点位于梯形的形心（几何中心）上。

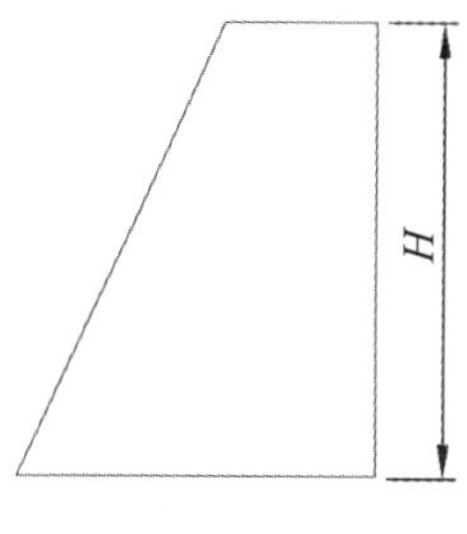

（a）总被动土压力

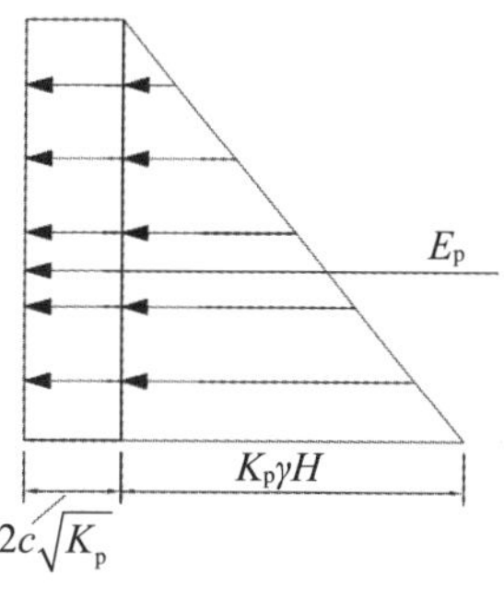

（b）被动土压力叠加

图 6.11　黏性土被动土压力分布

【例题 6.2】 某重力式挡土墙的墙高 H=5 m，墙背垂直光滑，墙后填土为无黏性土，填土性质指标如图 6.12 所示。试分别求出作用于墙上的静止、主动及被动土压力的大小及分布。

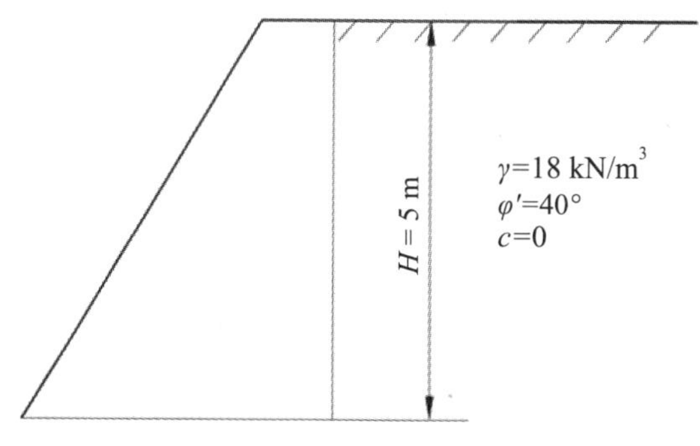

图 6.12　例题 6.2 图

【解】

（1）计算土压力系数

静止土压力系数：$K_0 = 1 - \sin\varphi' = 1 - \sin 40° = 0.357$

主动土压力系数：$K_a = \tan^2\left(45° - \dfrac{\varphi}{2}\right) = \tan^2(45° - 20°) \approx 0.217$

被动土压力系数：$K_p = \tan^2\left(45° + \dfrac{\varphi}{2}\right) = \tan^2(45° + 20°) \approx 4.6$

（2）计算墙底处土压力强度

静止土压力：$p_0 = K_0\gamma H = 0.357 \times 18 \times 5 \approx 32.1$ kPa

主动土压力：$p_a = K_a\gamma H = 0.217 \times 18 \times 5 \approx 19.5$ kPa

被动土压力：$p_p = K_p\gamma H = 4.6 \times 18 \times 5 = 414$ kPa

（3）计算单位墙长度上的总土压力

静止土压力：$E_0 = \frac{1}{2}\gamma H^2 K_0 = \frac{1}{2} \times 18 \times 5^2 \times 0.357 \approx 80.3$ kN/m

主动土压力：$E_a = \frac{1}{2}\gamma H^2 K_a = \frac{1}{2} \times 18 \times 5^2 \times 0.217 \approx 48.8$ kN/m

被动土压力：$E_p = \frac{1}{2}\gamma H^2 K_p = \frac{1}{2} \times 18 \times 5^2 \times 4.6 = 1035$ kN/m

三者比较可以看出 $E_p > E_0 > E_a$。

土压力强度分布如图 6.13 所示，总土压力作用点均在距墙底 $\frac{H}{3} = \frac{5}{3} \approx 1.67$（m）处。

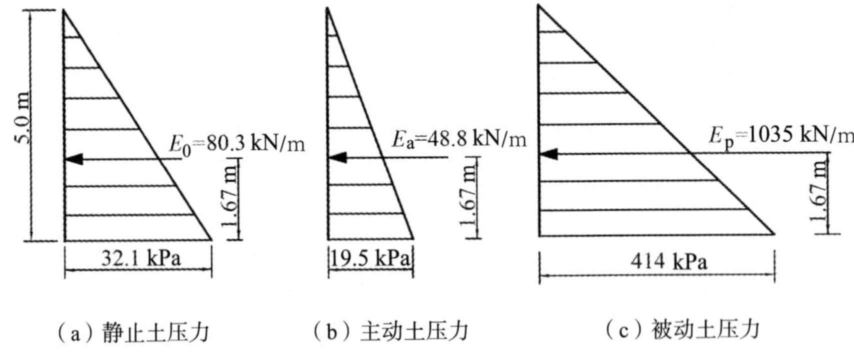

（a）静止土压力　　（b）主动土压力　　（c）被动土压力

图 6.13　例题 6.2 的土压力强度分布

6.2.3　几种特殊情况土压力计算

1. 填土表面有均布荷载时的朗肯土压力计算

挡土墙后填土表面上有连续均布荷载 q 作用时，作用于挡土墙上的主动土压力计算如图 6.14 所示，计算时相当于作用在深度 z 处的竖向应力增加 q 值。因此，只要将式（6.8）中的 γz 用（$q + \gamma z$）替换，就可得到填土表面有超载时的主动土压力强度计算公式：

$$p_a = (\gamma z + q)K_a - 2c\sqrt{K_a} \tag{6.16}$$

若填土面上有局部荷载作用时，作用于挡土墙上的主动土压力计算如图 6.15 所示。计算时，从荷载的两点 O 与 O' 作两条辅助线 OC 和 $O'D$，它们都与水平面成 $\left(45° + \frac{\varphi}{2}\right)$ 角，认为 C 点以上和 D 点以下的土压力不受地面荷载的影响，C 与 D 之间的土压力按均布荷载计算，墙面 AB 上的土压力如图 6.15 中阴影部分所示。

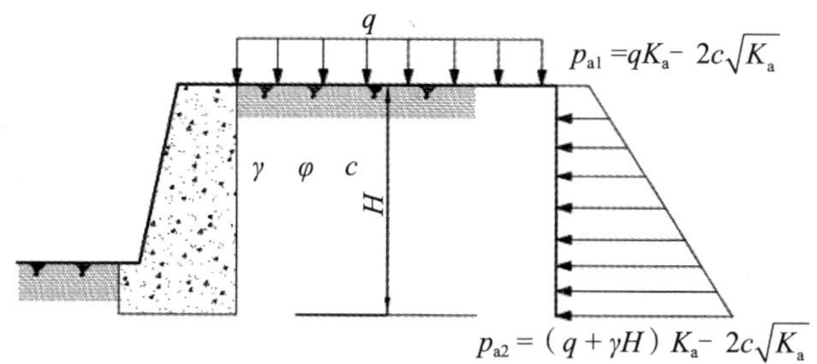

图 6.14　填土表面有连续均布荷载时的主动土压力计算

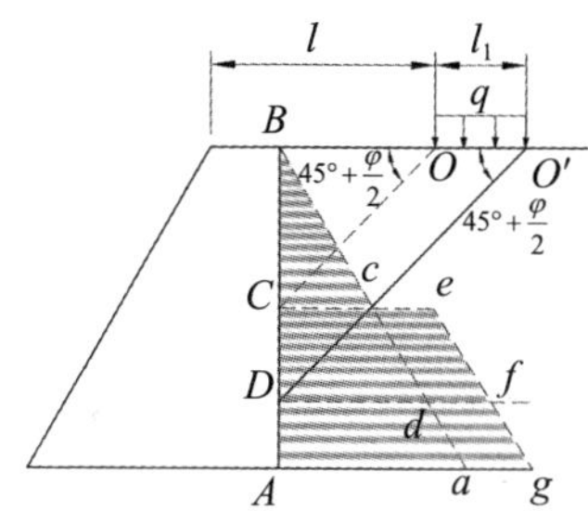

图 6.15　填土表面有局部荷载作用时的主动土压力计算

2. 成层土中的朗肯土压力计算

如图 6.16 所示，挡土墙后填土为成层土，仍可按式（6.8）计算主动土压力。但应注意在土层分界面上，由于两层土的抗剪强度指标不同，土压力的分布可能有突变。其计算方法如下：

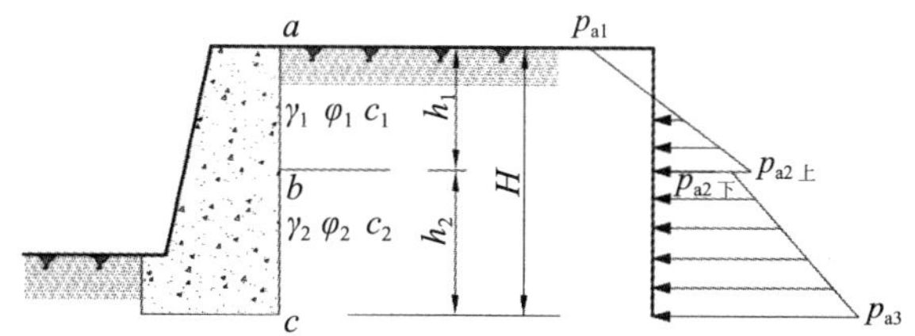

图 6.16　成层土的主动土压力计算

a 点：$p_{a1}=-2c_1\sqrt{K_{a1}}$　　（6.17）

b 点上（在第一层土中）：$P_{a2上}=\gamma_1 h_1 K_{a1}-2c_1\sqrt{K_{a1}}$　　（6.18）

b 点下（在第二层土中）：$P_{a2下}=\gamma_1 h_1 K_{a2}-2c_2\sqrt{K_{a2}}$　　（6.19）

c 点：$P_{a3}=\left(\gamma_1 h_1+\gamma_2 h_2\right)K_{a2}-2c_2\sqrt{K_{a2}}$　　（6.20）

式中，$K_{a1}=\tan^2\left(45°-\dfrac{\varphi_1}{2}\right)$，$K_{a2}=\tan^2\left(45°-\dfrac{\varphi_2}{2}\right)$，其余符号意义见图6.16。

【例题 6.3】 用朗肯土压力公式计算如图 6.17 所示的挡土墙上的主动土压力的分布及合力。已知填土为砂土，填土面上作用有均布荷载 q=20 kPa。

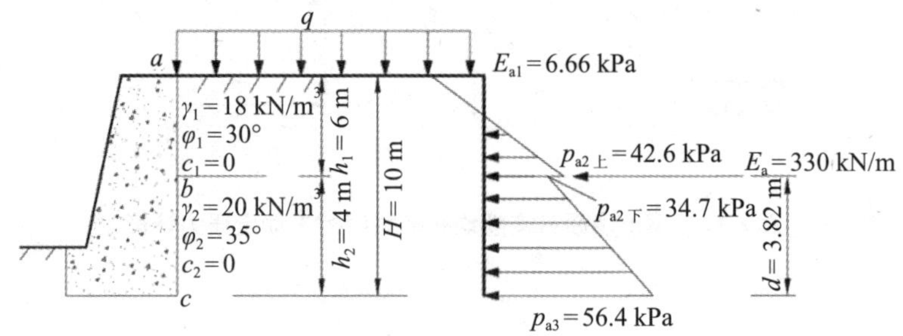

图 6.17 例题 6.3 图

【解】已知 c_1=0，$\varphi_1=30°$，c_2=0，$\varphi_2=35°$，则 $K_{a1}=0.333$，$K_{a2}=0.271$，按式（6.16）计算墙上各点的主动土压力为

a 点：

$$p_{a1}=qK_{a1}=20\times0.333=6.66\ \text{kPa}$$

b 点上（在第 1 层土中）：

$$p_{a2上}=(\gamma_1h_1+q)K_{a1}=(18\times6+20)\times0.333\approx42.6\ \text{kPa}$$

b 点下（在第 2 层土中）：

$$p_{a2下}=(\gamma_1h_1+q)K_{a2}=(18\times6+20)\times0.271\approx34.7\ \text{kPa}$$

c 点：

$$p_{a3}=(\gamma_1h_1+\gamma_2h_2+q)K_{a2}=(18\times6+20\times4+20)\times0.271\approx56.4\ \text{kPa}$$

将计算结果绘成主动土压力分布图，如图 6.17 所示。由分布图面积可求得主动土压力的合力 E_a 及其作用点位置。

$$E_a=(6.66\times6+\frac{1}{2}\times35.93\times6)+(34.7\times4+\frac{1}{2}\times21.7\times4)\approx330\ \text{kN/m}$$

E_a 作用点距墙脚为

$$d=\frac{1}{330}\times\left(40\times7+107.8\times6+138.8\times2+43.4\times\frac{4}{3}\right)\approx3.82\ \text{m}$$

3. 墙后填土中有地下水时的朗肯土压力计算

墙后填土常会部分或全部处于地下水位以下，作用在墙体的除了土压力外，还受到水压力的作用。在计算墙体受到的总的侧向压力时，对地下水位以上部分的土压力计算同前，对地下水位以下部分的水、土压力，一般采用“水土分算”和“水土合算”两种方法。对于砂土和粉土，可按水土分算原则进行，即分别计算土压力和水压力，然后两者叠加，对于黏性土可根据现场情况和工程经验，按水土分算或水土合算进行。

（1）水土分算法

水土分算法采用有效重度 γ' 计算土压力，按静水压力计算水压力，然后将两者叠加即可得作用在墙体上的总的侧压力

$$p_{\mathrm{a}} = \gamma' H K_{\mathrm{a}}' + 2c'\sqrt{K_{\mathrm{a}}} + \gamma_{\mathrm{w}} h_{\mathrm{w}} \tag{6.21}$$

式中，γ'——土的有效重度（kN/m^3）；

K_{a}'——按有效应力强度指标计算的主动土压力系数，$K_{\mathrm{a}}' = \tan^2\left(45° - \dfrac{\varphi'}{2}\right)$；

c'——有效黏结力（kPa）；

φ'——有效内摩擦角（°）；

γ_{w}——水的重度（kN/m^3）；

h_{w}——以墙底起算的地下水位高度（m）。

为了便于实际应用，在不能获取有效强度指标 c' 与 φ' 时，式（6.21）中的有效强度指标 c' 与 φ' 常用三轴固结排水实验（CD 试验）强度指标近似代替。

（2）水土合算法

对地下水位以下的黏性土，也可用土的饱和重度 γ_{sat} 计算总的水土压力，即

$$p_{\mathrm{a}} = \gamma_{\mathrm{sat}} H K_{\mathrm{a}} - 2c\sqrt{K_{\mathrm{a}}} \tag{6.22}$$

式中，γ_{sat}——土的饱和重度（kN/m^3），地下水位以下可近似采用天然重度；

K_{a}——按总应力强度指标计算的主动土压力系数，$K_{\mathrm{a}} = \tan^2\left(45° - \dfrac{\varphi}{2}\right)$；

其他符号意义同前。

【例题6.4】 用水土分算法计算如图 6.18(a) 所示的挡土墙上的主动土压力及水力的分布及合力。已知填土为砂土，土的物理力学性质指标见图 6.18(a)。

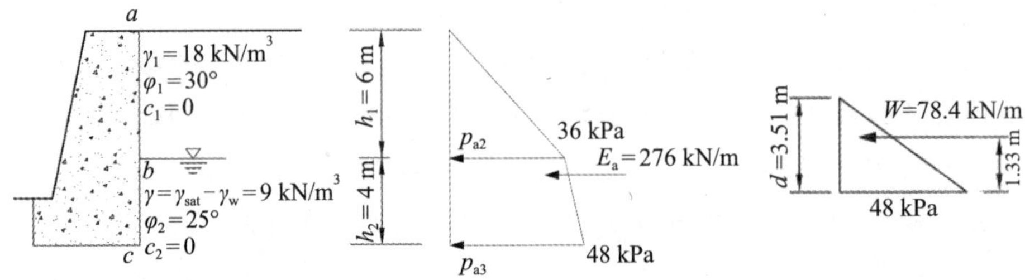

（a）土的物理力学性质指标　　（b）主动土压力分布　（c）作用在墙上的水压力合力

图 6.18　例题 6.4 图

【解】$K_a=\tan^2\left(45°-\frac{\varphi}{2}\right)=\tan^2\left(45°-\frac{30°}{2}\right)\approx 0.333$

按式（6.8）计算墙上各点的主动土压力。

a 点：

$$p_{a1}=\gamma_1 z K_a=0$$

b 点：

$$p_{a2}=\gamma_1 h_1 K_a=18\times 6\times 0.333\approx 36.0\ \text{kPa}$$

由于水下土的抗剪强度指标与水上土相同，故在 b 点的主动土压力无突变现象。

c 点：

$$p_{a3}=(\gamma_1 h_1+\gamma' h_2)K_a=(18\times 6+9\times 4)\times 0.333\approx 48.0\ \text{kPa}$$

绘出主动土压力分布图如图 6.18（b）所示，并可求得其合力 E_a 为

$$E_a=\frac{1}{2}\times 36\times 6+36\times 4+\frac{1}{2}\times(48-36)\times 4=108+144+24=276\ \text{kN/m}$$

合力 E_a 作用点到墙角的距离为

$$d=\frac{1}{276}(108\times 6+144\times 2+24\times\frac{4}{3})\approx 3.51\ \text{m}$$

c 点水压力

$$w=\gamma_w h_2=9.81\times 4\approx 39.2\ \text{kPa}$$

作用在墙上的水压力合力如图 6.18（c）所示，其合力 W 为

$$W=\frac{1}{2}\times 39.2\times 4=78.4\ \text{kN/m}$$

W 作用点距墙角：$\frac{h_2}{3}=\frac{4}{3}\approx 1.33$ m。

6.3　库仑土压力理论

上述朗肯土压力理论是根据半空间的应力状态和土单元体的极限平衡条件而得出的土压力古典理论之一，工程应用灵活性差。另一种土压力古典理论就是库仑土压力理论，它是以整个滑动土体上力系的平衡条件（刚体平衡）来求解主动、被动土压力计算的理论公式。

如果挡土墙墙后的填土是干的无黏性土，或者挡土墙墙后的储存料是干的粒料，当墙体突然移去时，干土或粒料将沿一个平面滑动，如图 6.19 中的 *AC* 面，*AC* 面与水平面的倾角等于粒料的内摩擦角 φ。若墙体仅向前发生一段微小的位移，在墙背面 *AB* 与 *AC* 面之间将产生一个接近平面的滑动面 *AD*。只要确定出该滑动破坏面的形状和位置，就可以根据向下滑动土楔体 *ABD* 的静力平衡条件得出填土作用在墙上的主动土压力。相反，若墙体向填土推压，在 *AC* 面与水平面之间产生另一个近似平面的滑动面 *AE*。根据向上滑动土楔体 *ABE* 的静力平衡条件可以得出填土作用在墙上的被动土压力。

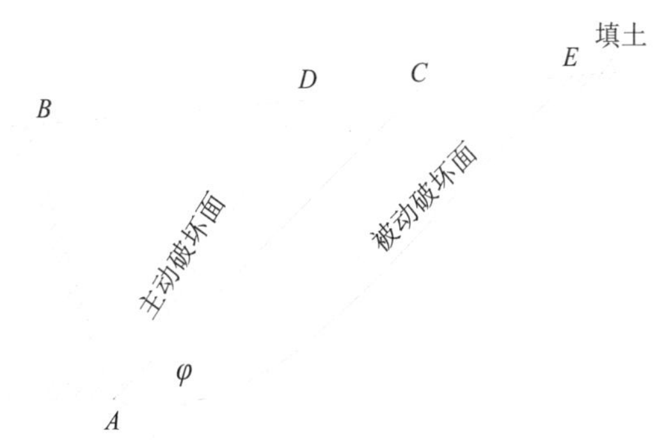

图 6.19　墙后填料中的破坏面

库仑土压力理论是根据墙后填土处于极限平衡状态并形成一个滑动楔体时，从楔体的静力平衡条件得出的土压力计算理论。其基本假设：墙后的填土是理想的散粒体（黏结力 c=0）；滑动破坏面为一个平面；滑动土楔体为刚体。

6.3.1　主动土压力

一般挡土墙的计算均属于平面应变问题，故在下述讨论中均沿墙的长度方向取 1 m 进行分析，如图 6.20（a）所示。当墙向前移动或转动而使墙后填土沿某一破坏面 *BC* 破坏时，土楔体 *ABC* 向下滑动而处于主动极限平衡状态。此时，作用于土楔体 *ABC* 的力包括：

①土楔体自重 $G = V_{\Delta ABC} \cdot \gamma$，$\gamma$ 为填土的重度，只要破坏面 BC 的位置确定，G 的大小就是已知值，其方向向下。

②填土作用在破坏面上的反力 R，其大小是未知的，R 与破坏面 BC 的法线 N_1 之间的夹角等于填土的内摩擦角 φ 并位于 N_1 的下侧。

③墙背对土楔体的反力 E，与它大小相等、方向相反的作用力就是作用在墙背上的土压力。

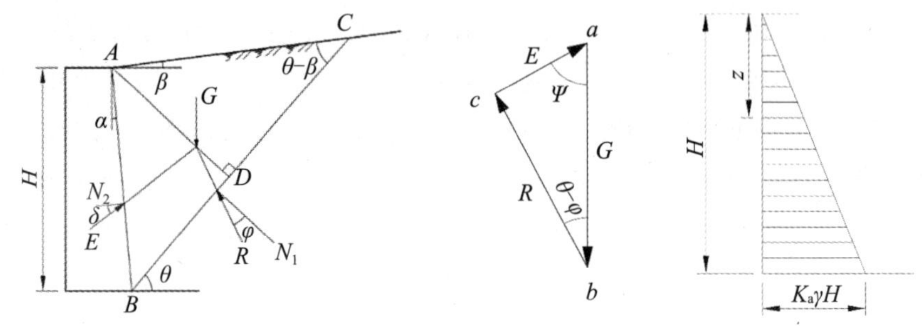

（a）土楔体上的作用力　（b）力的矢量三角形　（c）被动土压力分布

图 6.20　按库仑土压力理论求主动土压力

反力 E 的方向必与墙背的法线成 δ 角，δ 角为墙背与填土之间的摩擦角，称为外摩擦角。当土楔体下滑时，墙对土楔体的阻力是向上的，所以 N_2E 也位于 N_2 的下侧。

土楔体在以上三力的作用下处于静力平衡状态，所以以上三力构成一闭合的矢量三角形，如图 6.20（b）所示，按正弦定律可得

$$E = \frac{G\sin(\theta - \varphi)}{\sin(\theta - \varphi + \psi)} \tag{6.23}$$

式中，$\psi = 90° - \alpha - \delta$，其余符号如图 6.20 所示。

由图 6.20（a）可知

$$G = \gamma V_{\triangle ABC} = \frac{\gamma \overline{BC} \cdot \overline{AD}}{2} \tag{6.24}$$

在△ ABC 中，利用正弦定律可得

$$\overline{BC} = \frac{\overline{AB}\sin(90^{\circ} - \alpha + \beta)}{\sin(\theta - \beta)} \tag{6.25}$$

因为 $\overline{AB} = \dfrac{H}{\cos\alpha}$，所以

$$\overline{BC}=\frac{H\cos(\alpha-\beta)}{\cos\alpha\sin(\theta-\beta)} \tag{6.26}$$

再过 A 点画 BC 线的垂线 AD，在 Rt△ABD 中

$$\overline{AD}=\overline{AB}\cos(\theta-\alpha)=\frac{H\cos(\theta-\alpha)}{\cos\alpha} \tag{6.27}$$

将式（6.26）和式（6.27）代入式（6.24），得

$$G=\frac{\gamma H^2}{2}\frac{\cos(\alpha-\beta)\cos(\theta-\alpha)}{\cos^2\alpha\sin(\theta-\alpha)} \tag{6.28}$$

将式（6.28）代入式（6.23），得 E 的表达式为

$$E=\frac{1}{2}\gamma H^2\frac{\cos(\alpha-\beta)\cos(\theta-\alpha)\sin(\theta-\varphi)}{\cos^2\alpha\sin(\theta-\beta)\sin(\theta-\varphi+\psi)} \tag{6.29}$$

在式（6.29）中，γ，H，α，β 和 φ，δ 都是已知的，滑动面 BC 与水平面的倾角 θ 则是任意假定的。因此，假定不同的滑动面可以得出一系列相应的土压力 E 值，也就是说 E 是 θ 的函数。E 的最大值 E_{max} 即墙背的主动土压力，其所对应的滑动面是土楔最危险的滑动面。为求主动土压力，可用微分学中求极值的方法求 E 的最大值，令 $dE/d\theta=0$，从而解得使 E 为极大值时填土的破坏角 θ_{cr}，这才是出现主动极限平衡状态时滑动面的倾角。将 θ_{cr} 代入式（6.29），整理后可得库仑主动土压力的一般表达式

$$E_a=\frac{1}{2}\gamma H^2\frac{\cos(\varphi-\alpha)}{\cos^2\alpha\cdot\cos(\alpha+\delta)\left[1+\sqrt{\dfrac{\sin(\varphi+\delta)\sin(\varphi-\beta)}{\cos(\alpha+\delta)\cos(\alpha-\beta)}}\right]^2} \tag{6.30}$$

或

$$E_a=\gamma H^2K_a/2 \tag{6.31}$$

式中，K_a——库仑主动土压力系数，是式（6.30）的后面部分；

H——挡土墙的高度（m）；

γ——墙后填土的重度（kN/m^3）；

φ——墙后填土的内摩擦角（°）；

α——墙背的倾斜角（°），倾斜时取正号（图 6.20），仰斜为负号；

β——墙后填土的倾角（°）；

δ——土对挡土墙面的外摩擦角（界面摩擦角），查表确定。

当墙背垂直（$\alpha = 0$）、光滑（$\delta = 0$），填土面水平时，式（6.30）可写为

$$E_{\mathrm{a}} = \frac{1}{2}\gamma H^2 \tan^2\left(45° - \frac{\varphi}{2}\right) \tag{6.32}$$

可见，在上述条件下，库仑公式和朗肯公式相同。

由式（6.31）可知，主动土压力强度沿墙高的平方成正比，为求得离墙顶为任意深度 z 处的主动土压力强度 p_{a}，可将 E_{a} 对 z 取导数而得，即

$$p_{\mathrm{a}} = \frac{\mathrm{d}E_a}{\mathrm{d}z} = \frac{\mathrm{d}}{\mathrm{d}z}\left(\frac{1}{2}\gamma z^2 K_{\mathrm{a}}\right) = \gamma z K_{\mathrm{a}} \tag{6.33}$$

由式（6.33）可见，主动土压力强度沿墙高呈三角形分布，如图 6.20（c）所示。主动土压力的作用点在离墙底 $H/3$ 处，方向与墙背法线的夹角为 δ。必须注意，在图 6.20（c）中的土压力分布图只表示土压力的大小，而不代表其作用方向。

【例题 6.5】 挡土墙高 4 m，墙背倾斜角 α=10°（俯斜），填土坡角 β=30°，填土重度 $\gamma = 18$ kN/m^3，$\varphi = 30°$，c=0，填土与墙背的摩擦角 $\delta = 2\varphi/3 = 20°$，如图 6.21 所示。试按库仑土压力理论求主动土压力 E_{a} 及其作用点。

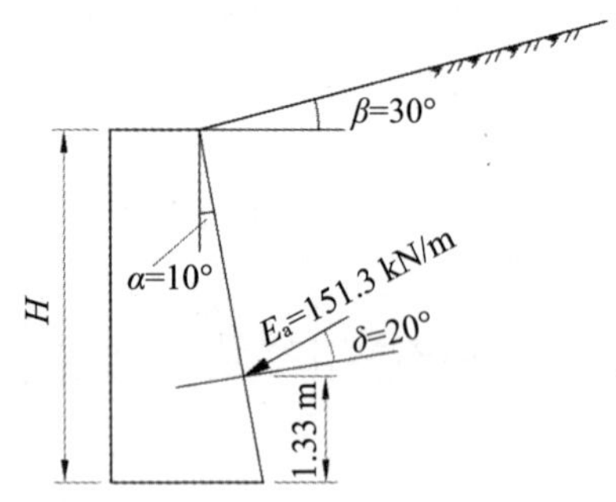

图 6.21　例题 6.5 图

【解】 根据 $\delta = 20°$、α=10°、β=30°、$\varphi = 30°$，由式（6.30）得库仑主动土压力系数 $K_{\mathrm{a}} = 1.051$，由式（6.31）计算主动土压力

$$E_{\mathrm{a}} = \gamma H^2 K_{\mathrm{a}} / 2 = 18 \times 4^2 \times 1.051 / 2 \approx 151.3 \text{ kN/m}$$

土压力作用点在离墙底 $H/3 = 4/3 = 1.33$ m 处。

6.3.2　被动土压力

当墙受外力作用推向填土，直至填土沿某一破坏面 BC 发生破坏时，土楔体 ABC 向上滑动，并处于被动极限平衡状态，如图 6.22（a）所示。此时，土楔体 ABC 在其自重 G 和反力 R 及 E 的作用下平衡，如图 6.22（b）所示，R 和 E 的方向都分别在面 BC 和面 AB 的法线上方。按上述求主动土压力的方法可求得被动土压力的库仑公式为

$$E_{\mathrm{p}}=\frac{1}{2}\gamma H^{2}\frac{\cos^{2}(\varphi+\alpha)}{\cos^{2}\alpha\cdot\cos(\alpha-\delta)\left[1-\sqrt{\frac{\sin(\varphi+\delta)\sin(\varphi+\beta)}{\cos(\alpha-\delta)\cos(\alpha-\beta)}}\right]^{2}} \tag{6.34}$$

或

$$E_{\mathrm{p}}=\frac{\gamma H^{2}K_{\mathrm{p}}}{2} \tag{6.35}$$

式中，K_{p}——库仑被动土压力系数，是式（6.34）的后面部分；

δ——土对挡土墙背或桥台背的外摩擦角（°），查表确定，其余符号同前。

如果墙背直立（$\alpha=0$）、光滑（$\delta=0$）以及墙后填土水平（$\beta=0$），则式（6.34）变为

$$E_{\mathrm{p}}=\frac{1}{2}\gamma H^{2}\tan^{2}\left(45°+\frac{\varphi}{2}\right) \tag{6.36}$$

可见，在上述条件下，库仑被动土压力公式也与朗肯被动土压力公式相同。

被动土压力强度 p_{p} 可按式（6.37）计算：

$$p_{\mathrm{p}}=\frac{\mathrm{d}E_{\mathrm{p}}}{\mathrm{d}z}=\frac{\mathrm{d}}{\mathrm{d}z}\left(\frac{1}{2}\gamma z^{2}K_{\mathrm{p}}\right)=\gamma zK_{\mathrm{p}} \tag{6.37}$$

被动土压力强度沿墙高也呈三角形分布，如图 6.22（c）所示，土压力的作用点在距离墙底 $H/3$ 处，方向与墙背法线的夹角为 δ。必须注意，在图 6.22（c）中的土压力分布图只表示土压力的大小，而不代表其作用方向。

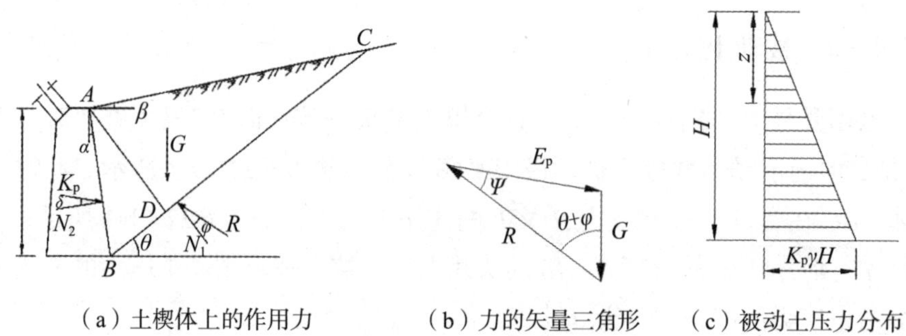

（a）土楔体上的作用力　（b）力的矢量三角形　（c）被动土压力分布

图 6.22　按库仑理论求被动土压力

1. 填土为黏性土时的土压力计算

库仑土压力理论假设墙后填土是理想的散体，也就是填土只有内摩擦角 φ 而没有黏结力 c，因此，从理论上说只适用于无黏性土。但在实际工程中常不得不采用黏性土作为填土。为了考虑土的黏结力 c 对土压力数值的影响，在应用库仑公式时，曾有人将内摩擦角 φ 增大，采用所谓“等值内摩擦角 φ_D”的方法来综合考虑黏结力对土压力的效应，但误差较大。在这种情况下，可用以下方法确定黏性土的主动土压力。

（1）图解法

如果挡土墙的位移很大，就可以使黏性土的抗剪强度全部发挥出来，在填土顶面 z_0 深度处将出现张拉裂缝，引用朗肯土压力理论的临界深度 $z_0=\dfrac{2c}{\gamma\sqrt{K_a}}$（$K_a$ 为朗肯主动土压力）。

先假设一滑动面 BD，如图 6.23（a）所示，作用于滑动土楔体 $A'BD'$ 上的力有：

①土楔体自重 G（kN）。

②填土作用于滑动面 BD' 的反力 R，与面 BD' 的法线成 φ 角。

③ BD' 面上的总黏结力 $C_{BD'}=c\cdot\overline{BD'}$，$c$ 为填土的黏结力（kPa）。

④墙背与接触面 $A'B$ 的总黏结力 $C_{A'B}=c_a\cdot\overline{A'B}$，$c_a$ 为墙背与填土之间的黏结力（kPa）。

⑤墙背对土的反力 E，与墙背法线方向成 δ 角。

在上述各力中，G，$C_{BD'}$，$C_{A'B}$ 的大小和方向均已知，R 和 E 的方向已知，但大小未知，考虑到力系的平衡，由力的矢量多边形可以确定 E 的数值，如图

6.23（b）所示，假定若干滑动面按以上方法试算，其中最大值即为主动土压力 E_a。

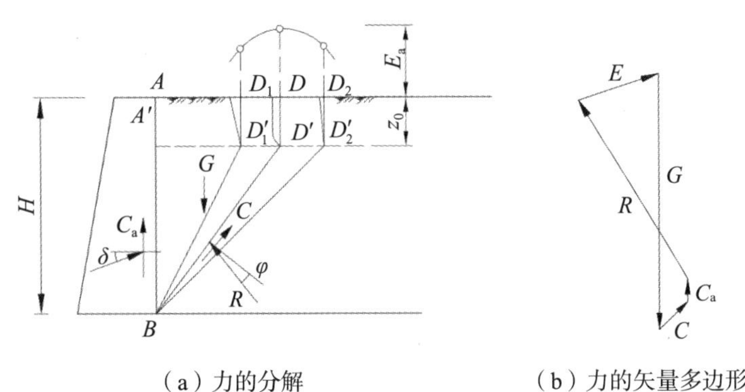

（a）力的分解　　（b）力的矢量多边形

图 6.23　黏性填土的图解法

（2）规范法

《建筑地基基础设计规范》（GB 50007—2011）推荐的主动土压力计算公式也适用于黏性土和粉土，按土体达到极限平衡状态的条件推导，得出如下公式：

$$E_a = \frac{1}{2}\psi_a \gamma h^2 k_a \tag{6.38}$$

式中，E_a——主动土压力（kN/m）；

ψ_a——主动土压力增大系数，土坡高度小于 5 m 时宜取 1.0，高度为 5 ～ 8 m 时宜取 1.2；

γ——填土重度（kN/m^3）；

h——当土墙高度（m）；

k_a——主动土压力系数，按式（6.39）至式（6.41）确定：

$$k_a = \frac{\sin(\alpha'+\beta)}{\sin^2\alpha'\sin^2(\alpha'+\beta-\varphi-\delta)}\left\{k_q\left[\sin(\alpha'+\beta)\sin(\alpha'-\delta)+\sin(\varphi+\delta)\sin(\varphi-\beta)\right]+2\eta\sin\alpha\cos\varphi\cos(\alpha'+\beta-\varphi-\delta)-2\left[\left(k_q\sin(\alpha'+\beta)\sin(\varphi-\delta)+\eta\sin\alpha'\cos\varphi\right)\cdot\left(k_q\sin(\alpha'-\delta)\sin(\varphi+\delta)+\eta\sin\alpha'\cos\varphi\right)\right]^{\frac{1}{2}}\right\} \tag{6.39}$$

$$k_q = 1 + \frac{2q\sin\alpha'\cos\beta}{\gamma h\sin(\alpha' + \beta)} \tag{6.40}$$

$$\eta = \frac{2c}{\gamma h} \tag{6.41}$$

式中，q——地表均布荷载，即以单位水平投影面上的荷载强度设计（kPa）；

φ、c——填土的内摩擦角（°）和黏结力（kPa）；

α'，β，δ——计算简图如图 6.24 所示。

关于边坡挡墙上的土压力计算，目前国际上仍采用楔体试算法。根据大量试算与实际观测结果的对比，对于高大挡墙来说，采用古典土压力理论计算的结果偏小，土压力强度的分布也有较大的偏差，如图 6.25 所示。通常，高大挡土墙也不允许出现达到极限状态时的位移值，所以在主动土压力计算式中计入增大系数 ψ_c，见式（6.38）。

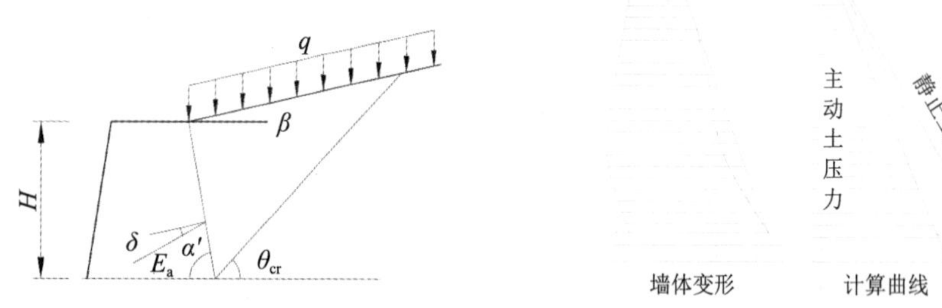

图 6.24　计算简图

图 6.25　墙体变形与土压力

2. 有车辆荷载时的土压力

在进行桥台或路堤挡土墙设计时，应考虑车辆荷载引起的侧土压力，按照库仑土压力理论，先将桥台台背或挡墙墙背填土的破坏棱体（滑动土楔体）范围内的车辆荷载，用一个均布荷载（或换算为等代均布土层）来代替，见《公路桥涵设计通用规范》（JTG D60—2015）。如图 6.26 所示，当填土面水平（β=0）时，等代均布土层厚度 h 的计算公式为

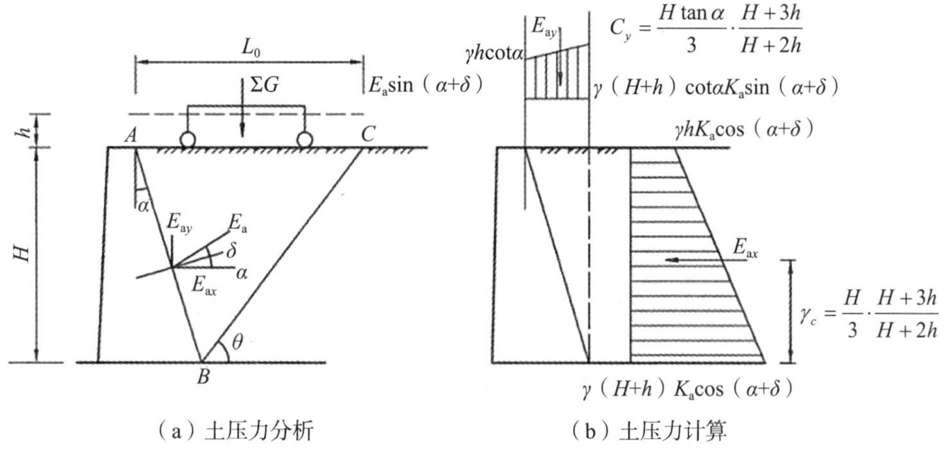

（a）土压力分析　　（b）土压力计算

图 6.26　有车辆荷载时的土压力

$$h=\frac{q}{\gamma}=\frac{\sum G}{BL_0\gamma} \tag{6.42}$$

式中，$\sum G$——布置在 $b\times l$ 面积内的车轮的总重力（kN），计算挡土墙的土压力时，车辆荷载应按图 6.27 中横向布置，车辆中线距路面边缘 0.5 m，计算中涉及多车道加载时，车轮总重力应进行折减，详见《公路桥涵设计通用规范》（JTG D60—2015）；

B——桥台横向全宽或挡土墙的计算长度（m）；

L_0——台背或墙背填土的破坏棱体长度（m）；

γ——填土的重度（kN/m^3）。

挡土墙的计算长度可按式（6.43）计算，但不应超过挡土墙的分段长度，如图 6.28（b）所示

$$B=13+H\tan 30° \tag{6.43}$$

式中，H——挡土墙高度（m），对于墙顶以上有填土的挡土墙，为两倍墙顶填土厚度加墙高。

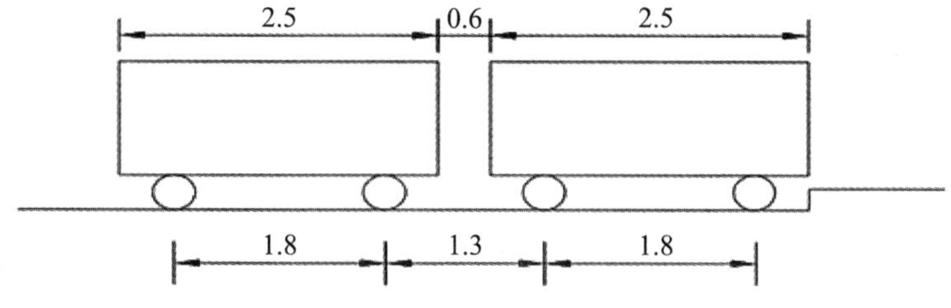

图 6.27　车辆荷载横向布置（单位：m）

当挡土墙分段长度小于 13 m 时，B 取分段长度，并在该长度内按不利情况布置轮重。在实际工程中，挡土墙的分段长度一般为 10 ～ 15 m，新规范按照汽车超 20 级的车辆荷载，其前后轴轴距为 12.8 m ≈ 13 m。当挡土墙的分段长度大于 13 m 时，其计算长度取扩散长度，如图 6.28（a）所示，如果扩散长度超过挡土墙的分段长度，则取分段长度计算。

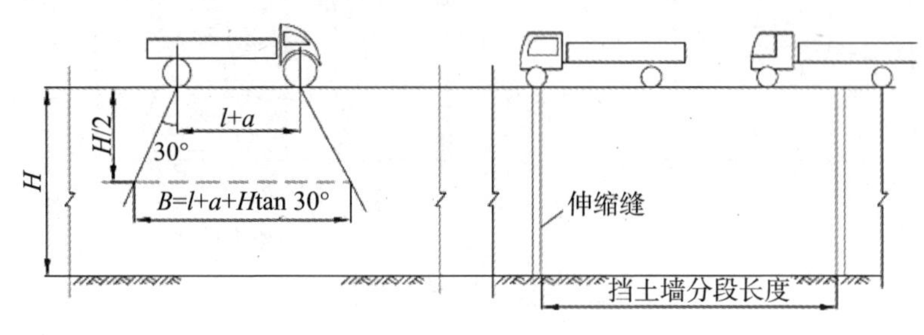

（a）车的扩散长度　　（b）挡土墙的分段长度

图 6.28　挡土墙计算长度 B 的计算

关于台背或墙背填土的破坏棱体长度 L_0，对于墙顶以上有填土的挡土墙，L_0 为破坏棱体范围内的路基宽度部分；对于桥台或墙顶以上没有填土的挡土墙，L_0 可用式（6.44）计算

$$L_0 = H(\tan\alpha + \cot\theta) \tag{6.44}$$

式中，H——桥台或挡土墙的高度（m）；

α——台背或墙背倾斜时以负值代入，垂直时则 $\alpha = 0$；

θ——滑动面倾斜角，忽略车辆荷载对滑动位置的影响，按没有车辆荷载时计算得到，是主动土压力 E 为极大值时最危险滑动面的破裂倾斜角。当填土倾斜角 $\beta = 0$ 时，破坏棱体破裂面与水平面夹角 θ 的余切值可按式（6.45）计算：

$$\cot\theta = -\tan(\alpha+\delta+\varphi) + \sqrt{[\cot\varphi + \tan(\alpha+\delta+\varphi)][\tan(\alpha+\delta+\varphi) - \tan\alpha]} \tag{6.45}$$

式中，α、δ、φ——分别为墙背倾斜角（取值同上）、墙背与填土间的外摩擦角和填土内摩擦角，单位均为（°）。

求得等代均布土层厚度 h 后，有车辆荷载时的主动土压力（当 $\beta = 0°$ 时）可按式（6.46）计算

$$E_a = \frac{1}{2}\gamma H\left(H + 2h\right)BK_a \tag{6.46}$$

式中：各符号意义同式（6.31）、式（6.42）和式（6.43）。

主动土压力着力点的标高（自计算土层地面起）

$$y_c = \frac{H}{3} \cdot \frac{H+3h}{H+2h} \tag{6.47}$$

6.3.3　几种特殊情况下的土压力计算

1. 地面荷载作用下的库仑土压力

挡土墙后的填土表面常作用有不同形式的荷载，这些荷载将使作用在墙背上的土压力增大。如图 6.29 所示，填土表面若满布均布荷载 q 时，可将均布荷载换算为填土的当量厚度 $h_0 = \frac{q}{\lambda}$（γ 为填土重度），然后从图中定出假想的墙顶 A'，再按无荷载作用时的情况求出土压力强度和土压力合力。其步骤如下：

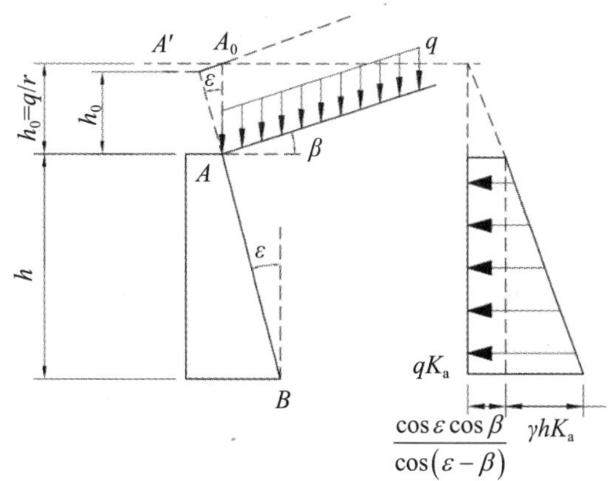

图 6.29　均布荷载作用下的库仑主动土压力计算

在△ $AA'A_0$ 中，由几何关系可得

$$AA' = h_0 \frac{\cos\beta}{\cos(\varepsilon - \beta)} \tag{6.48}$$

AA' 在竖向的投影为

$$h' = AA'\cos\varepsilon = \frac{q}{\gamma}\frac{\cos\varepsilon\cos\beta}{\cos(\varepsilon - \beta)} \tag{6.49}$$

墙顶 A 点的主动土压力强度为

$$p_{aA} = \gamma h' K_a \tag{6.50}$$

墙底 B 点的主动土压力强度为

$$p_{aB}=\gamma(h+h')K_a \tag{6.51}$$

实际作用在墙背 AB 上的土压力合力为

$$E_a=\gamma h(\frac{1}{2}h+h')K_a \tag{6.52}$$

2. 成层土中的库仑主动土压力

当墙后填土成层分布且具有不同的物理力学性质时，常采用近似方法计算土压力。假设各层土的分层面与土体表面平行，然后自上而下逐层计算土压力，求下层土的土压力时可将上面各层土的重量当作均布荷载对待。现以图 6.30 为例加以说明。

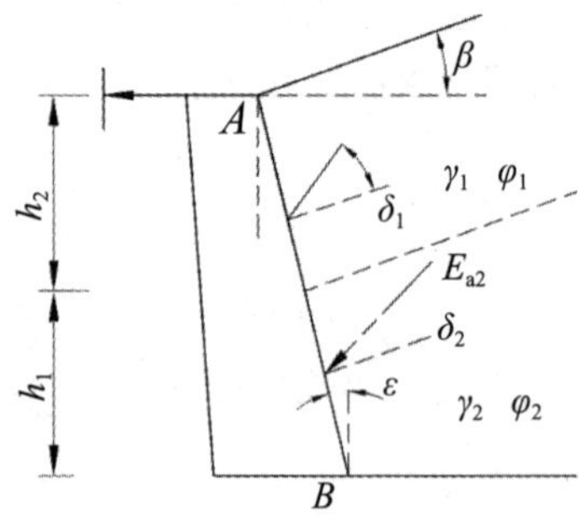

图 6.30　成层土中的库仑主动土压力

第一层层面处

$$p_a=0 \tag{6.53}$$

第一层层底处

$$p_a=\gamma_1 h_1 K_{a1} \tag{6.54}$$

在第二层顶面，将 $\gamma_1 h_1$ 的土重换算为第二层土的当量土厚度

$$h_1'=\frac{\gamma_1 h_1}{\gamma_2}\cdot\frac{\cos\varepsilon\cos\beta}{\cos(\varepsilon-\beta)}$$

所以，第二层顶面处的土压力强度为

$$p_a=\gamma_2 h_1' K_{a2}$$

第二层层底处的土压力强度为

$$P_a=\gamma_2\left(h_1'+h_2\right)K_{a2} \tag{6.55}$$

式中，K_{a1}，K_{a2}——第一层、第二层土的库仑主动土压力系数；

γ_1，γ_2——第一层、第二层土的重度（kN/m^3）。

每层土的土压力合力 E_{a1} 与 E_{a2} 等于土压力分布图的面积，作用方向与 AB 法线方向成 δ_1，δ_2 角（δ_1，δ_2 分别为第一、第二层土与墙背之间的摩擦角），作用点位于各层土压力分布图的形心高度处。

另一种更简化计算方法则是将各层的重度、内摩擦角按土层厚度进行加权平均，即

$$\gamma_{\mathrm{m}} = \frac{\sum \gamma_i h_i}{\sum h_i} \tag{6.56}$$

$$\varphi_{\mathrm{m}} = \frac{\sum \varphi_i h_i}{\sum h_i} \tag{6.57}$$

式中，γ_i——各层土的重度（kN/m^3）；

φ_i——各层土的内摩擦角（°）；

h_i——各层土的厚度（m）。

然后近似地把它们当作均质土的抗剪强度指标，求出土压力系数后，再计算土压力。值得注意的是，计算结果与分层计算结果是否接近要看具体情况而定。

3. 黏性土中的库仑土压力

在土建工程中，不论是一般的挡土结构还是基坑工程中的支护结构，其后面的土体大多为黏土、粉质黏土或黏土夹石，都具有一定的黏结力。黏性土中的库仑土压力可用等代摩擦角法计算。

等代内摩擦角，就是将黏性土的黏结力折算成内摩擦角。经折算后的内摩擦角，我们一般称之为等效内摩擦角或等代内摩擦角，用 φ_{D} 表示，目前工程中采用下面两种方法来计算 φ_{D}。

（1）根据抗剪强度相等的原理来计算

等效内摩擦角 φ_{D} 可从土的抗剪强度曲线上，通过作用在基坑底面高程处的土中垂直应力 φ_{t} 求出

$$\varphi_{\mathrm{D}} = \arctan(\tan\varphi + \frac{c}{\sigma_{\mathrm{t}}}) \tag{6.58}$$

式中，σ_{t}，c，φ 的意义见图 6.31。

（2）根据土压力相等的概念来计算

为了使问题简化，假定墙背竖直、光滑，墙后填土与墙齐高，土面水平。

黏性土的主动土压力库仑公式

$$E_a = \frac{1}{2}\gamma H^2 \tan^2\left(45^\circ - \frac{\varphi}{2}\right) - 2cH\tan\left(45^\circ - \frac{\varphi}{2}\right) + \frac{2c^2}{\gamma} \tag{6.59}$$

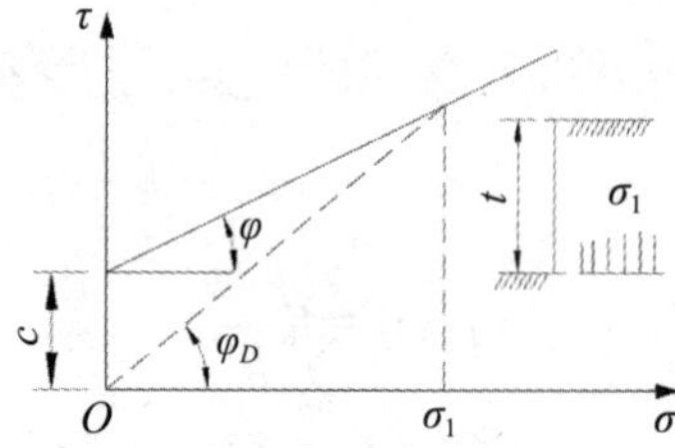

图 6.31　等代内摩擦角的计算

基于等效内摩擦角的主动土压力库仑公式

$$E_{a2} = \frac{1}{2}\gamma H^2 \tan^2\left(45^\circ - \frac{\varphi_D}{2}\right) \tag{6.60}$$

令 $E_{a1} = E_{a2}$，就可求得

$$\tan\left(45^\circ - \frac{\varphi_D}{2}\right) = \tan\left(45^\circ - \frac{\varphi}{2}\right) - \frac{2c}{\gamma H} \tag{6.61}$$

$$\varphi_D = 2\left\{45^\circ - \arctan\left[\tan\left(45^\circ - \frac{\varphi}{2}\right) - \frac{2c}{\gamma H}\right]\right\} \tag{6.62}$$

4. 朗肯土压力理论与库仑土压力理论的比较

朗肯土压力理论和库仑土压力理论建立的基础理论不同，只有在最简单的情况下（α=0，β=0，δ=0），用这两种古典理论计算的结果才相同，否则将得到不同的结果。

朗肯土压力理论应用半空间中的应力状态和极限平衡理论的概念比较明确，公式简单，便于记忆，对于黏性土和无黏性土都可以用该公式直接计算，故在工程中得到广泛应用。但为了使墙后填土的应力状态符合半空间的应力状态，必须假设墙背直立、光滑，墙后填土面是水平的。由于该理论忽略了墙背与填土之间摩擦的影响，使计算的主动土压力增大、被动土压力偏小。朗肯理论可推广用于非均质填土、有地下水情况的填土，也可用于填土面上有均布荷载（超载）的几种情况（其中也有墙背倾斜和墙后填土面倾斜）。

库仑土压力理论根据墙后滑动土楔体的静力平衡条件推导出土压力计算公式，属于刚性平衡问题，考虑了墙背与填土之间的摩擦力，并可用于墙背倾斜、填土面倾斜情况。但由于该理论假设填土是无黏性土，所以不能用库仑理论的原始公式直接计算黏性土的土压力。库仑理论假设墙后填土发生破坏时，破坏面是一个平面，而实际上却是一个曲面。在计算主动土压力时，只有当墙背的斜度不大，墙背与填土间的摩擦角较小时，破坏面才接近于平面。因此，计算结果与按曲线滑动面计算的结果有出入。在通常情况下，这种偏差在计算主动土压力时为 2% ～ 10%，可以认为已满足实际工程所要求的精度。但在计算被动土压力时，由于破坏面接近于对数螺线，计算结果误差较大。库仑土压力理论可以用数解法也可以用图解法。用图解法时，填土表面可以是任何形状，可以有任意分布的荷载（超载），还可以用于黏性土、粉土填料及有地下水的情况。用数解法时，可以用于黏性土、粉土填料及墙后有限填土（有较陡峻的稳定岩石坡面）的情况。

6.4　桩间挡土板主动土压力计算

6.4.1　桩间土体三维滑动失稳机构

与挡土墙等全刚性支挡结构不同，采用抗滑桩作为支挡结构时，为充分发挥土拱效应，使土压力更多地传递到抗滑桩上，桩间挡土板一般选用刚度较小的薄板或板 - 桩之间采用允许发生变形的柔性连接，也可以在挡土板后侧回填砂土垫层从而形成柔性褥垫。在重力等外荷载作用下，桩间土体会形成一个滑动楔形体，并向挡板方向移动。当滑动楔形体达到主动极限平衡状态时，桩间挡土板所受土压力即为主动土压力。

桩间土体形成的滑动楔形体为一个空间实体，不能简化为平面应变问题，需要建立三维模型。桩间土体滑塌面的特点包括：滑塌面为一个空间曲面；滑塌面关于桩间对称面对称；滑塌面与水平面的交线近似呈抛物线；滑塌面与桩间竖直面的交线的曲率半径较大，可以简化为直线。基于桩间土体滑塌面的特点，抽象出桩间土体局部失稳的三维滑塌面模型如图 6.32 所示。

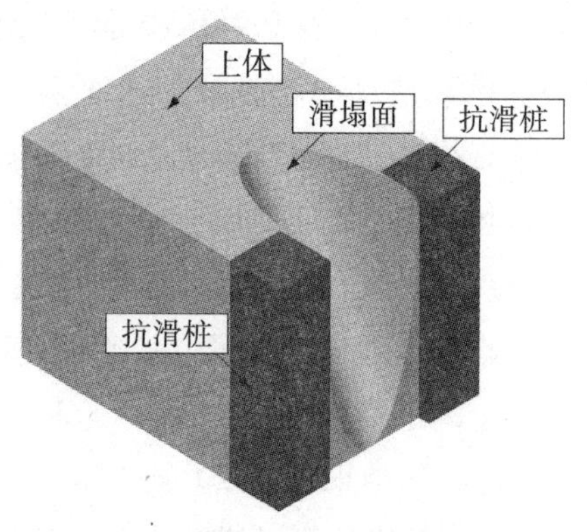

图 6.32　桩间土体三维滑塌面模型

该模型中的滑塌面采用母线沿准线平移的方法生成，如图 6.33 所示。其中，准线定义为滑塌面与土体顶面的交线，用抛物线 AE_0B 表示；母线定义为滑塌面与平行于坐标平面 yOz 的竖直面的交线，采用与竖直面 xOz 夹角为 β 的直线 E_iG_i 表示，每一根母线与桩后土体顶面的交点（E_i）都在准线 AE_0B 上。桩间对称截面上母线 E_0G_0 的端点 G_0 位于桩间土体临空面（挡土板与土体的界面）的下边缘。在如图 6.32 所示的模型中，临空面高度为 h，桩间净距为 w，土体重度为 γ。挡土板与土体的界面、土体顶面和三维滑塌面所围成的几何实体即为桩间挡板后侧滑动楔形体模型。

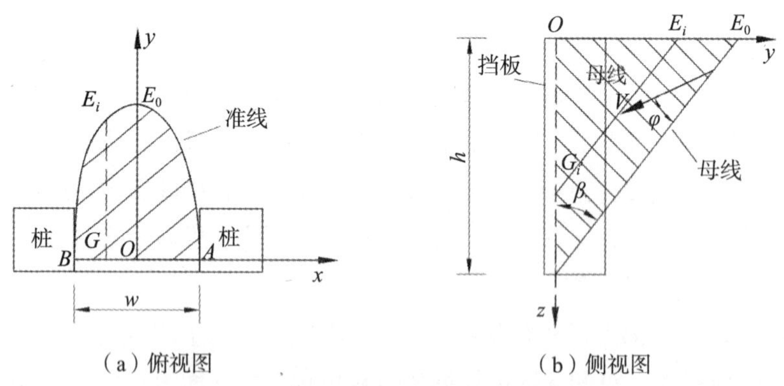

（a）俯视图　　（b）侧视图

图 6.33　三维滑动失稳机构俯视图及侧视图

地震对桩间土体稳定性的影响主要表现在触发效应和累积效应两个方面。对于桩间土体而言，触发效应为主导，表现为地震作用诱发桩间土体瞬间滑塌。考虑到滑动楔形体分布范围有限、周围约束较为完备、自身动力特性不明显，采用时间一致性假设，将地震作用等效为水平方向和竖直方向的地震惯性力，施加在滑动楔形体上，并假设重力及地震惯性力作用的结果是使滑动楔形体相对于挡土板向下和向外滑动。设水平地震惯性力与滑动楔形体重力之比为 k_h，竖直地震惯性力与滑动楔形体重力之比为 k_v（k_h/k_v 为水平和竖直地震加速度比）。

滑动楔形体的速度 V 与母线的夹角为 φ。忽略挡土板与土体之间的摩擦，则挡土板对滑动楔形体的反作用力 P 水平作用在滑动楔形体上。

6.4.2　失稳机构的内部能量耗损率和外荷载功率

1. 内部能量耗损率

滑动失稳机构的内部能量耗损率由三维滑塌面上的能量耗损和挡土板 - 滑动楔形体界面上的能量耗损组成。这里忽略挡土板与土体之间的摩擦，因此只需要计算三维滑塌面上的能量耗损率。直接计算三维滑塌面上的能量耗损率是较为困难的，因此这里我们基于微分思想对滑动楔形体进一步处理。以桩间对称面为界面取滑动楔形体的一半作为研究对象，作一组平行于坐标面 yOz 的等间距竖直面将其分为 n 个薄片，每一薄片的宽度为（$w/2n$）。各竖直面与准线 AE_0B 相交于 $E_0, E_1, \cdots, E_n$。过 $E_0, E_1, \cdots, E_n$ 作与 xOz 竖直面夹角为 β 的斜面，从而形成以直角折线为准线的空间滑动折面，如图 6.34 所示。

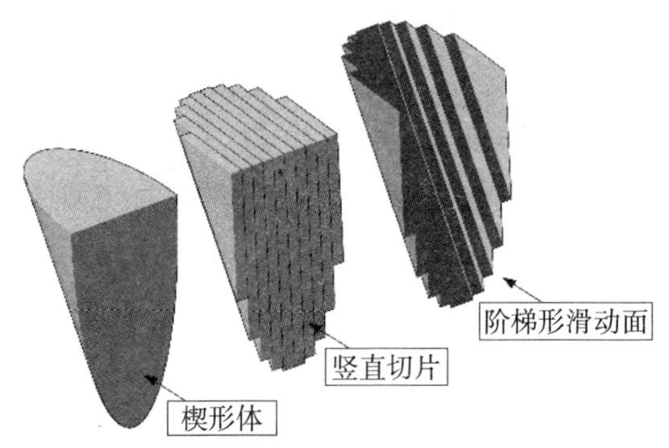

图 6.34　三维滑动面简化过程

进行上述近似处理之后，滑塌面上的能量耗损率 D 可以分解为空间滑动折面倾斜部分（平行于母线的部分）的能量耗损率 D_i 和空间滑动折面竖直部分的能量耗损率。

结合图 6.33 与图 6.34 所示模型，设准线方程为

$$y_i = ax_i^2 + b \tag{6.63}$$

式中，a 与 b 均为常数。由于 A，B 两点坐标已知，OE_0 的长度为 $h\tan\beta$，因此，

a 与 b 可由待定系数法求得

$$a=-\frac{4h\tan\beta}{w^2},\quad b=h\tan\beta$$

进一步得到以下几何关系

$$OE_i=-\frac{4h\tan\beta}{w^2}\left(\frac{iw}{2n}\right)^2+h\tan\beta \tag{6.64}$$

$$E_0G_0=\sqrt{h^2+\left(h\tan\beta\right)^2} \tag{6.65}$$

$$OE_0=h\tan\beta \tag{6.66}$$

$$E_iG_i=h(1-\frac{i^2}{n^2})\sqrt{1+\tan^2\beta} \tag{6.67}$$

$$OG_i=h(1-\frac{i^2}{n^2}) \tag{6.68}$$

计算空间滑动折面倾斜部分的能量耗损率时，各点处的速度方向与滑动面方向夹角均为 φ，满足关联流动法则。因此，空间滑动折面倾斜部分的能量耗损率可以由该面的面积 $E_iG_i\cdot\dfrac{w}{2n}$ 与黏结力 c 以及与切向速度 $v\cos\varphi$ 的连乘积计算得到。每个倾斜滑动条面的能量耗损率为

$$D_i=E_iG_i\frac{w}{2n}v\cos\varphi c \tag{6.69}$$

计算空间滑动折面竖直部分的能量耗损率时，由于刚体速度 v 平行于坐标平面 yOz，速度 v 与滑面的夹角为 0，不满足库仑材料对窄过渡层的要求，因此将其看作特雷斯卡（Tresca）材料窄过渡层。根据特雷斯卡材料窄过渡层计算竖直窄条滑动面的能量耗散率之和为

$$D_{OEG}=\frac{1}{2}OE_0\cdot OG_0\cdot vc \tag{6.70}$$

由以上推导可得，对于如图 6.34 所示的平移失稳机构，沿滑动面的总能量耗损率 D 为

$$\begin{aligned}D&=2\left(\sum_{i=0}^{n-1}D_i+\frac{1}{2}OE_0\cdot OG_0\cdot vc\right)\\&=2\left[\sum_{i=0}^{n-1}\left(E_iG_i\frac{w}{2n}v\cos\varphi c\right)+\frac{1}{2}OE_0\cdot OG_0\cdot vc\right]\end{aligned} \tag{6.71}$$

由于库仑材料窄过渡层过大地估计了土体的剪胀现象，而特雷斯卡材料窄过渡层忽略了土体的剪胀现象，以上计算中将空间滑动折面倾斜部分和竖直部分看作不同的窄过渡层所导致的误差能够部分抵消。

2. 外荷载功率

由前述计算模型可得，滑动楔形体每一个薄片的重力做功的功率 W_{gi} 等于速度的垂直分量与薄片土体重量的乘积，即

$$W_{gi}=\frac{1}{2}OE_i\cdot OG_i\cdot\frac{w}{2n}\cdot\gamma\cdot v\cos(\varphi+\beta) \tag{6.72}$$

滑动楔形体重力做功的总功率 W_g 为

$$W_{\mathrm{g}}=2\sum_{i=0}^{n-1}W_{\mathrm{g}i}=2\sum_{i=0}^{n-1}\left[\frac{1}{2}OE_i\cdot OG_i\cdot\frac{w}{2n}\cdot\gamma\cdot v\cos(\varphi+\beta)\right] \tag{6.73}$$

每一薄片地震惯性力做功的功率 W_{ei} 等于水平地震惯性力功率与竖直地震惯性力功率之和，即

$$W_{\mathrm{e}i}=\left[k_{\mathrm{h}}\sin(\varphi+\beta)+k_{\mathrm{v}}\cos(\varphi+\beta)\right]\frac{1}{2}OE_i\cdot OG_i\cdot\frac{w}{2n}\cdot\gamma\cdot v \tag{6.74}$$

滑动楔形体地震惯性力做功的总功率 W_{e} 为

$$W_{\mathrm{e}}=2\sum_{i=0}^{n-1}W_{\mathrm{e}i}=2\sum_{i=0}^{n-1}\left\{OE_i\cdot OG_i\cdot\frac{w}{2n}\cdot\gamma\cdot v\cdot\left[k_{\mathrm{h}}\sin(\varphi+\beta)+k_{\mathrm{v}}\cos(\varphi+\beta)\right]\right\}\mathfrak{A} \tag{6.75}$$

桩间挡土板对楔形体的反作用力做功的功率为

$$W_{\mathrm{P}}=-Pv\sin(\beta+\varphi) \tag{6.76}$$

至此，失稳机构的内部能量耗损率和外荷载功率的计算式均已列出，即可根据上限定理求解桩间挡土板主动土压力。

6.4.3　桩间挡土板主动土压力上限解

使内部能量耗损率与外荷载功率相等，则

$$\begin{aligned}&2\left[\sum_{i=0}^{n-1}\left(E_iG_i\cdot\frac{w}{2n}\cdot v\cos\varphi\cdot c\right)+\frac{1}{2}OE_0\cdot OG_0\cdot v\cdot c\right]\\&=2\sum_{i=0}^{n-1}\left\{\frac{1}{2}OE_i\cdot OG_i\cdot\frac{w}{2n}\cdot\gamma\cdot v\cdot\left[\cos(\varphi+\beta)+k_{\mathrm{h}}\cos(\varphi+\beta)+k_{\mathrm{v}}\cos(\varphi+\beta)\right]\right\}-\\&\quad Pv\sin(\varphi+\beta)\end{aligned} \tag{6.77}$$

将式（6.64）至式（6.68）所示的几何关系代入式（6.76），可得

$$
\begin{aligned}
&2\sqrt{1+\tan^2\beta}\cdot\cos\varphi\cdot c\cdot w\sum_{i=0}^{n-1}\left[\left(1-\frac{i^2}{n^2}\right)\frac{1}{n}\right]+2\tan\beta\cdot h\cdot c \\
&\quad=h\cdot\tan\beta\cdot\gamma\cdot w\cdot\left[\cos(\varphi+\beta)+k_{\mathrm{h}}\sin(\varphi+\beta)+k_{\mathrm{v}}\cos(\varphi+\beta)\right]\cdot \\
&\quad\sum_{i=0}^{n-1}\left[\left(1-\frac{i^2}{n^2}\right)^2\frac{1}{n}\right]-P\sin(\varphi+\beta)
\end{aligned}
\tag{6.78}
$$

当 n 趋向于无穷大时，有

$$
\lim_{n\to\infty}\sum_{i=0}^{n-1}\left[\left(1-\frac{i^2}{n^2}\right)\frac{1}{n}\right]=\frac{2}{3} \tag{6.79}
$$

$$
\lim_{n\to\infty}\sum_{i=0}^{n-1}\left[\left(1-\frac{i^2}{n^2}\right)^2\frac{1}{n}\right]=\frac{8}{15} \tag{6.80}
$$

将式（6.79）和式（6.80）代入式（6.78），可得

$$
\begin{aligned}
P=&\left\{\frac{8}{15}h\cdot\tan\beta\cdot\gamma\cdot w\cdot\left[\cos(\varphi+\beta)+k_{\mathrm{h}}\sin(\varphi+\beta)+k_{\mathrm{v}}\cos(\varphi+\beta)\right]-\right. \\
&\left.\frac{4}{3}\sqrt{1+\tan^2\beta}\cdot\cos\varphi\cdot c\cdot w-2\tan\beta\cdot h\cdot c\right\}\Big/\sin(\varphi+\beta)
\end{aligned}
\tag{6.90}
$$

通过给定几何参数和物理参数及地震参数（k_{h} 和 k_{v}），根据式（6.77）可以计算出对于不同的假想失稳机构（β 不同），外力所做的功率等于内部能量耗损率时的桩间挡土板土压力 P。若绘制出 β 角与桩间挡土板土压力 P 的关系曲线，则该曲线最高点对应的 β 角为滑动楔形体最不稳定的状态，相应的 P 即为桩间挡土板主动土压力，将其记为 P_{ae}。

由于式（6.81）对应的三维滑动楔形体是在土拱效应与抗滑桩对桩间土体的约束下形成的，因此需要对桩间净距 w 的取值加以限制。参考土拱效应的研究成果，初步设定公式（6.81）的适用范围为桩间净距 w 不大于桩宽（或桩径）的 3 倍。

以某切方边坡支护系统为例，已知坡顶水平，采用悬臂式抗滑桩与柔性挡土板结合的支挡系统。桩横截面为长 1.0 m、宽 1.0 m 的矩形，桩强度与刚度较

大，可以视为刚体。相对于抗滑桩而言，挡土板刚度较小，可以发生一定的变形。桩间土体临空面高度 h=4.0 m，支护桩净距 w=1.8 m。桩间土体为粉细砂，内摩擦角 φ=24°，土体黏结力 c=1.1 kPa，土体重度 γ=16.0 kN/m^3。取水平地震加速度系数 k_h=0.15，竖直地震加速度系数 k_v=0.10，计算桩间挡土板所受到的主动土压力。

根据式（6.81）绘制 β 角与桩间挡土板土压力 P 的关系曲线，如图 6.35 所示。为了获取桩间挡土板的主动临界荷载，取图 6.35 曲线中 P 的最大值，得到主动土压力 P_a=24.3 kN。

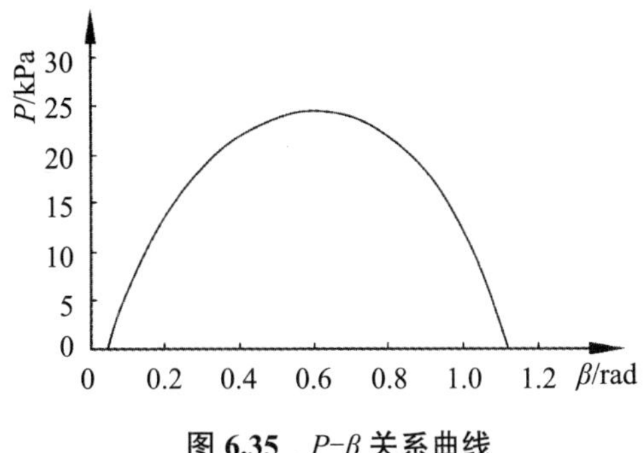

图 6.35　P-β 关系曲线

第 7 章　土坡稳定性

7.1　概述

土坡是指具有倾斜坡面的土，通常可分为天然土坡（由于地质作用自然形成的土坡，如山坡、江河岸坡等）和人工土坡（经人工挖填的土工建筑物边坡，如基坑、渠道、土坝、路堤等）。当土坡的顶面和底面都是水平的，并延伸至无穷远，且由均质土组成时，则称为简单土坡。图 7.1 给出了土坡结构的各要素，由于土坡表面倾斜，在土体自重及外荷作用下，土体将出现自上而下的滑动趋势，土坡上的部分岩体或土体在自然或人为因素的影响下沿某一明显界面发生剪切破坏向坡下运动的现象称为滑坡或边坡破坏，地质工程领域将具有变形破坏可能性的边坡称为不稳定斜坡，人工土坡又称为边坡或高切坡。

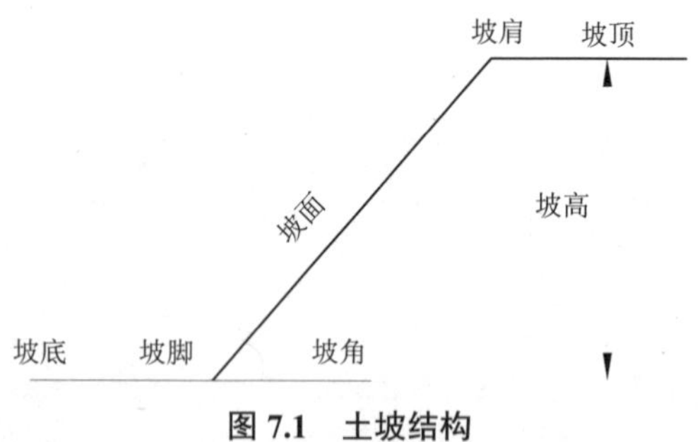

图 7.1　土坡结构

影响土坡滑动的因素复杂多变，但其根本原因在于土体内部某个面上的剪应力达到了抗剪强度，使稳定平衡遭到破坏。因此，导致土坡滑动失稳的原因有两种：外界荷载作用或土坡环境变化等导致土体内部剪应力加大，例如路堑或基坑的开挖、堤坝施工中上部填土荷重的增加、降雨导致土体饱和增加重度、土体内地下水的渗流力、坡顶荷载过量或由地震、打桩等引起的动力荷载等；外界各种因素影响导致土体抗剪强度降低，促使土坡失稳破坏，例如超孔隙水压力的产生，气候变化产生的干裂、冻融，黏土夹层因雨水等侵入而软化，以及岸坡周期性浸泡等导致的土体强度降低等。

土坡稳定性是高速公路、铁路、机场、高层建筑深基坑开挖及露天矿井和土坝等土木工程建设中十分重要的问题，如图 7.2 和图 7.3 所示。

图 7.2　云南徐村水电站溢洪道土质边坡开挖

图 7.3　建筑基坑开挖支护

土坡稳定性问题可通过土坡稳定性分析解决，但有待研究的不确定因素较多，如滑动面形式的确定、土体抗剪强度参数的合理选取、土的非均质性及土坡水渗流时的影响等。因此，必须掌握土坡稳定性分析的基本原理和方法。

7.2　边坡稳定性评价标准

边坡的稳定性状态分为稳定、基本稳定、欠稳定和不稳定四种状态，可根据边坡的稳定系数按表 7.1 确定。

表 7.1　边坡稳定性状态的划分

边坡的稳定系数 F_s	$F_s < 1.00$	$1.00 \leqslant F_s < 1.05$	$1.05 \leqslant F_s < F_{st}$	$F_s \geqslant F_{st}$
边坡的稳定性状态	不稳定	欠稳定	基本稳定	稳定

注：F_{st} 为边坡的安全系数。

边坡的安全系数 F_{st} 应按表 7.2 确定，当边坡的稳定系数小于边坡的安全系数时应对边坡进行处理。

表 7.2　边坡的安全系数

边坡类型		边坡工程安全等级		
		一级	二级	三级
永久边坡	一般工况	1.35	1.30	1.25
	地震工况	1.15	1.10	1.05
临时边坡		1.25	1.20	1.15

注：一级：危及县和县级以上城市、学校、大型工矿企业、高速公路及国省道交通干线、交通枢纽及重要公共设施，破坏后果特别严重。

二级：危及一般城镇、村级居民集中区、县乡道及旅游公路等重要交通干线、一般工矿企业等，破坏后果严重。

三级：除一级、二级以外的地区。

应严格区分边坡的稳定系数和安全系数两个科学术语，前者与边坡地质条件和工况有关，后者是工程治理的目标。

7.3　平面滑动分析法

在进行由砂、卵石、砾石等组成的无黏性土土坡稳定性分析时，一般均假定滑动面是平面，即平面滑动。

如图 7.4（a）所示，为均质无黏性土简单土坡。已知土坡高度为 H，坡角为 β，土的重度为 γ，土的抗剪强度 $\tau_f = \sigma \tan \varphi$。若假定滑动面是通过坡脚 A 的平面 AC，AC 的倾角为 α，则可计算滑动土体 ABC 在 AC 面上滑动的稳定系数 F_s 值。

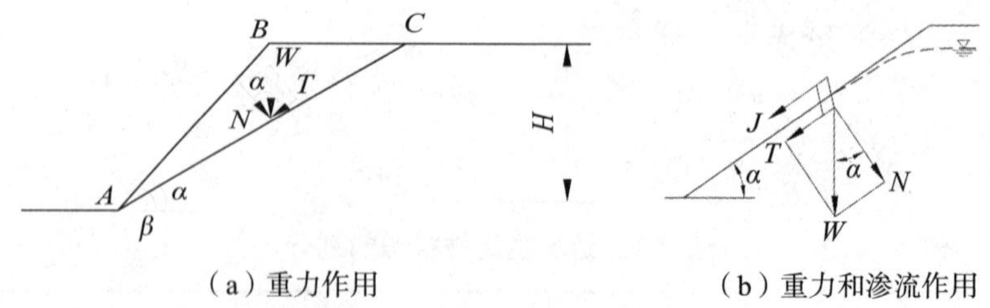

（a）重力作用　　（b）重力和渗流作用

图 7.4　无黏性土土坡的稳定性

沿土坡长度方向截取单位长度土坡，作为平面应变问题分析。已知滑动土体 ABC 的重力 W 为

$$W = \gamma S_{\triangle ABC} \tag{7.1}$$

式中，γ——土的重度（kN/m^3）；

$S_{\triangle ABC}$——单位长度土体 ABC 的体积（m^3）。

W 在滑动面 AC 上的法向分力 N 及正应力 σ 为

$$N = W\cos\alpha \tag{7.2}$$

$$\sigma = \frac{N}{\overline{AC}} = \frac{W\cos\alpha}{\overline{AC}} \tag{7.3}$$

W 在滑动面 AC 上的切向分力 T 及剪应力 τ 为

$$T = W\sin\alpha \tag{7.4}$$

$$\tau = \frac{T}{\overline{AC}} = \frac{W\sin\alpha}{\overline{AC}} \tag{7.5}$$

则土坡的稳定系数为

$$F_s = \frac{\tau_f}{\tau} = \frac{\sigma\tan\varphi}{\tau} = \frac{\dfrac{W\cos\alpha}{\overline{AC}}\tan\varphi}{\dfrac{W\sin\alpha}{\overline{AC}}} = \frac{\tan\varphi}{\tan\alpha} \tag{7.6}$$

由式（7.1）可见，当 $\alpha=\beta$ 时，土坡的稳定系数最小，即此时土坡面上的一层土是最容易滑动的。因此，无黏性土坡稳定系数为

$$F_s = \frac{\tan\varphi}{\tan\alpha} \tag{7.7}$$

边坡治理时，要求 $F_s \geqslant F_{st}$。

当无黏性土坡受到一定的渗流力作用时，坡面上渗流溢出处的单元土体，除本身重量外，还受到渗流力 $J=\gamma_w i$（i 为水头梯度，$i=\sin\alpha$）的作用，如图 7.4（b）所示。若渗流为顺坡出流，则溢出处渗流及渗流力方向与坡面平行，此时使土单元体下滑的剪切力为 $\tau+J=W\sin\alpha+\gamma_w i$。且对于单位土体来说，土体自重 W 就等于浮重度 γ' ，所以土坡的稳定系数变为。

$$F_s = \frac{\tau_f}{\tau+J} = \frac{\gamma'\cos\alpha\tan\varphi}{(\gamma'+\gamma_w)\sin\alpha} = \frac{\gamma'\tan\varphi}{\gamma_{sat}\tan\alpha} \tag{7.8}$$

可见，与式（7.6）相比，相差 γ'/γ_{sat} 倍，此值约为 1/2。因此，当坡面有顺层渗流作用时，无黏性土坡的稳定系数约降低一半。

7.4 瑞典圆弧法与条分法

当在坡顶下 DH 深度处（H 为坡高，D 称为深度因数，见下述）存在硬层时，黏土坡的圆弧滑动面不可能穿过硬层。这时必须考虑硬层对滑动面的影响。根据硬层所处的深度不同，圆弧滑动面可能有以下几种模式，如图 7.5 所示。

滑动面穿过坡趾或坡趾之上时，这种破坏叫作坡面破坏：当滑动面穿过坡趾时，其破坏圆称为坡趾圆，如图 7.5（a）所示。当该滑动面穿过坡趾之上，即穿过坡面时，其破坏圆称为斜坡圆，如图 7.5（b）所示。滑动面穿过坡趾之下且与硬层相切，其圆心位于通过坡面中点的竖直线上，此破坏称为基础破坏或深层滑动破坏，如图 7.5（c）所示，其破坏圆称为中点圆。在某种情况下，还可能发生浅层的坡面破坏，如图 7.5（b）所示。

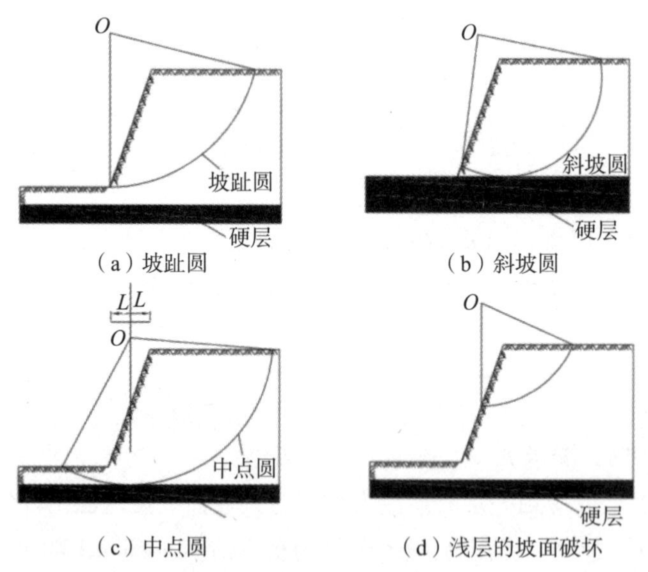

图 7.5 圆弧滑动破坏面模式

一般而言，基于圆弧滑动面的各种土坡稳定性分析方法可以分为两大类：

①整体圆弧法。此方法将滑动面以上的土体看成一个整体。当假定组成土坡的土为均质土时，这个方法比较有用，尽管大多数的天然土坡并不是均质土。

②条分法。此方法将滑动面以上的土体划分成若干竖直的平行土条。每个土条的稳定性分开计算。这是一个通用方法，有广泛实用性，可以考虑土的不

均匀性和孔隙水压力，也能够反映潜在破坏面上正应力的变化。

以下详细说明整体圆弧法和条分法的原理。

7.4.1 瑞典圆弧法

1915 年，瑞典工程师彼得森用整体圆弧滑动法分析土坡的稳定性，并假定滑动面以上的滑动土体为刚性体，然后取该土体为脱离体，分析其在各种力作用下的稳定性。此方法称为瑞典圆弧法。

如图 7.6（a）所示，为一个饱和的均质黏土边坡。在不排水条件下，φ=0，则土的抗剪强度为常数，即 $\tau_f = c_u$，与 σ 无关。

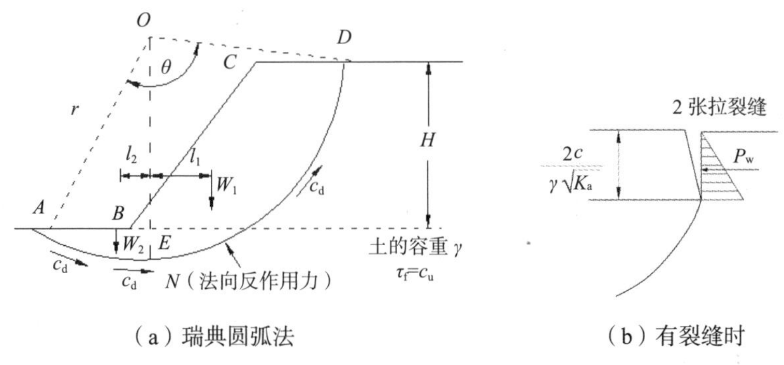

（a）瑞典圆弧法　　（b）有裂缝时

图 7.6　饱和均质黏土边坡的稳定分析（φ=0）

为了进行稳定分析，假定图 7.6（a）中的 *AED* 为潜在滑动面。*AED* 是一个半径为 r 的圆弧圆，圆心在 O 点。沿土坡长度方向取单位长度，则圆弧 *AED* 以上的土体（视为刚体）的重力为

$$W = W_1 + W_2 \tag{7.9}$$

其中

$$W_1 = （FCDEF\text{ 的面积}） \times \gamma \tag{7.10}$$

$$W_2 = （ABFEA\text{ 的面积}） \times \gamma \tag{7.11}$$

土体作为整体产生滑动破坏。土体绕 O 点下滑的滑动力矩为

$$M_d = W_1 l_1 - W_2 l_2 \tag{7.12}$$

式中，l_1，l_2——分别为 W_1 和 W_2 的力臂（m）。

抗滑力来自沿着潜在滑动面 *AED* 的黏结力。如果所需要的黏结力为 c_d，则抗滑力在 O 点产生的抗滑力矩为

$$M_R = c_d(AED)\times l\times r = c_d\times r^2\theta \tag{7.13}$$

由平衡条件$M_R = M_d$，有

$$c_d\times r^2\theta = W_1 l_1 - W_2 l_2 \tag{7.14}$$

或

$$c_d=\frac{W_1 l_1 - W_2 l_2}{r^2\theta} \tag{7.15}$$

则土坡稳定系数为

$$F_s=\frac{\tau_f}{c_d}=\frac{c_u}{c_d} \tag{7.16}$$

式（7.16）可用于饱和黏土边坡形成过程中和刚竣工时（φ=0）的稳定分析，称为φ=0法。

讨论：

①在滑动力矩M_d的表达式（7.12）中，若除W_1与W_2以外还有其他附加荷载（例如坡顶堆载、车辆荷载等），还应考虑这些附加荷载对圆心O的滑动力矩。

②黏性土边坡坡顶裂缝的影响。当黏性土边坡坡顶出现裂缝时，滑弧长度的减小值为裂缝临界深度$z_c=\dfrac{2c}{\left(\gamma\sqrt{K_a}\right)}$。当$\varphi$=0时，$z_c=\dfrac{2c_u}{\gamma}$；若裂缝被水充满，尚须附加水压力的合力$P_w$对圆心$O$的滑动力矩，参见图7.6（b）。

③滑动面AED是任意选取的。而临界面上c_u与c_d的比值是最小的。换言之，c_d应是最大的。因此，为了找到临界滑动面，必须选取若干不同的滑动面进行试算，这样获得的稳定系数的最小值才是土坡滑动的稳定系数，其对应的圆弧滑动面就是临界滑动面（最危险滑动面）。评价一个土坡的稳定性时，这个最小稳定系数值应不小于有关规范所要求的数值，这一试算过程的工作量一般是较大的。

如上所述，土坡的稳定分析大都需经过试算，计算工作量颇大，所以，不少人提出简化的图表计算法。图7.7给出根据计算资料得到的极限状态时均质土坡内摩擦角φ、坡角β与稳定系数F_s之间的关系曲线，其中

$$F_s=\frac{c}{\gamma h} \tag{7.17}$$

式中，c——土的黏结力（kPa）；

γ——土的重度（kN/m^3）；

h——土坡高度（m）。

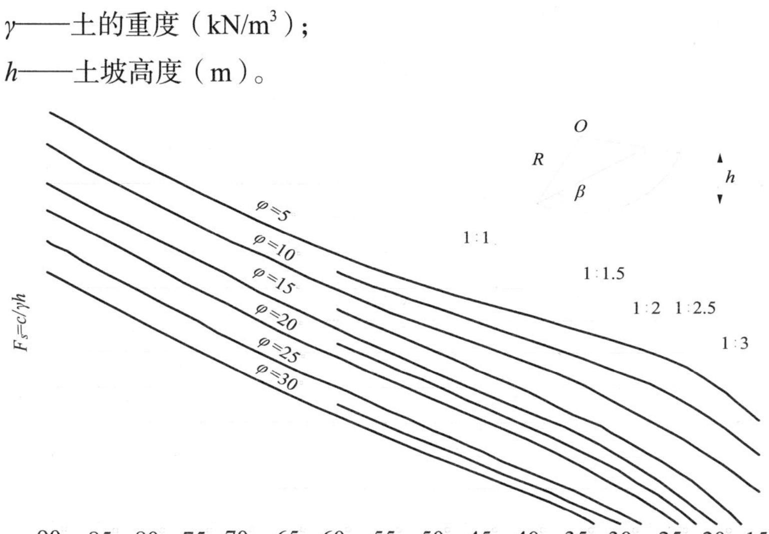

图 7.7　土坡稳定计算图

从图中可直接由已知的 c，φ，γ，β 确定土坡极限高度 h，也可由已知的 φ，c，γ，h 确定土坡的坡角 β。

【例题 7.1】 已知某土坡边坡坡比为 1 ∶ 1 ∶ 1（β 为 45°），土的黏结力 c=12 kPa，内摩擦角 φ=20°，重度 γ=17.0 kN/m^3。试确定该土坡的极限高度 h。

【解】 根据 β=45° 和 φ=20°，查图 7.7 得 F_s=0.065，代入式（7.8）得土坡的极限高度为

$$h=\frac{c}{\gamma F_s}=\frac{12}{17\times 0.065}\approx 10.9\ \text{m}$$

7.4.2　条分法

1. 费仑纽斯法

由于圆弧滑动面上各点的法向应力不同，因此土的抗剪强度各点也不相同，这样就不能直接应用式（7.16）计算土坡稳定系数。费仑纽斯法是解决这一问题的基本方法，至今仍在广泛使用，该方法又称为瑞典圆弧条分法。费仑纽斯法由瑞典工程师彼得森首先提出，而后由工程师费仑纽斯 · 泰勒进行了完善。

（1）基本原理

如图 7.8 所示的土坡，取单位长度土坡按平面应变问题计算。设可能滑动

面是一条圆弧 AD，圆心为 O，半径为 R。将滑动土体 $ABCDA$ 分成许多竖向土条，土条的宽度一般可取 $b=0.1R$，任何一块土条 i 上的作用力包括：

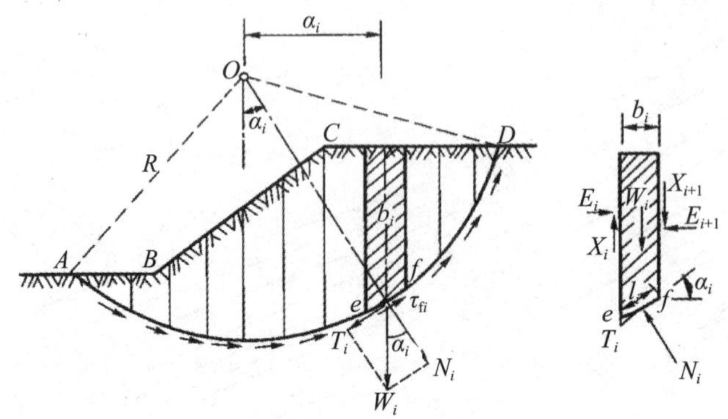

图 7.8　条分法计算土坡稳定性

①土条的重力 W_i，其大小、作用点位置及方向均为已知。

②滑动面 ef 上的法向力 N_i 及切向反力 T_i，假定 N_i 与 T_i 作用在滑动面 ef 的中点，它们的大小均未知。

③土条两侧的法向力 E_i，E_{i+1} 及竖向剪切力 X_i，X_{i+1}，其中 E_i 和 X_i 可由前一条土条的平衡条件求得，而 E_{i+1}，X_{i+1} 的大小未知，E_{i+1} 的作用点位置也未知。

由此可以看到，作用在土条 i 上的作用力有 5 个未知，但只能建立 3 个平衡方程，所以为静不定问题。为了求得 N_i 与 T_i 的值，必须对土条两侧作用力的大小和位置作适当的假定。费伦纽斯法是不考虑土条两侧的作用力，也即假设 E_i 和 X_i 的合力等于 E_{i+1} 和 X_{i+1} 的合力，同时它们的作用线也重合，因此土条两侧作用力相互抵消。这时，土条 i 仅有作用力 W_i，N_i，T_i，根据平衡条件可得

$$N_i = W_i \cos\alpha_i \tag{7.18}$$

$$T_i = W_i \sin\alpha_i \tag{7.19}$$

滑动面 ef 上土的抗剪强度为

$$\tau_{fi} = \sigma_i \tan\varphi_i + c_i = \frac{1}{l_i}(N_i \tan\varphi_i + c_i l_i) = \frac{1}{l_i}(W_i \cos\alpha_i \tan\varphi_i + c_i l_i) \tag{7.20}$$

式中，α_i——土条 i 滑动面的法线（即半径）与竖直线的夹角（°）；

l_i——土条 i 滑动面 ef 的弧长（m）；

c_i，φ_i——滑动面上的黏结力（kPa）及内摩擦角（°）。

土条 i 上的作用力对圆心 O 产生的滑动力矩 M_s 及稳定力矩 M_r 分别为

$$M_s = T_i R = W_i R \sin\alpha_i \tag{7.21}$$

$$M_r = \tau_{fi} l_i R = (W_i \cos\alpha_i \tan\varphi_i + c_i l_i) R \tag{7.22}$$

整个土坡相应于滑动面 AD 时的稳定系数为

$$F_s = \frac{M_r}{M_s} = \frac{\sum_{i=1}^{n}\left(W_i \cos\alpha_i \tan\varphi_i + c_i l_i\right)}{\sum_{i=1}^{n} W_i \sin\alpha_i} \tag{7.23}$$

对于均质土坡，$c_i = c$，$\varphi_i = \varphi$，则式（7.23）改写为

$$F_s = \frac{M_r}{M_s} = \frac{\tan\varphi \sum_{i=1}^{n} W_i \cos\alpha_i + c\widehat{L}}{\sum_{i=1}^{n} W_i \sin\alpha_i} \tag{7.24}$$

式中：$\widehat{L}$——滑动面 AD 的弧长（m）；

n——土条分条数。

（2）最危险滑动面圆心位置的确定

前面是对某一个假定滑动面求稳定性系数，因此需要试算多个可能的滑动面，相应于最小稳定系数的滑动面即为最危险滑动面。确定最危险滑动面圆心位置的方法，可以利用泰勒经验法。

泰勒认为圆弧滑动面的 3 种形式同土的内摩擦角 φ 值，坡角 β 及硬层埋藏深度等因素有关，泰勒经过大量计算分析后提出：

①当 $\varphi>3°$ 时，滑动面为坡脚圆，其最危险滑动面圆心位置，可根据 φ 及 β 值，从图 7.9 中的曲线上查得 α 及 θ 值作图求得。

②当 $\varphi=0°$ 且 $\beta>53°$ 时，滑动面也是坡脚圆，其最危险滑动面圆心位置，同样可以从图 7.9 中的曲线上查得 α 及 θ 值作图求得。

③当 $\varphi=0°$ 且 $\beta<53°$ 时，滑动面可能是中点圆，也有可能是坡脚圆或坡面圆，它取决于硬层的埋藏深度。当土体高度为 H，硬层的埋藏深度为 $n_d H$，若滑动面为中点圆，则圆心位置在坡面中点 M 的铅直线上，且与硬层相切，如图 7.10（a）所示，滑动面与土面的交点为 A，A 点距坡脚 B 的距离为 $n_x H$，n_x 值可根据 n_d 及 β 值由图 7.10（b）查得。若硬层埋藏较浅，则滑动面可能是坡脚圆或坡面圆，其圆心位置需通过试算确定。

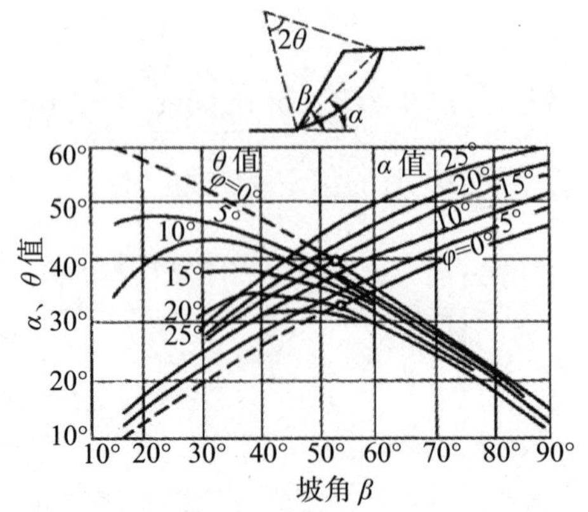

图 7.9　用泰勒经验法确定最危险滑动面圆心位置

（当 $\varphi>3°$ 或 $\varphi=0°$，$\beta>53°$ 时）

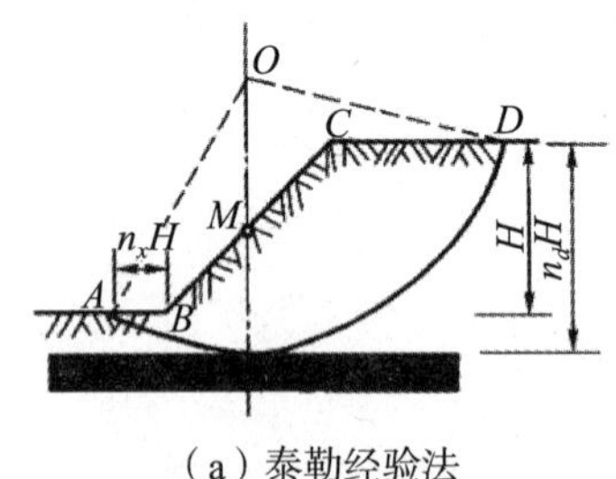

（a）泰勒经验法

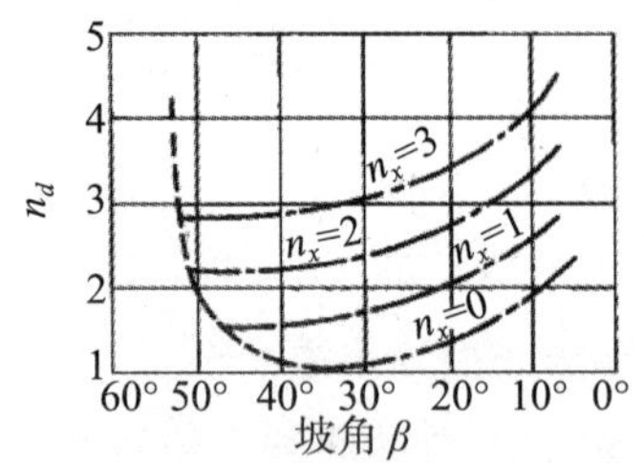

（b）土条分条数与坡角的关系曲线

图 7.10　用泰勒经验法确定最危险滑动面圆心位置

（当 $\varphi>3°$ 或 $\varphi=0°$，且 $\beta<53°$ 时）

【例题 7.2】某土坡如图 7.11 所示。已知土坡高度 H=6 m，坡角 $\beta=55°$，土的重度 $\gamma=18.6\ \text{kN/m}^3$，土的内摩擦角 $\varphi=12°$，黏结力 $c=16.7\ \text{kPa}$。试用条分法验算土坡的稳定系数。

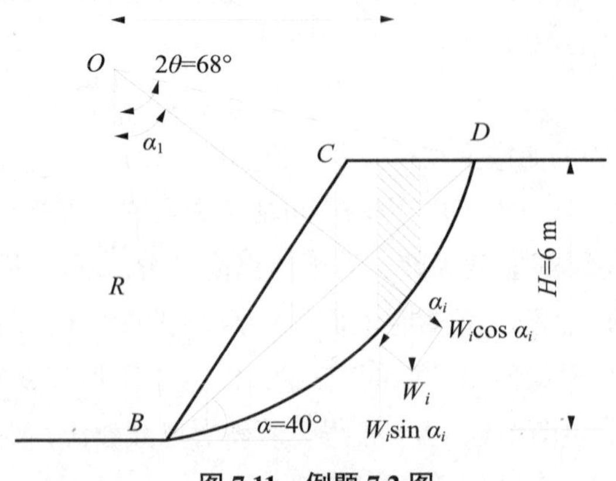

图 7.11　例题 7.2 图

【解】

（1）按比例绘出土坡的剖面图。按泰勒经验法确定最危险滑动面的圆心位置。当 $\varphi=12°$，$\beta=55°$ 时，知土坡的滑动面是坡脚圆，可从图 7.9 中的曲线上得到 $\alpha=40°$，$\theta=34°$。由此绘图求得土坡最危险滑动面的圆心 O 的位置。

（2）将滑动土体 $BCDB$ 划分成竖直土条。滑动圆弧 BD 的水平投影长度为 $H\cot\alpha=6\times\cot 40°\approx 7.15\ \text{m}$，把滑动土体划分成 7 个土条，从坡脚 B 开始编号，把第 1~6 条多宽度 b 均取为 1 m，余下的第 7 条的宽度为 1.5 m。

（3）计算各土条滑动面中点与圆心的连线同竖直线的夹角 α_i 值。可按下式计算

$$\sin\alpha_i=\frac{a_i}{R}$$

$$R=\frac{d}{2\sin\theta}=\frac{H}{2\sin\alpha\sin\theta}=\frac{6}{2\times\sin 40°\times\sin 34°}\approx 8.35\ \text{m}$$

式中，a_i——土条 i 的滑动面中点与圆心 O 的水平距离（m）；

R——圆弧滑动面 BD 的半径（m）；

d——BD 弦的长度（m）；

θ，α——求圆心位置时的参数（°）。

将求得的各土条值列于表 7.3 中。

（4）从图中量取各土条的中心高度 h_i，计算各土条重力 $W_i=\gamma b_i h_i$，$W_i\sin\alpha_i$，$W_i\cos\alpha_i$ 值，将结果列于表 7.3 中。

表 7.3　土坡稳定计算结果

土条编号	土条宽度 b_i/m	土条中心高 h_i/m	土条重力 W_i/kN	a_i/°	$W_i\sin a_i$/kN	$W_i\cos a_i$/kN	$\widehat{L}$ /m
1	1	0.60	11.16	9.5	1.84	11.0	—
2	1	1.80	33.48	16.5	9.51	32.1	—
3	1	2.85	53.01	23.8	21.39	48.5	—
4	1	3.75	69.75	31.8	36.56	59.41	—
5	1	4.10	76.26	40.1	49.12	58.33	—
6	1	3.05	56.73	49.8	43.33	36.62	—
7	1.15	1.50	27.90	63.0	24.86	12.67	—
合计					186.60	258.63	9.91

（5）计算滑动面圆弧长度$\widehat{L}$

$$\widehat{L}=\frac{\pi}{180}2\theta R=\frac{2\times\pi\times34\times8.35}{180}\approx9.91\ \text{m}$$

（6）按式（7.24）计算土坡稳定系数F_s

$$F_s=\frac{M_r}{M_s}=\frac{\tan\varphi\sum_{i=1}^{7}W_i\cos\alpha_i+c\widehat{L}}{\sum_{i=1}^{7}W_i\sin\alpha_i}=\frac{258.63\times\tan12°+16.7\times9.91}{186.6}\approx1.18$$

2. 毕肖普法

用条分法分析土坡稳定问题时，任一块土条的受力情况是一个静不定问题。为解决这一问题，费伦纽斯法假定不考虑土条之间的作用力。一般来说，这样得到的稳定系数是偏小的。在工程实践中，为了改进条分法的计算精度，许多学者都认为应该考虑土条间的作用力，以求得比较合理的结果。目前已有许多解决问题的办法，其中以毕肖普提出的简化方法比较合理实用。

如图7.8所示的土坡，前面已经指出任一块土条i上的受力条件是一个静不定问题，土条i上的作用力有5个未知，属二次静不定问题。毕肖普在求解时补充了两个假设条件：忽略土条间的竖向剪切力X_i及X_{i+1}的作用；对滑动面上的切向力T_i的大小作了规定。

根据土条i上的竖向力的平衡条件可得

$$W_i-X_i+X_{i+1}-T_i\sin\alpha_i-N_i\cos\alpha_i=0 \tag{7.25}$$

即

$$N_i\cos\alpha_i=W_i+(X_{i+1}-X_i)-T_i\sin\alpha_i \tag{7.26}$$

若土坡的稳定系数为F_s，则土条i滑动面上的抗剪强度τ_{fi}也只发挥了一部分，毕肖普假设τ_{fi}与滑动面上的切向力T_i相平衡，即

$$T_i=\tau_{fi}l_i=\frac{1}{F_s}(N_i\tan\varphi_i+c_il_i) \tag{7.27}$$

将式（7.27）代入式（7.26），可得

$$N_i=\frac{W_i+(X_{i+1}-X_i)-\dfrac{c_il_i}{F_s}\sin\alpha_i}{\cos\alpha_i+\dfrac{1}{F_s}\tan\varphi_i\sin\varphi_i} \tag{7.28}$$

由式（7.23）知土坡的稳定系数F_s为

$$F_s = \frac{M_r}{M_s} = \frac{\sum_{i=1}^{n}(N_i \tan \varphi_i + c_i l_i)}{\sum_{i=1}^{n} W_i \sin \alpha_i} \tag{7.29}$$

将式（7.28）代入（7.29），可得

$$F_s = \frac{\sum_{i=1}^{n} \frac{[W_i + (X_{i+1} - X_i)] \tan \varphi_i + c_i l_i \cos \alpha_i}{\cos \alpha_i + \frac{1}{F_s} \tan \varphi_i \sin \alpha_i}}{\sum_{i=1}^{n} W_i \sin \alpha_i} \tag{7.30}$$

由于式（7.30）中的 X_{i+1} 及 X_i 是未知变量，目前求解尚有困难。毕肖普假定土条间竖向剪切力均略去不计，即 $X_{i+1} - X_i = 0$，则式（7.30）可简化为

$$F_s = \frac{\sum_{i=1}^{n} \frac{1}{m_{\alpha i}} (W_i \tan \varphi_i + c_i l_i \cos \alpha_i)}{\sum_{i=1}^{n} W_i \sin \alpha_i} \tag{7.31}$$

其中

$$m_{\alpha i} = \cos \alpha_i + \frac{1}{F_s} \tan \varphi_i \sin \alpha_i \tag{7.32}$$

式（7.31）就是简化毕肖普法计算土坡稳定系数的公式。由于式中的 $m_{\alpha i}$ 也包含 F_s 值，所以式（7.31）必须用迭代法求解：先假定一个 F_s 值，按式（7.32）求得 $m_{\alpha i}$ 值，代入式（7.31）中求出 F_s 值。若此值与假定值不符，则用此 F_s 值重新计算 $m_{\alpha i}$，求得新的 F_s 值。如此反复迭代，直至假定的 F_s 值与求得的 F_s 值相近为止。为了方便计算，可将式（7.32）的 $m_{\alpha i}$ 值制成曲线，如图 7.12 所示，可按 α_1 及 $\tan \varphi_i / F_s$ 值直接查得 $m_{\alpha i}$ 值。

最危险滑动面圆心位置的确定方法仍可按前述泰勒经验方法确定。

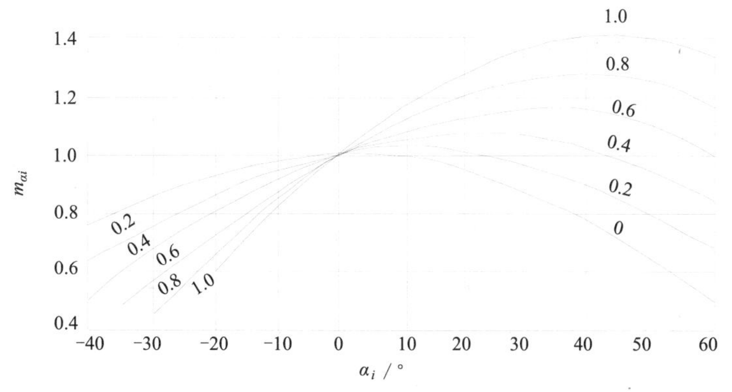

图 7.12　$m_{\alpha i}$ 值曲线

【例题 7.3】 用简化毕肖普条分法计算例题 7.2 中的土坡的稳定系数。

【解】

土坡的最危险滑动面圆心 O 的位置以及土条划分情况均与例题 7.2 相同。按式（7.31）和式（7.32）计算各土条的有关各项列于表 7.4 中。

第一次试算假定稳定系数 $F_s = 1.20$，计算结果列于表 7.4，可按式（7.31）求得稳定系数

$$F_s = \frac{\sum_{i=1}^{n} \frac{1}{m_{\alpha i}} (W_i \tan \varphi_i + c_i l_i \cos \alpha_i)}{\sum_{i=1}^{n} W_i \sin \alpha_i} = \frac{221.55}{186.6} \simeq 1.187$$

第二次试算假定 $F_s = 1.19$，计算结果列于表 7.4，可得

$$F_s = \frac{221.33}{186.6} \approx 1.186$$

计算结果与假定接近，可得土坡的稳定系数 $F_s = 1.19$。

表 7.4　土坡稳定性表

土条编号	α_i /°	l_i /m	W_i /kN	$W_i \sin\alpha_i$ /kN	$W_i \tan \alpha_i$ /kN	$c_i l_i \cos \alpha_i$	$m_{\alpha i}$		$\frac{1}{m_i}(W_i \tan \varphi_i + c_i l_i \cos \alpha_i)$	
							F_s=1.20	F_s=1.19	F_s=1.20	F_s=1.19
1	9.5	1.01	11.16	1.84	2.37	16.64	1.016	1.016	18.71	18.71
2	16.5	1.05	33.48	9.51	7.12	16.81	1.009	1.010	23.72	23.69
3	23.8	1.09	53.01	21.39	11.27	16.66	0.986	0.987	28.33	28.30
4	31.8	1.18	69.75	36.55	14.83	16.73	0.945	0.945	33.45	33.45
5	40.1	1.31	76.26	49.12	16.21	16.73	0.879	0.880	37.47	37.43
6	49.8	1.56	56.73	43.33	12.06	16.82	0.781	0.782	36.98	36.93
7	63.0	2.68	27.90	24.86	5.93	20.32	0.612	0.613	42.89	42.82
合计				186.60	—				221.55	221.33

7.5　简布法

普通条分法是一种适用于任意滑动面的方法，而不必规定圆弧滑动面，特别适用于不均匀土体的情况。简布法是其中的一种方法。如图 7.13（a）所示的滑动面一般发生在具有软弱夹层的地基中。简布法又称普遍条分法，不仅考

虑了条间法向力的作用，还考虑了条间切向力的作用，其特点是假设条间力的作用点位置。这样，各土条都满足所有的静力平衡条件和极限平衡条件，滑动土体的整体平衡条件自然也得到满足。

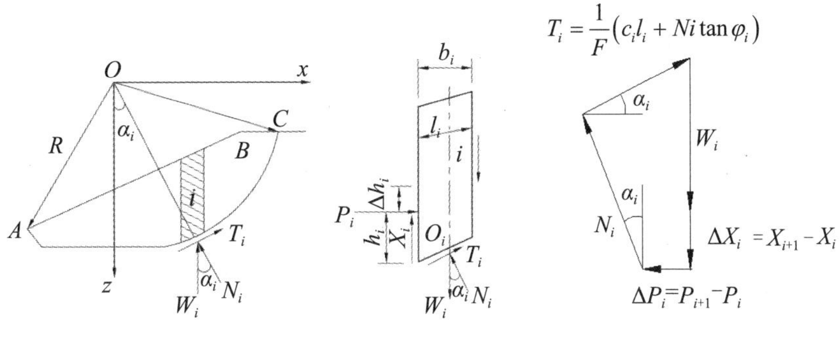

（a）选 取土条　　（b）土条的受力分析　　（c）土条受力的矢量计算

图 7.13　简布法计算土坡稳定性

如图 7.13（a）所示，从滑动土体 ABC 中取任意一块土条 i 进行静力分析。作用在土条 i 上的力的受力分析及矢量计算如图 7.13（b）（c）所示。

按静力平衡条件，由 $\sum F_z = 0$，得

$$W_i + \Delta X_i = N_i \cos\alpha_i + T_i \sin\alpha_i$$

$$N_i \cos\alpha_i = W_i + \Delta X_i - T_i \sin\alpha_i \tag{7.33}$$

由 $\Sigma F_x = 0$，得

$$\Delta P_i = T_i \cos\alpha_i - N_i \sin\alpha_i \tag{7.34}$$

将式（7.33）代入式（7.34），整理后得

$$\Delta P_i = T_i(\cos\alpha_i + \frac{\sin^2\alpha_i}{\cos\alpha_i}) - (W_i + \Delta X_i)\tan\alpha_i \tag{7.35}$$

根据极限平衡条件，考虑稳定系数 F_s，得

$$T_i = \frac{1}{F_s}\left(c_i l_i + N_i \tan\varphi_i\right) \tag{7.36}$$

由式（7.33）得

$$N_i = \frac{1}{\cos\alpha_i}(W_i + \Delta X_i - T_i \sin\alpha_i) \tag{7.37}$$

将 N_i 代入式（7.36），整理后得

$$T_i = \frac{\dfrac{1}{F_s}[c_i l_i + \dfrac{1}{\cos\alpha_i}(W_i + \Delta X_i)\tan\varphi_i]}{1 + \dfrac{\tan\alpha_i \tan\varphi_i}{F_s}} \tag{7.38}$$

将式（7.38）代入式（7.35），得

$$\Delta P_i=(W_i+\Delta X_i)\tan\alpha_i-\frac{1}{F_s}\left[(W_i+\Delta X_i)\tan\varphi_i+c_ib_i\right]\frac{1}{m_{\alpha i}\cos\alpha_i}=B_i-\frac{A_i}{F_s} \tag{7.39}$$

$$A_i=\left[(W_i+\Delta X_i)\tan\varphi_i+c_ib_i\right]\frac{1}{m_{\alpha i}\cos\alpha_i}$$

$$B_i=(W_i+\Delta X_i)\tan\alpha_i$$

式中，b_i——土条 i 的宽度（m）。

图 7.14 表示作用在土条侧面的法向力 P_i，显然有 $P_0=0$，$P_1=\Delta P_1$，$P_2=P_1+\Delta P_2=\Delta P_1+\Delta P_2$，以此类推，有

$$P_i=\sum_{j=1}^{i}\Delta P_j \tag{7.40}$$

若全部土条的总数为 n，则有

$$P_n=\sum_{i=1}^{n}\Delta P_i=0 \tag{7.41}$$

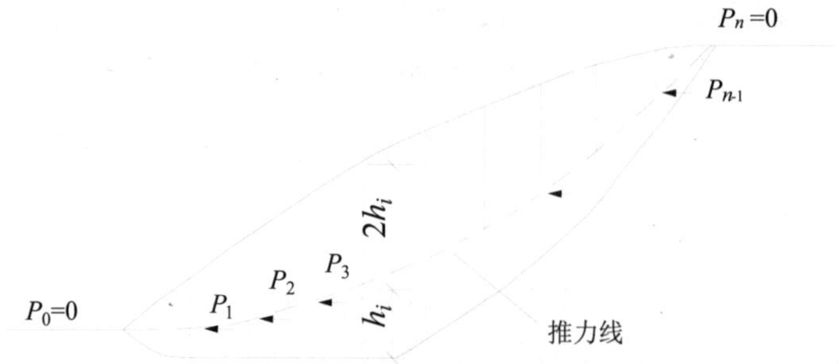

图 7.14　土条间的法向力 P_i

将式（7.39）代入式（7.41），整理后得

$$\begin{aligned}F_s&=\frac{\sum\left[c_ib_i+(W_i+\Delta X_i)\tan\varphi_i\right]\dfrac{1}{\cos\alpha_i(\cos\alpha_i+\sin\alpha_i\tan\varphi_i/F_s)}}{\sum(W_i+\Delta X_i)\tan\alpha_i}\\&=\frac{\sum\left[c_ib_i+(W_i+\Delta X_i)\tan\varphi_i\right]\dfrac{1}{m_{\alpha i}\cos\alpha_i}}{\sum(W_i+\Delta X_i)\tan\alpha_i}\\&=\frac{\sum A_i}{\sum B_i}\end{aligned} \tag{7.42}$$

式中，$m_{\alpha i}$ 同式（7.32）；其余变量物理意义同前。

比较毕肖普公式（7.31）和简布公式（7.42），两者很相似，但有一定差别，毕肖普公式是根据滑动面为圆弧面和滑动土体满足整体力矩平衡条件推导出来的。简布公式则是利用力的多边形闭合和极限平衡条件，最后从 $\sum_{i=1}^{n}\Delta p_i$ 得出。显然这些条件适用于任何形式的滑动面不仅限于圆弧面，在式（7.42）中，ΔH_i 仍然是待定的未知量。毕肖普没有解出 ΔH_i，让 $\Delta H_i = 0$ 作为简化毕肖普公式的条件。简布公式则利用各土条的力矩平衡条件，整个滑动土体的整体力矩平衡条件也自然得到满足。

利用作用在土条 i 上的力对土条滑弧段中点 O_i 取矩，如图 7.13（b）所示，并让 $\sum M_{O_i} = 0$。假设重力 W_i 和滑弧段上的力 N_i 作用在土条中心线上，T_i 通过 O_i 点，均不产生力矩。条间力的作用点位置在假设土条侧面的 1/3 高处，并形成如图 7.14 所示的推力线，所以有

$$X_i\frac{b_i}{2}+(X_i+\Delta X_i)\frac{b_i}{2}-(P_i+\Delta P_i)(h_i+\Delta h_i-\frac{1}{2}b_i\tan a_i)+P_i(h_i-\frac{1}{2}b_i\tan a_i)=0$$

略去高阶微量整理后得

$$X_ib_i-P_ih_i-\Delta P_ih_i=0$$

$$X_i=-P_i\frac{\Delta h_i}{b_i}+\Delta P_i\frac{h_i}{b_i} \tag{7.43}$$

$$\Delta X_i=X_{i+1}-X_i \tag{7.44}$$

式（7.43）表示土条切向力与法向力之间的关系，式中符号见图 7.13。

根据式（7.39）至式（7.44），利用迭代法可以求得普遍条分法的边坡稳定系数。其步骤如下：

①假定 $\Delta X_i = 0$，利用式（7.42）迭代求第一次近似的稳定系数 F_{s1}。

②将 F_{s1} 和 $\Delta X_i = 0$ 代入式（7.39），求得相应的 ΔP_i（对每一条，从 1 到 n）。

③用式（7.40）求土条间的法向力 P_i（对每一条，从 1 到 n）。

④将 P_i 和 ΔP_i 代入式（7.43）和式（7.44），求土条间的切向作用力 X_i（对每一条，从 1 到 n）和 ΔX_i。

⑤将 ΔX_i 重新代入式（7.42），迭代求新的稳定系数 F_{s2}。

如果 $F_{s2} - F_{s1} > \Delta$，Δ 为规定的稳定系数计算精度，重新按照上述的步骤

从②～⑤进行第二轮计算，如此反复进行，直至 $F_{s(k)}-F_{s(k-1)}<\Delta$ 为止。此时，$F_{s(k)}$ 就是该假定滑动面的稳定系数。边坡的真正稳定系数还要计算很多滑动面，进行比较，找出最危险的滑动面，其安全系数才是真正的稳定系数。此项工作量相当浩繁，一般要编制程序在计算机上计算。用简布法计算一个滑动面稳定系数的流程如图 7.15 所示。

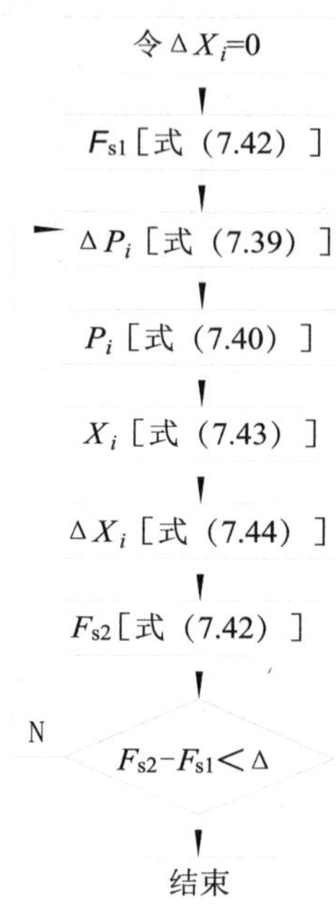

图 7.15　简布法计算程序流程

除简布法之外，适用于任意滑动面的普遍条分法还有多种。它们多是假设条间力的方向，如假设条间力的方向为常数，或者其方向为某种函数，或者设条间力方向与滑动面倾角一致等。

【例题 7.4】如图 7.16 所示土坡。已知土坡高度 H=8.5 m，土坡坡度为 1∶2，土的重度 $\gamma=19.6\ \text{kN/m}^3$，内摩擦角 $\varphi=20°$，黏结力 c=18 kPa。试用简布法计算土坡的稳定系数。

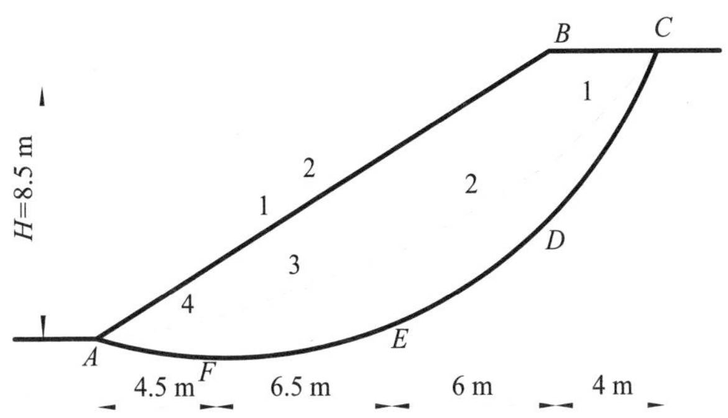

图 7.16　例题 7.4 图

【解】若可能滑动面 $AFEDC$ 如图 7.16 所示，将滑动土体分成 4 条，各土条的基本数据列于表 7.5。

表 7.5　基本数据

土条编号	土条宽 b_i/m	底坡角 α/°	$\tan\alpha_i$	$\cos\alpha_i$	$\sin\alpha_i$	土条高宽 h_i /m	$\gamma_i h_i$ /kPa	土条重力 $W=\gamma_i h_i b_i$ /（kN/m）	$\tan\varphi_i$	c_i /Pa	$c_i b_i$ /（kN/m）
1	4	50.7	1.222	0.633	0.774	3.5	68.6	274.4	0.364	18	72
2	6	22.6	0.416	0.923	0.384	5.5	107.8	646.8	0.364	18	109
3	6.5	9.6	0.169	0.986	0.167	4.1	80.4	522.6	0.364	18	117
4	4.5	−7.6	−0.133	0.991	−0.132	1.65	32.3	145.4	0.364	18	81

（1）第一次迭代计算

第一次迭代计算时，假定 $\Delta X_i=0$。为求得试算稳定系数 F_s 的参考数值，可先假设 $\dfrac{1}{m_{\alpha i}\cos\alpha_i}=1$，则由式（7.42）得到

$$F_{s0}=\frac{\sum A_i}{\sum B_i}=\frac{956.4}{673.4}\approx 1.420$$

参考 F_{s0} 值假设一个试算稳定系数 F_s=1.700，计算 $m_{\alpha i}$ 的值，然后按照式（7.42）计算稳定系数 F_{s1}

$$F_{s1}=\frac{\sum A_i}{\sum B_i}=\frac{1155.15}{673.4}\approx 1.715$$

因为 F_{s1} 值与假设值 F_s=1.700 相近（不超过 5%），所以可不必再进行试算。

表 7.6　第一次迭代计算结果

土条编号 i	$B_i=W_i\tan\alpha_i$	$A_i=W_i\tan\varphi_i+c_ib_i$	$K_0=\sum A_i/\sum B_i$	$m_{\alpha i}$	$1/m_{\alpha i}\cos\alpha_i$	$A_i=(W_i\tan\alpha_i+c_ib_i)\times 1/m_{\alpha i}\cos\alpha_i$	K_1
1	335.3	171.9	956.4/673.4 ≈1.420	0.799	1.977	339.81	1155.15/673.4≈1.715
2	269.1	343.4		1.005	1.078	370.22	
3	88.3	307.2		1.002	0.992	304.77	
4	−19.3	133.9		0.963	1.048	140.35	
—	$\sum=673.4$	$\sum=956.4$		假设 K=1.700		$\sum=1155.15$	

（2）第二次迭代计算

第二次迭代计算时应考虑 ΔX_i 的作用，故要先根据式（7.39）和式（7.40）计算 ΔP_i 及 P_i。

计算 ΔE_i 值时，稳定系数采用第一次迭代结果 F_{s1} 代入，将求得的各土条 ΔP_i 及 P_i 列表，见表 7.7。

然后按照式（7.43）计算各土条间的竖向剪切力 X_i 值。计算 $\dfrac{\Delta P_i}{b_i}$ 时，应取相邻两土条的平均值，即

$$\frac{\Delta P_i}{b_i}=\frac{\Delta P_i+\Delta P_{i+1}}{b_i+b_{i+1}}$$

按照式（7.44）计算 ΔX_i。

假设一个试算稳定系数 F_s=2.10，计算 $m_{\alpha i}$ 及 $\dfrac{1}{m_{\alpha i}\cos\alpha_i}$ 的值，然后按照式（7.42）求得稳定系数为

$$F_{s2}=\frac{\sum A_i}{\sum B_i}=\frac{1129.41}{537.91}\approx 2.100$$

由于 F_{s2} 与假设 F_s 相同，可结束试算。

表 7.7　第二次迭代计算结果

土条编号 i	A_i/K_i	ΔE_i	E_i	$\Delta E_i/b_i$	t_i	$\tan\alpha_i$	X_i	ΔX_i
	(1)	(2)	(3)	(4)	(5)	(6)	(7)	(8)
1	198.14	137.16	0	—	—	—	0	127.2
2	215.87	53.23	137.16	19.04	−0.07	0.917	−127.21	40.83
3	177.71	−89.41	190.39	−2.89	0.67	0.443	−86.28	47.57
4	81.84	−101.14	100.98	−17.32	0.62	0.277	−38.71	38.71
—	—	—	—	—	—	—	—	$\sum 0$

土条编号 i	$B_i=(W_i+\Delta X_i)\tan\alpha_i$	$m_{\alpha i}$	$1/m_{\alpha i}\cos\alpha_i$	$A_i=[(W_i+\Delta X_i)\tan\varphi_i+c_ib_i]\times 1/m_{\alpha i}\cos\alpha_i$	K_2
	(9)	(10)	(11)	(12)	(13)
1	179.99	0.767	2.059	258.63	1129.41/537.91≈2.100
2	286.05	0.990	1.095	392.33	
3	96.36	1.015	0.999	324.22	
4	−24.49	0.968	1.042	154.23	
—	$\sum=537.91$		假设 K=2.10	$\sum=1129.41$	

（3）第三次迭代计算

与第二次迭代计算相同，用第二次迭代计算结果 F_{s2} 值，依次计算 ΔP_i，P_i，X_i，ΔX_i 值。假设一个试算稳定系数 F_s=1.90，计算 $m_{\alpha i}$ 及 $\dfrac{1}{m_{\alpha i}\cos\alpha_i}$ 的值，求得稳定系数为

$$F_{s3}=\frac{\sum A_i}{\sum B_i}=\frac{1147.13}{603.09}\approx 1.902$$

计算结果与假设（F_s=1.90）相近。

表 7.8　第三次迭代计算结果

土条编号 i	A_i/K_i	ΔE_i	E_i	$\Delta E_i/b_i$	X_i	ΔX_i	B_i	$1/m_{\alpha i}\cos\alpha_i$	A_i	K_3
1	123.16	56.38	0	—	0	−53.21	270.29	2.022	308.38	1147.13/603.09≈1.902
2	186.82	99.23	56.83	15.61	−53.21	−13.71	263.37	1.087	367.89	
3	154.39	−58.03	156.06	3.30	−66.92	30.97	93.55	0.996	317.23	
4	73.44	−97.93	98.03	−14.18	−35.95	35.95	−24.12	1.045	153.63	
—	—	—	—	—	—	—	$\sum=603.09$	假设 K=1.90	$\sum=1147.13$	—

（4）后续迭代计算

由于上述 3 次迭代计算结果 F_{s1}=1.715、F_{s2}=2.100、F_{s3}=1.902 差异较大，故尚需继续进行迭代计算，现将 10 次迭代计算结果列出：

F_{s1}=1.715，F_{s2}=2.100，F_{s3}=1.902，F_{s4}=2.023，F_{s5}=1.949

F_{s6}=1.991，F_{s7}=1.966，F_{s8}=1.980，F_{s9}=1.972，F_{s10}=1.976

因为 F_{s9} 与 F_{s10} 已很接近了（误差＜ 0.005），所以可结束迭代计算。最后求得土坡的稳定系数 F_s=1.976。

7.6　传递系数法

在滑体中取第 i 块土条，如图 7.17 所示，假定第 i-1 块土条传来推力 P_i-1 的方向平行于第 i-1 块土条的底滑面，而第 i 块土条传送给第 i+1 块土条的推力 P_i 平行于第 i 块土条的底滑面，即假定每一分界面上推力的方向平行于上一块土条的底滑面，第 i 块土条承受的各种作用力如图 7.17 所示。将各作用力投影到底滑面上，其平衡方程如下

$$P_i = T_i - S_i + P_{i-1}\psi_{i-1} \tag{7.45}$$

式中，T_i——土条的下滑力（kN）；

S_i——土条的抗滑力（kN）；

P_{i-1}——上一块土条传下来的不平衡下滑力（kN）；

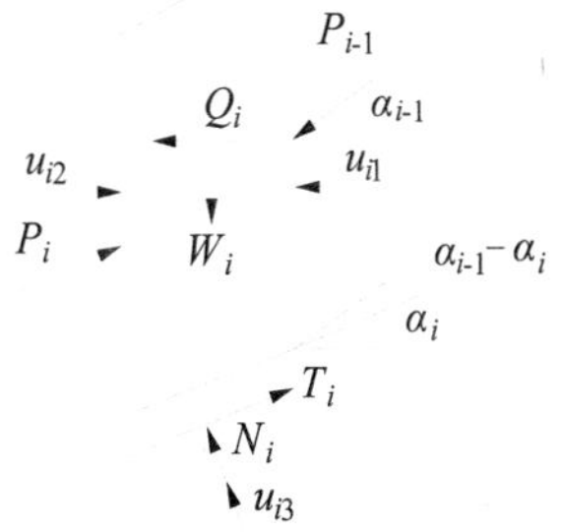

图 7.17　传递系数法土条受力图

ψ_{i-1}——传递系数，$\psi_{i-1}=\cos(\alpha_{i-1}-\alpha_i)-\sin(\alpha_{i-1}-\alpha_i)\tan\varphi/F_s$。

其中，

$$T_i=W_i\sin\alpha_i+Q_i\cos\alpha_i+(\mu_{i1}-\mu_{i2})\cos\alpha_i \tag{7.46}$$

$$P_i=(W_i\sin\alpha_i+Q_i\cos\alpha_i)-\left[\frac{c_il_i}{F_s}+\frac{(W_i\cos\alpha_i-u_il_i-Q_i\sin\alpha_i)\tan\varphi_i'}{F_s}\right]+P_{i-1}\psi_{i-1}$$

$$S_i=\{[W_i\cos\alpha_i-Q_i\sin\alpha_i-\mu_{i3}-(\mu_{i2}-\mu_{i1})\sin\alpha_i]\tan\varphi_i+c_il_i\}/F_s \tag{7.47}$$

式中，Q_i——地震力（kN），$Q_i=\dfrac{a}{g}\cdot W_i=K_c\cdot W_i$，$a$ 为地震加速度（m/s^2），g 为重力加速度（m/s^2），W_i 为第 i 块土条单宽自重（kN/m），K_c 为水平地震系数；

μ_{i1}，μ_{i2}——第 i 块土条上、下两侧面的静水压力（kN），$u_{i1}=\dfrac{1}{2}\gamma_w h_{i1}^2$，$u_{i2}=\dfrac{1}{2}\gamma_w h_{i2}^2$，$h_{i1}$ 与 h_{i2} 分别为第 i 块土条上、下两侧面的水柱高度（m）。

μ_{i3}——滑面上静水压力产生的扬压力，$u_{i3}=\dfrac{1}{2}\gamma_w(h_{i1}+h_{i2})l_i$；

γ_w——水的容重（kN/m^3）；

l_i——第 i 条块滑面长度（m）。

在进行计算分析时，需利用式（7.45）进行试算，即假定一个 F_i 值，从边坡顶部第 1 块土条算起求出它的不平衡下滑力 P_1（求 P_1 时，右端第 3 项始终为零），即为第 1 和第 2 块土条之间的推力，再计算第 2 块土条在原有荷载和 P_1 作用下的不平衡下滑力 P_2，作为第 2 块土条与第 3 块土条之间的推力。依此方法计算到第 n 块（最后一块），如该块土条在原有荷载及推力 P_{n-1} 作用下，求得的推力 P_n 刚好为零，则所设的 F_s 即为所求的稳定系数；如 P_n 不为零，则

重新设定 F_s 值，按上述步骤重新计算，直到满足 P_n=0 kN 的条件为止。

一般可取 3 个 F_s 同时计算，求出对应的 3 个 P_n 值，作出 P_n-F_s 曲线，从曲线上找出 P_n=0 kN 时的 F_s 值，该 F_s 值即为所求。在工程当中应用 Excel 软件进行制表求解更为方便快捷。

F_s 值可根据高边坡现状及其对工程的影响等因素确定，一般取 1.05～1.25。另外，要注意土条之间不能承受拉力，若土条的推力 P_i 出现负值，则意味着 P_i 不再向下传递，而在计算下一块土条时，上一块土条对其的推力取 P_{i-1}=0 kN。

传递系数法能够涉及土条界面上剪力的影响，计算也不复杂，具有适用而又方便的优点，在我国的国土部门及公路、铁路、国土、交通部门均得到广泛应用。当然，该方法也存在只考虑力的平衡而对力矩平衡没有考虑的不足。

【例题 7.5】 为对某路基滑坡进行稳定性评价，取公路路基滑坡的典型断面用传递系数法进行分析。从该滑坡土体结构特征判断，该滑坡目前处于整体稳定状态。该滑坡土体处于天然状态下，其力学参数：水容重 γ_w 为 1.8 g/cm^3，内摩擦角 φ 为 18°，内聚力 c 为 35 kPa，地震加速度 a 为 0.5 m/s^2，重力加速度 g 为 9.8 m/s^2。该滑坡的每一块土条的基本参数如表 7.9 所示。

表 7.9　土条的基本参数

相关参数	条块 1	条块 2	条块 3	条块 4	条块 5	条块 6	条块 7	条块 8	条块 9	条块 10
地震加速度 a_i/（m/s^2）	0.5	0.5	0.5	0.5	0.5	0.5	0.5	0.5	0.5	0.5
重力加速度 g_i/（m/s^2）	9.8	9.8	9.8	9.8	9.8	9.8	9.8	9.8	9.8	9.8
第 i 块土条单宽自重 W_i/（kN/m）	400	400	400	400	400	400	400	400	400	400
水容重 γ_{wi}/（g/cm^3）	1.8	1.8	1.8	1.8	1.8	1.8	1.8	1.8	1.8	1.8
水柱高 h_{i1}/m	0	1	2	2	3	3	3	2	1	1
水柱高 h_{i2}/m	1	2	2	3	3	3	2	1	1	3
第 i 块土条滑面长度 l_i/m	5	5	5	5	5	5	5	5	5	5
土条底部倾角 α_i/°	22	24	23	26	27	28	26	26	25	27
滑动面摩擦角 φ_i/°	18	18	18	18	18	18	18	18	18	18
凝聚力 c_i/kN	35	35	35	35	35	35	35	35	35	35

【解】为方便求解，把各土条的基本物理力学参数录入 Excel 表格，并利用 Excel 中的公式编辑功能对各计算项目录入公式，各计算公式的数学表达式和 Excel 表达式如表 7.10 所示，各土条基本物理力学参数与计算结果如表 7.11 所示。

表 7.10　计算公式表

数学表达式	Excel 表达式
$Q_i=\frac{a}{g}\cdot W_i=K_c\cdot W_i$	=B2/B3*B4
$u_{i1}=\frac{1}{2}\gamma_w h_{i1}^{\ 2}$	=B7*B8*B8/2
$u_{i3}=\frac{1}{2}\gamma_w\left(h_{i1}+h_{i2}\right)l_i$	=（B8+B9）*B7*B10/2
$P_i=T_i-S_i+P_{i-1}\psi_{i-1}$	=IF（B15<0，C16-C17，C16-C17+B15*B18）
$T_i=W_i\sin\alpha_i+Q_i\cos\alpha_i+(\mu_{i1}-\mu_{i2})\cos\alpha_i$	=C4*SIN（C14*PI（）/180）+C6*COS（C14*PI（）/180）+（C12-C11）*COS（C14*PI（）/180）
$S_i=\left\{\begin{bmatrix}W_i\cos\alpha_i-Q_i\sin\alpha_i-\\ \mu_{i3}-(\mu_{i2}-\mu_{i1})\sin\alpha_i\end{bmatrix}\tan\varphi_i+c_il_i\right\}/F_s$	=（（C4*COS（C14*PI（）/180）-C6*SIN（C14*PI（）/180）-C13-（C12-C11）*SIN（C14*PI（）/180））*TAN（C19*PI（）/180）+C21*C10）/C20
$\psi_{i-1}=\cos(\alpha_{i-1}-\alpha_i)-\sin(\alpha_{i-1}-\alpha_i)\tan\varphi/F_s$	=COS((C14-D14)*PI()/180)-SIN((C14-D14)*PI()/180)*TAN（C19*PI（）/180）/C20

表 7.11　土条基本物理力学参数与计算结果

参数名称	条块 1	条块 2	条块 3	条块 4	条块 5	条块 6	条块 7	条块 8	条块 9	条块 10
地震加速度 a_i /（m/s^2）	0.5	0.5	0.5	0.5	0.5	0.5	0.5	0.5	0.5	0.5
重力加速度 g_i /（m/s^2）	9.8	9.8	9.8	9.8	9.8	9.8	9.8	9.8	9.8	9.8

续表

参数名称	条块 1	条块 2	条块 3	条块 4	条块 5	条块 6	条块 7	条块 8	条块 9	条块 10
第 i 条块单宽自重 W_i /(kN/m)	400	400	400	400	400	400	400	400	400	400
水平地震系数 K_c	0.05102	0.05102	0.05102	0.05102	0.05102	0.05102	0.05102	0.05102	0.05102	0.05102
地震力 Q_i/kN	20.408	20.408	20.408	20.408	20.408	20.408	20.408	20.408	20.408	20.408
水容重 γ_{wi}/(g/cm^2)	1.8	1.8	1.8	1.8	1.8	1.8	1.8	1.8	1.8	1.8
水柱高 h_{i1}/m	0	1	2	2	3	3	3	2	1	1
水柱高 h_{i2}/m	1	2	2	3	3	3	2	1	1	3
第 i 条块滑面长度 l_i/m	5	5	5	5	5	5	5	5	5	5
侧面水压力 u_{i1}/kN	0	0.9	3.6	3.6	8.1	8.1	8.1	3.6	0.9	0.9
侧面水压力 u_{i2}/kN	0.9	3.6	3.6	8.1	8.1	8.1	3.6	0.9	0.9	8.1
静水扬压力 u_{i3}/kN	4.5	13.5	18	22.5	27	27	22.5	13.5	9	18
土条底部倾角 α_i/°	22	24	23	26	27	28	26	26	25	27
土条剩余下滑力 P_i /kN	-44.354	-26.362	-35.019	-8.5144	-5.048	1.8239	-15.737	-17.885	-23.191	-0.0001
土条的下滑力 T_i/kN	169.599	183.805	175.078	197.736	199.780	205.808	189.647	191.265	187.543	206.195

续表

参数名称	条块 1	条块 2	条块 3	条块 4	条块 5	条块 6	条块 7	条块 8	条块 9	条块 10
土条的抗滑力 S_i/kN	213.952	210.167	210.097	206.250	204.828	203.984	207.191	209.150	210.734	206.195
传递系数 ψ_i	1.0077	0.9957	1.0111	1.0040	1.0040	0.9911	1	0.9957	1.0077	0.7827
滑动面摩擦角 φ_i/°	18	18	18	18	18	18	18	18	18	18
稳定系数 F_s	1.3622	1.3622	1.3622	1.3622	1.3622	1.3622	1.3622	1.3622	1.3622	1.3622
黏结力 c_i/kN	35	35	35	35	35	35	35	35	35	35

通过利用 Excel 提供的句柄复制功能可以对各计算项目进行快速的求解，当鼠标指向选定的单元格出现句柄标志时，向下拖动该标志完成对该列进行公式的复制，则出现每一行对应的该项计算结果，对以上各列进行复制，则出现全部结果。对于任一计算剖面，首先假定一个安全系数 F_s 值代入上式中，通过不断调整 F_s 值的大小，直到使最后一土条的下滑力 P_n=0 kN，此时的 F_s 值即为所求该剖面的稳定系数。当一滑块剩余下滑力小于 0 kN 时，考虑到岩石的不抗拉性质，传递推力应取 0 kN。其 Excel 表达式为 =IF（B15<0，C16−C17，C16−C17+B15*B18）。F_s 值确定后，每一条块的剩余下滑力，可同样用上述公式计算。

当代入的 F_s=1.3622，最后一块土条的剩余下滑力 P_i=−0.0001 kN，则此时的 F_s 为所求滑坡的稳定系数，而且所有土条的剩余下滑力也已求得。

第 8 章　地基承载力

8.1　浅基础地基破坏模式

8.1.1　地基承载力

地基承载力是指地基土单位面积上所能承受实荷载的能力，其单位一般以 kPa 计。通常把地基不致失稳时地基土单位面积上所能承受的最大荷载称为地基极限承载力 p_u。由于工程设计中必须确保地基有足够的稳定性，必须限制建筑物基础基底的压力 p，使其不得超过地基的承载力容许值 p_a，所以地基承载力容许值是指考虑一定安全储备后的地基承载力。同时，根据地基承载力进行基础设计时，应考虑不同建筑物对地基变形的控制要求，进行地基变形验算。

当地基土受到荷载作用后，地基中有可能出现一定的塑性变形区。当地基土中将要出现但尚未出现塑性区时，地基所承受的相应荷载称为临塑荷载；当地基土中的塑性区发展到某一深度时，其相应荷载称为临界荷载；当地基土中的塑性区充分发展并形成连续滑动面时，其相应荷载称为极限荷载。

8.1.2　地基破坏过程

苏联学者格尔谢万诺夫根据载荷试验结果，提出地基破坏的过程经历 3 个阶段，即压密阶段、剪切阶段和破坏阶段，如图 8.1 所示。

1. 压密阶段

如图 8.1（a）所示，压密阶段相当于 p–s 曲线上的 oa 段。在这一阶段，p-s 曲线接近于直线，土中各点的剪应力均小于土的抗剪强度，土体处于弹性平衡状态。在这一阶段，载荷板的沉降主要是由土的压密变形引起的，相应于 p-s 曲线上 a 点对应的荷载即为临塑荷载 p_{cr}。

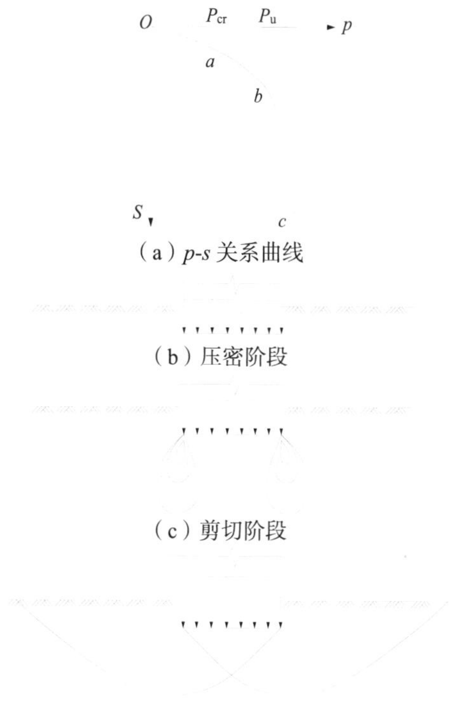

O　P_{cr}　P_u　p
a
b
S　c

（a）p-s 关系曲线

（b）压密阶段

（c）剪切阶段

（d）破坏阶段

图 8.1　变形曲线的三个阶段与相对应的地基破坏情况

2. 剪切阶段

剪切阶段相当于 $p-s$ 曲线上的 ab 段。在这一阶段，$p-s$ 曲线不再保持线性关系，从基础的两侧底边缘点开始，地基土中局部范围内的剪应力等于该处土的抗剪强度，土体发生剪切破坏而出现塑性区，土体处于塑性极限平衡状态。在这一阶段，虽然地基土部分区域发生了塑性极限平衡，但塑性区并未在地基中连成一片，地基基础仍有一定的稳定性，地基的安全性随着塑性区的扩大而降低。相应于 $p-s$ 曲线上 b 点对应的荷载为极限荷载 p_u。

3. 破坏阶段

破坏阶段相当于 $p-s$ 曲线上的 bc 段。在这一阶段，当荷载超过极限荷载后，载荷板急剧下沉，即使不增加荷载，沉降也不能稳定，所以 $p-s$ 曲线陡直下降。该阶段基础以下两侧的地基塑性区贯通并连成一片，基础两侧土体隆起，很小的荷载增量就会引起大的基础沉陷，这个变形主要不是由土的压缩引起的，而是由土的塑性流动引起的，是一种随时间不稳定的变形，其结果是基础往一侧倾倒，地基整体失去稳定性。

8.1.3 地基破坏形式

在荷载作用下地基因承载力不足引起的破坏一般都由地基土的剪切破坏引起。试验研究表明，它有三种破坏形式：整体剪切破坏、局部剪切破坏和刺入剪切破坏，如图 8.2 所示。

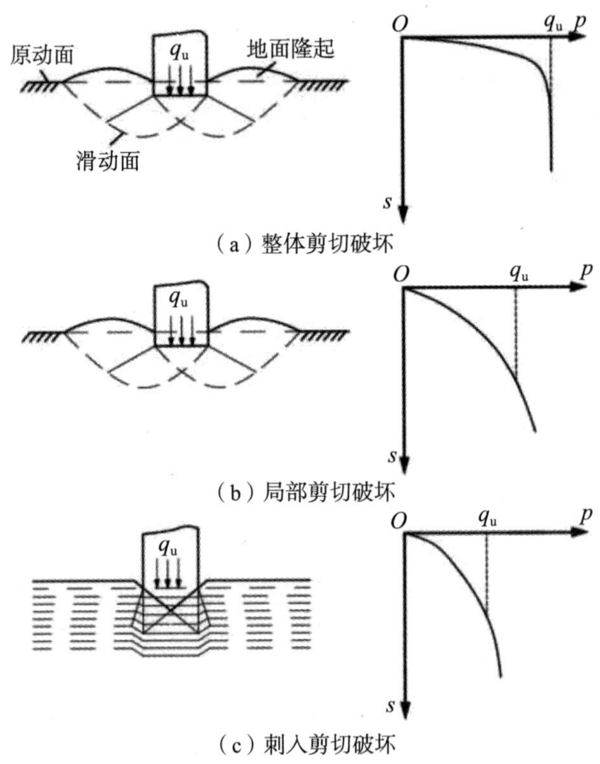

图 8.2 地基的破坏形式

1. 整体剪切破坏

整体剪切破坏是一种在基础荷载作用下地基发生连续滑动面的地基破坏形式，其概念最早由德国物理学家普朗德尔于 1920 年提出。它的破坏特征是地基在荷载作用下产生近似线弹性（*p*–*s* 曲线呈线性）变形。当荷载达到一定数值时，在基础边缘以下土体首先发生剪切破坏，随着荷载继续增加，剪切破坏区也逐渐扩大，*p*–*s* 曲线由线性开始弯曲。当剪切破坏区在地基中形成一片，成为连续的滑动面时，基础就会急剧下沉并向一侧倾斜、倾倒，基础两侧的地面向上隆起，地基发生整体剪切破坏，地基、基础均失去了继续承载能力。描述这种破坏形式的典型荷载－沉降曲线（p–s 曲线）具有明显的转折点，破坏前建筑物一般不会发生过大的沉降，它是一种典型的土体强度破坏形式，破坏有一定的突然性，如图 8.2（a）示。整体剪切破坏一般在密砂和坚硬的黏土中最有可能发生。

2. 局部剪切破坏

局部剪切破坏是一种在基础荷载作用下地基某一范围内发生剪切破坏区的地基破坏形式，其概念最早由比利时学者德比尔于 1943 年提出。它的破坏特征是：在荷载作用下，地基在基础边缘以下开始发生剪切破坏后，随着荷载增大，地基变形增大，剪切破坏区继续扩大，基础两侧土体有部分隆起，但剪切破坏区没有发展到地面，基础没有明显的倾斜和倒塌。基础由于产生过大的沉降而丧失继续承载能力，地基失去稳定性。描述这种破坏形式的 p–s 曲线一般没有明显的转折点，其直线段范围较小，是一种以变形为主要特征的破坏形式，如图 8.2（b）所示。

3. 刺入剪切破坏

刺入剪切破坏是一种在荷载作用下基础下土体发生垂直剪切破坏，使基础产生较大沉降的地基破坏形式，它有时又被称为冲剪破坏、冲切剪切破坏。刺入剪切破坏的概念由国外学者德比尔和魏锡克于 1958 年提出。它的破坏特征是：在荷载作用下，基础产生较大沉降，基础的部分土体也产生下陷，破坏时地基中基础好像“刺入”土层，不出现明显的破坏区和滑动面，基础没有明显的倾斜，其 p–s 曲线没有转折点，是一种典型的以变形为特征的破坏形式，如图 8.2（c）所示。在压缩性较大的松砂、软土地基中相对容易发生刺入剪切破坏。

各种地基破坏形式的特点与比较见表 8.1。

表 8.1 各种地基破坏形式的特点与比较

破坏形式	地基中滑动面情况	荷载与沉降曲线的特征	基础两侧地面情况	破坏时基础的沉降情况	基础表现	设计控制因素	事故情况	适用条件	
								地基土	相对埋深[注]
整体破坏	完整(以至露出地面)	有明显拐点	隆起	较小	倾倒	强度	突然倾倒	密实	小

续表

破坏形式	地基中滑动面情况	荷载与沉降曲线的特征	基础两侧地面情况	破坏时基础的沉降情况	基础表现	设计控制因素	事故情况	适用条件	
								地基土	相对埋深注
局部破坏	不完整	拐点不易确定	有时微有隆起	中等	可能会出现倾倒	变形为主	较慢下沉时有倾倒	松软	中
刺入破坏	很不完整	拐点无法确定	沿基础出现下陷	较大	只出现下沉	变形	缓慢下沉	软弱	大

注：基础相对埋深为基础埋深与基础宽度之比。

8.2 地基承载力确定方法

确定地基承载力的方法，一般有以下 3 种。

一是根据载荷试验的 p–s 曲线来确定地基承载力。从载荷试验曲线确定地基承载力时，可以有 3 种确定方法：

①用极限承载力 p_u 除以安全系数 K 可得到承载力容许值，一般安全系数取 2~3。

②取 p-s 曲线上临塑荷载（比例界限荷载 p_{cr}）作为地基承载力容许值。

③对于拐点不明显的试验曲线，可以用相对变形来确定地基承载力容许值。当载荷板面积为 0.25 ～ 0.50 m^2，可取相对沉降 s/b=0.01 ～ 0.015（b 为载荷板宽度）所对应的荷载作为地基承载力容许值。

二是根据地基承载力理论公式确定地基承载力。在地基承载力的理论公式中，有两种确定地基承载力的计算公式：一是由土体极限平衡条件导得的临塑荷载和临界荷载计算公式；二是根据地基土刚塑性假定而导得的极限承载力计算公式。在工程实践中，根据建筑物不同要求，可以用临塑荷载或临界荷载作为地基承载力容许值，也可以用极限承载力公式计算得到的极限承载力除以一定的安全系数作为地基承载力容许值。

三是根据设计规范确定地基承载力。在《公路桥涵地基与基础设计规范》（JTG 3363—2019）和《建筑地基基础设计规范》（GB 50007—2011）中给出了各类土的地基承载力容许值表，这些表是根据在各类土上所做的大量的载荷试验资料，以及工程经验总结，并经过统计分析而得到的。在使用时，可根据现场土的物理力学性质指标，以及基础的宽度和埋置深度，按规范中的表格和公式来确定地基承载力容许值。

8.2.1　试验法

1. 载荷试验

载荷试验是工程地质勘查工作中一项基本的原位测试。该试验主要通过在一定尺寸平板上施加一定的荷载，来观察各级荷载作用下所产生的沉降，并根据绘制的 p-s 曲线来确定地基承载力特征值。载荷试验被广泛用于检测天然地基和处理后地基的承载力，具有直观、直接、准确的特点，是确定地基承载力最可靠的方法。载荷试验根据承压板的形式、设置深度和试验对象的不同，可分为浅层平板载荷试验、深层平板载荷试验和螺旋板载荷试验等。浅层平板载荷试验适用于浅层地基土，深层平板载荷试验适用于试验深度不小于 5 m 的深层地基土和大直径桩的桩端土，螺旋板载荷试验适用于黏土和砂土地基，以及深层地基土或地下水位以下的地基土。每个场地试验点不宜少于 3 个，土体不均匀时，应适当增加试验点。

（1）浅层平板载荷试验

地基土浅层平板载荷试验适用于确定浅部地基土层的承压板下应力主要影响范围内的承载力和变形参数。在实际试验时，承压板的面积不应小于 0.25 m^2，对于软土和粒径较大的填土不应小于 0.5 m^2。对于含碎石的土类，承压板的宽度应为最大碎石直径的 10 ～ 20 倍。加固后，复合地基宜采用大型载荷试验。试验设备如图 8.3、图 8.4 所示。

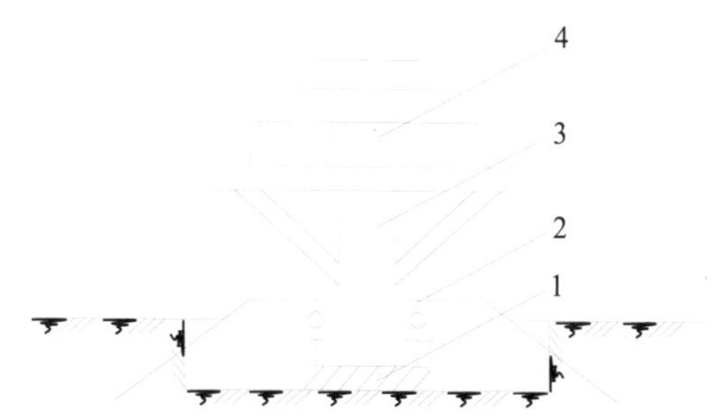

1—承压板；2—沉降观测装置；3—载荷台架；4—重物

图 8.3　重物式装置示意图

1—承压板；2—加荷千斤顶；3—荷重传感器；4—沉降观测装置；5—反力装置

图 8.4　反力式装置示意图

试验土层应保持原状结构和天然湿度。宜在拟试压表面用中砂层找平，其厚度不应超过 20 mm。载荷试验加载方式应采用分级维持荷载沉降相对稳定法（常规慢速法），有地区经验时，可采用分级加荷沉降非稳定法（快速法）或等沉降速率法。加荷等级宜取 10 ～ 20 级，并不小于 8 级，最大加载量不应小于设计要求的 2 倍。对于慢速法，每级荷载施加后，间隔 5 min、5 min、10 min、10 min、15 min、15 min，以后每隔 30 min 测读一次沉降量。当连续 2 h 内每小时沉降量不大于 0.1 mm 时，可以认为沉降已达到相对稳定标准，施加下一级荷载。如果出现下列情况之一时，即可终止加载：

①承载板周围土出现明显侧向挤出，周边土体出现明显隆起和裂缝。

②本级沉降量大于前级沉降量的 5 倍，荷载 - 沉降曲线出现明显陡降段。

③在本级荷载下，持续 24 h 内沉降速率不能达到稳定值。

④总沉降量超过承压板直径或宽度的 6%。

⑤当达不到极限荷载时，最大压力应达预期设计的 2 倍或超过第一拐点至少三级荷载。

当满足终止情况前三条之一时，其对应的前一级荷载为极限荷载。

（2）深层平板载荷试验

地基土深层平板载荷试验适用于确定深部地基土层及大直径桩桩端土层在承压板下应力主要影响范围内的承载力和变形参数。深层平板载荷试验的承压板采用直径为 0.8 m 的刚性板。紧靠承压板周围外侧土层高度应不小于 80 cm。实际试验时，加荷等级按预估承载力的 1/15 ～ 1/10 分级施加。当出现下列情况之一时，可终止加荷：

①在本级荷载下，沉降急剧增加，荷载 - 沉降曲线出现明显的陡降段，且

沉降量超过承压板直径的 4%。

②在本级荷载下，持续 24 h 内沉降速率不能达到稳定值。

③总沉降量超过承压板直径或宽度的 6%。

④当持力层土层坚硬，沉降量很小时，最大加载量不应小于设计要求的 2.0 倍。

（3）特征值和基本值的确定

根据 p–s 曲线，承载力特征值的确定应符合下列规定：当曲线具有明显直线段及转折点时，以转折点所对应的荷载定位比例界限压力和极限压力；当曲线无明显直线段及转折点时，可按前三种情况其所对应的前一级荷载确定极限荷载值 p_u，或取对应于某一相对沉降值（s/d，d 为承压板直径）的压力评定地基土承载力。

承载力的基本值 f_0 可按现行国家标准《建筑地基基础设计规范》（GB 50007—2011）确定：

①比例界限明确时，取该比例界限所对应的荷载值，即 $f_0 = p_{cr}$。

②当极限荷载能确定时（且该值小于比例界限荷载值 1.5 倍时），取极限荷载值的一半，即 $f_0 = \dfrac{p_u}{2}$。

③不能按照上述两条确定时，以沉降标准进行取值，若压板面积为 0.25 ～ 0.50 m^2，对于低压缩性土和砂土，取 s=（0.01–0.015）b 对应的荷载值；对于中、高压缩性土，取 $s = 0.02b$ 对应的荷载值。

2. 静力触探试验

静力触探试验是一种将金属制作的圆锥形探头以静力方式按一定速度均匀压入土中，借以量测贯入阻力 p_s 等参数值，间接评估土的物理力学性质的试验方法。这种方法对那些不易钻孔取样的饱和砂土、高灵敏度的软土及土层竖向变化复杂、不易密集取样的土层，可实现现场连续、快速地测得土层对触探头的贯阻力 p_s、探头侧壁与土体的摩擦力 f_s、土体对侧壁的压力 p_n 及土层孔隙水压力 u 等参数。图 8.5 是静力触探试验（CPT）现场图，图 8.6 是贯入装置结构示意图。

图 8.5　静力触探试验（CPT）现场图

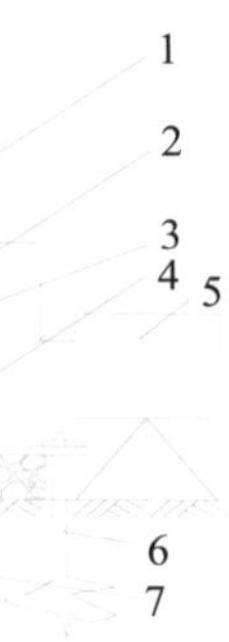

1—触探主机；2—导线；3—探杆；4—深度转换装置；

5—测量记录仪；6—反力装置；7—探头

图 8.6　贯入装置结构示意图

将静力触探试验所测得的贯入阻力与载荷试验、土工试验有关指标进行回归分析，可以得到适用于一定地区或一定土性的经验公式，这些公式可用于确定土的天然地基承载力。这些公式受到适用范围的限制，只适用于与本来性状大致相似的土层，若超越了这一范围，就可能产生不能允许的误差。本节下面给出的是《铁路工程地质原位测试规程》（TB 10018—2018）推荐的经验公式，对于其他经验公式，感兴趣的同学可自行查找资料。

一般黏性土地基承载力：$f_{\mathrm{ak}} = 0.94 p_{\mathrm{s}}^{0.8} + 8$　（8.1）

砂类土地基承载力：$f_{\mathrm{ak}} = 3.74 p_{\mathrm{s}}^{0.58} + 47$　（8.2）

软土地基承载力：$f_{\mathrm{ak}} = 0.196 p_{\mathrm{s}} + 15$　（8.3）

上述f_{ak}值用于基础设计时，尚需进一步按照基础实际宽度和埋深进行深、宽修正。

此外，外国学者梅耶霍夫对于砂土地基提出过一个经验公式：

$$f_{ak} = \frac{Bp_s}{36}\left(1+\frac{D}{B}\right) \tag{8.4}$$

式中，f_{ak}——地基承载力特征值（kPa）；

p_s——贯入阻力（kPa）；

B——基础宽度（m）；

D——埋置深度（m）。

3. 动力触探试验

当土层较硬，用静力方式无法将圆锥形探头贯入土中时，可利用一定质量的落锤将圆锥形探头打入土中，此即动力角探试验。动力触探试验适用于强风化、全风化的硬质岩石，各种软质岩石及相对较硬的土类。动力触探试验的工作原理是把冲击锤提升到一定高度，令其自由下落，冲击钻杆上的锤垫，使探头贯入土中。贯入阻力用贯入一定深度的锤击数表示。动力触探仪根据锤的质量进行分类，相应的探头和钻杆的规格尺寸是不同的。国内一般将动力触探仪分为轻型、重型和超重型三种类型，如图 8.7、图 8.8 与表 8.2 所示。

图 8.7　动力触探仪实物图

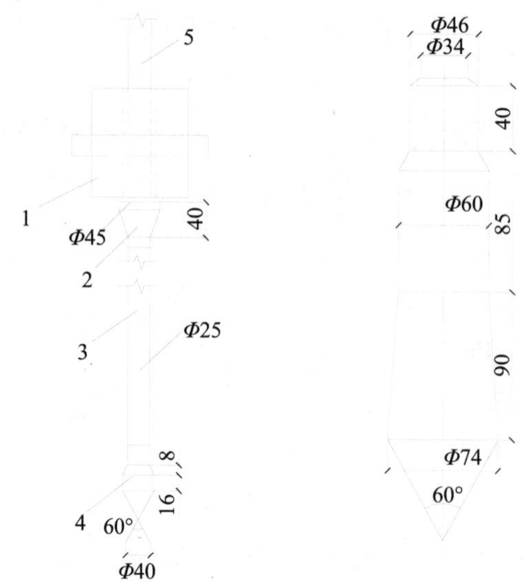

（a）轻型动力触探仪　　（b）重型、超重型动力触探仪

1—穿心锤；2—钢砧与锤垫；3—触探杆；4—圆锥探头；5—导向杆

图 8.8　动力触探仪的构造（单位：m）

表 8.2　圆锥动力触探设备规格

设备类型		轻型	重型	超重型
落锤	质量 m/kg	10 ± 0.2	63.5 ± 0.5	120 ± 1
	落距 H/m	0.50 ± 0.02	0.76 ± 0.02	100 ± 0.02
探头	直径 /m	40	74	74
	截面积 /cm^2	12.6	43	43
	圆锥角 /°	60	60	60
触探杆	直径 /m	25	42，50	50 ～ 63
	每米质量 /kg	—	＜ 8	＜ 12
	锥座质量 /kg	—	10 ～ 15	—
指标		贯入 30 cm 的读数 N_{10}	贯入 10 cm 的读数 $N_{63.5}$	贯入 10 cm 的读数 N_{120}
主要适用岩土		浅部的素填土、砂土、粉土和黏性土	中、粗、砾砂和中密以下碎石土	卵石、密实和很密的碎石土及砾石类土

我国幅员辽阔，土层分布的特点具有很强的地域性，各地区和部门在使

用动力触探试验方法的过程中积累了很多地区性或行业性的经验，积累了大量资料，建立起了地基承载力和动力触击数之间的经验公式，但在使用这些公式时要注意相应的适用范围。例如，铁道部第二勘测设计院（现更名为“中国中铁二院工程集团有限责任公司”）通过筛选，采用 59 组对比数据，经修正（表 8.3）后，统计分析了 $N_{63.5}$ 与地基承载力特征值的关系，如表 8.4 所示。

表 8.3　修正系数

L/m	$N_{63.5}$								
	5	10	15	20	25	30	35	40	≥ 50
≤ 2	1.0	1.0	1.0	1.0	1.0	1.0	1.0	1.0	—
4	0.96	0.95	0.93	0.92	0.90	0.89	0.87	0.86	0.84
6	0.93	0.90	0.88	0.85	0.83	0.81	0.79	0.78	0.75
8	0.90	0.86	0.83	0.80	0.77	0.75	0.73	0.71	0.67
10	0.88	0.83	0.79	0.75	0.72	0.69	0.67	0.64	0.61
12	0.85	0.79	0.75	0.70	0.67	0.64	0.61	0.59	0.55
14	0.82	0.76	0.71	0.66	0.62	0.58	0.56	0.53	0.50
16	0.79	0.73	0.67	0.62	0.57	0.54	0.51	0.48	0.45
18	0.77	0.70	0.63	0.57	0.53	0.49	0.46	0.43	0.40
20	0.75	0.67	0.59	0.53	0.48	0.44	0.41	0.39	0.36

注：L 为杆长。

表 8.4　$N_{63.5}$ 与地基承载力特征值的关系

$N_{63.5}$	3	4	5	6	8	10	12	14	16
f_{ak}/kPa	140	170	200	240	320	400	480	540	600
$N_{63.5}$	18	20	22	24	26	28	30	35	40
f_{ak}/kPa	660	720	780	830	870	900	930	970	1000

注：适用的深度范围为 1 ～ 20 m；表内的 $N_{63.5}$ 为修正后的平均锤击数。

4. 标准贯入试验

标准贯入试验适用于砂土、粉土和一般黏性土。根据《岩土工程勘察规范（2009 年版）》（GB 50021—2001），标准贯入试验的设备应符合表 8.5 的规定。贯入器自试验标高开始，记录每打入 10 cm 的锤击数，累计打入 30 cm 的锤击数为标准贯入试验锤击数 N。当锤击数已达 50 击，而贯入深度未达 30 cm 时，可记录 50 击的贯入深度，按式（8.5）换算成相对于 30 cm 的标准贯入试验锤击数 N，并终止试验

$$N = 30 \times \frac{50}{\Delta S} \tag{8.5}$$

式中，ΔS——50 击时的贯入度（cm）。

表 8.5　标准贯入试验设备规格

<table>
<tr><td colspan="2" rowspan="2">落锤</td><td>锤的质量 /kg</td><td>63.5</td></tr>
<tr><td>落距 /cm</td><td>76</td></tr>
<tr><td rowspan="6">贯入器</td><td rowspan="3">对开管</td><td>长度 /mm</td><td>> 500</td></tr>
<tr><td>外径 /mm</td><td>51</td></tr>
<tr><td>内径 /mm</td><td>35</td></tr>
<tr><td rowspan="3">管靴</td><td>长度 /mm</td><td>50 ～ 76</td></tr>
<tr><td>刃口角度 /°</td><td>18 ～ 20</td></tr>
<tr><td>刃口单刃厚度 /mm</td><td>1.6</td></tr>
<tr><td colspan="2" rowspan="2">钻杆</td><td>直径 /mm</td><td>42</td></tr>
<tr><td>相对弯曲</td><td>< 1/1000</td></tr>
</table>

用 N 值估算地基承载力特征值的经验方法很多。例如，梅耶霍夫从地基的强度出发，提出砂土地基的承载力特征值经验公式

$$f_{ak} = \frac{N}{10}\left(1 + \frac{D}{B}\right) \tag{8.6}$$

式中，f_{ak}——地基承载力特征值（kPa）；

N——标准贯入试验锤击数；

B——基础宽度（m）；

D——浅基础的埋置深度（m）；

对于地下水位以下的砂土，则式（8.6）的计算结果还要除以 2。

太沙基和派克考虑地基沉降的影响，提出另一种计算地基承载力特征值的经验公式，即在总沉降量不超过 25 mm 的情况下，可用式（8.7）与式（8.8）计算 f_{ak}：

当 $B \leqslant 1.3$ m 时

$$f_{ak} = \frac{N}{B} \tag{8.7}$$

当 $B>1.3$ m 时
$$f_{ak}=\frac{N}{12}\left(1+\frac{0.3}{B}\right) \tag{8.8}$$

【例题 8.1】 地基土为均匀中砂，其重度 $\gamma=16.7\ \text{N/m}^3$，条形基础宽度 B=2.0 m，埋深 D=1.2 m，对于基底下滑裂面范围内的砂土，静力触探试验的贯入阻力 $p_s=3500$ kPa，平均贯入锤击数 N=20。试估算地基土的承载力特征值。

【解】 根据贯入阻力 p_s，求地基承载力特征值。

（1）用《铁路工程地质原位测试规程》（TB 10018—2018）的经验公式（8.2）计算

$$f_{ak}=3.74p_s^{0.58}+47=472\ \text{kPa}$$

（2）用梅耶霍夫经验公式计算

$$f_{ak}=\frac{Bp_s}{36}\left(1+\frac{D}{B}\right)=\frac{2\times3500}{36}\left(1+\frac{1.2}{2.0}\right)=311.1\ \text{kPa}$$

根据平均贯入锤击数 N，求地基容许承载力。

（3）用梅耶霍夫经验公式计算

$$f_{ak}=\frac{N}{10}\left(1+\frac{D}{B}\right)=\frac{20}{10}\left(1+\frac{1.2}{2.0}\right)=3.2\left(\text{kg/cm}^2\right)\approx313.6\ \text{kPa}$$

（4）用太沙基和派克公式计算

$$f_{ak}=\frac{N}{12}\left(1+\frac{0.3}{B}\right)=\frac{20}{12}\left(1+\frac{0.3}{2.0}\right)\approx1.92\left(\text{kg/cm}^2\right)\approx188.2\ \text{kPa}$$

根据上述四种计算结果，《铁路工程地质原位测试规程》（TB 10018—2018）经验公式计算结果较高，太沙基和派克公式计算结果偏低，梅耶霍夫两个公式之间比较接近。对于沉降要求严格的工程，我们考虑采用承载力较低的结果：180 kPa。

8.2.2　理论公式法

地基极限承载力除了可以从载荷试验求得外，还可以用半理论半经验公式计算，极限承载力求解方法有两大类：一是按照极限平衡理论求解，假定地基土是刚塑性体，当应力小于土体屈服应力时，土体不产生变形，如同刚体一样；当达到屈服应力时，塑性变形不断增加，直至土样发生破坏。这类方法是通过在土体中任取一微分体，以一点静力平衡条件满足极限平衡建立微分方程，计算地基土中各点达到极限平衡时的应力及滑动面方向，由此求解基底的极限荷载。二是按照滑动面求解，通过基础模型试验，研究地基整体剪切破坏模式的滑动面形状，并简化为假定滑动面，根据滑动土体静力平衡条件求解极限承载力。

1. 普朗特尔地基极限承载力公式

假定条形基础置于地基表面（$d = 0$ m），地基上无重量（$\gamma = 0$ kN/m^3），且基础底面光滑无摩擦力，当作用在基础上的荷载足够大时，基础陷入地基中，地基产生如图 8.9 所示的整体剪切破坏。塑性极限平衡区分为三个区：在基底下的 I 区，称为主动朗肯区，该区的大主应力 σ_1 作用方向为竖向，小主应力 σ_3 作用方向为水平向，根据极限平衡理论小主应力方向与破坏面的夹角 $45° + \dfrac{\varphi}{2}$，此即该中心区两侧面与水平面的夹角；主中心区相邻的Ⅱ区是两个辐射向的剪切区，又称为普朗德尔区，由一组对数螺线和一组辐射向直线组成，该区形似以对数螺线 $\theta \tan\varphi$ 为弧形边界的扇形，其中心角为直角，如图 8.10 所示；与Ⅱ区另一侧相邻的Ⅲ区是被动朗肯区，该区大主应力作用方向为水平向，小主应力作用方向为竖向，破裂面与水平面的夹角为（$45° - \dfrac{\varphi}{2}$）。

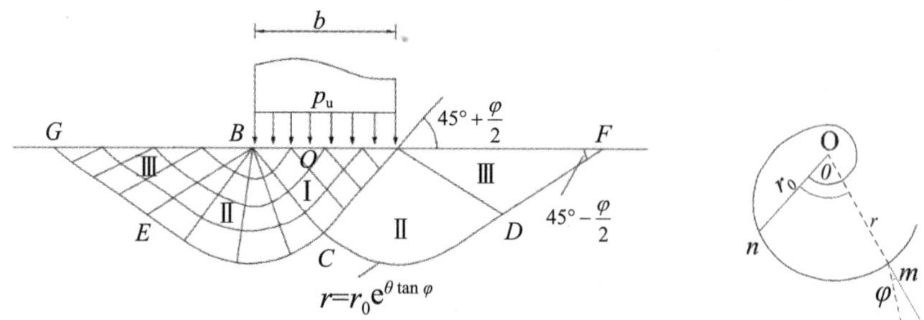

图 8.9 普朗特尔公式滑动面情况 **图 8.10 对数螺旋线**

对以上情况，普朗特尔得出条形基础的地基极限承载公式

$$p_u = cN_c \tag{8.9}$$

式中，N_c——承载力系数，$N_c = \cot\varphi[e^{\theta\tan\varphi}\tan^2(45° + \dfrac{\varphi}{2}) - 1]$，可按 φ 值由表 8.6 查得；其余指标物理意义同前。

c，φ——土的抗剪强度指标。

学者赖斯纳在普朗特尔理论解的基础上考虑了基础埋深的影响，如图 8.11 所示，把基底以上的土仅视作用在基底水平面上的均布荷载 $q = \gamma_0 d$，导出了地基极限承载力计算公式

$$p_u = cN_c + qN_q \tag{8.10}$$

式中，N_c，N_q——承载力系数，$N_q = e^{\pi\tan\varphi}\tan^2\left(45° + \frac{\varphi}{2}\right)$，可按 φ 值由表 8.6 查得。

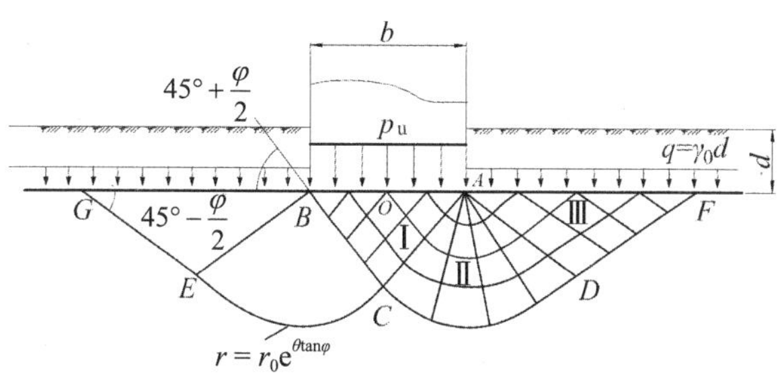

图 8.11　基础有埋置深度时的赖斯纳解

表 8.6　普朗特尔公式的承载力系数表

φ/°	0	5	10	15	20	25	30	35	40	45
N_γ	0	0.62	1.75	3.82	7.71	15.2	30.1	62.0	135.5	322.7
N_q	1.00	1.57	2.47	3.94	6.40	10.7	18.4	33.3	64.2	134.9
N_c	5.14	6.49	8.35	11.0	14.8	20.7	30.1	46.1	75.3	133.9

普朗特尔—赖斯纳公式是假定土的重度 γ=0 kN/m^3 时，按极限平衡理论解得的极限荷载公式。若考虑土体的重力时，目前尚无法得到其解析值，但许多学者在普朗特尔公式的基础上做了一些近似计算。

泰勒提出，如果考虑土体重力时，假定其滑动面与普朗特尔公式相同，那么图 8.11 中滑动土体的重力，将要使滑动面 $GECDF$ 上土的抗剪强度增加。泰勒假定其增加值可以用一个黏结力 $c' = \gamma_t$ 来表示，其中 γ 为土的重度，t 为滑动土体的换算高度，假定 $t = \overline{OC} = \frac{b}{2}\tan\left(45° + \frac{\varphi}{2}\right)$，这样用 $(c + c')$ 代替式（8.10）中的 c，则得考虑滑动体自重时的普朗德尔地基极限荷载计算公式

$$p_u = cN_c + c'N_c + qN_q = \frac{1}{2}\gamma bN_r + cN_c + qN_q \tag{8.11}$$

式中，N_c，N_q，N_r——承载力系数，$N_r = (N_q - 1)\tan(45° + \frac{\varphi}{2})$，可按 φ 值由表 8.6 查得。

2. 斯肯普顿地基极限承载力公式

对于饱和黏土地基（$\varphi=0°$），连续滑动面Ⅱ区的对数螺旋曲线锐变成圆弧（$r=r_0 e^{\theta\tan\varphi}=r_0$），其连续滑动面如图 8.12 所示，其中，*CE* 及 *CD* 为圆周弧长。取 *OCDI* 为隔离体。*OA* 面上作用着极限荷载 p_u，*OC* 面上受到的主动土压力为

$$p_a=p_u\tan^2(\frac{\pi}{4}-\frac{\varphi}{2})-2c\tan(\frac{\pi}{4}-\frac{\varphi}{2})=p_u-2c$$

DI 面上受到的被动土压力为

$$p_p=q\tan^2(\frac{\pi}{4}+\frac{\varphi}{2})+2c\tan(\frac{\pi}{4}+\frac{\varphi}{2})=q+2c$$

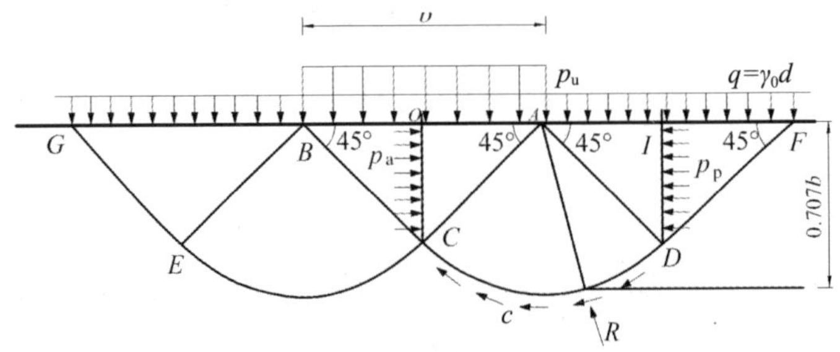

图 8.12　斯肯普顿公式的滑动面形状

在上述计算主动、被动土压力时，没有考虑地基土重力的影响，因为 $\varphi=0°$ 时，土体重力在 *OC* 和 *DI* 面上产生的主动、被动土压力大小和作用点相同、方向相反，对地基稳定没有影响。

CD 面上还有黏结力 *c*，各力对 *A* 点取力矩，由图 8.12 可得

$$p_a\frac{(\overline{OC}^2)}{2}+p_u\frac{(\overline{OA}^2)}{2}=c(\overline{OC})\overline{AC}+p_p\frac{(\overline{DI}^2)}{2}+\frac{q}{2}(\overline{AI}^2)$$

或

$$(p_u-2c)\frac{1}{2}\left(\frac{b}{2}\right)^2+p_u\frac{1}{2}\left(\frac{b}{2}\right)^2=c\frac{\sqrt{2}}{4}\pi b\frac{\sqrt{2}}{2}b+(q+2c)\left(\frac{b}{2}\right)^2+\frac{q}{2}\left(\frac{b}{2}\right)^2$$

整理可得

$$p_u=5.14c+\gamma_0 d \tag{8.12}$$

式（8.12）是斯肯普顿得出的饱和软黏土地基在条形荷载作用下的极限承载力公式，它是普朗特尔—赖纳斯极限荷载公式在 $\varphi=0°$ 时的特例。

对于矩形基础，斯肯普顿给出的地基极限承载力公式为

$$p_u = 5c\left(1+\frac{b}{5l}\right)\left(1+\frac{d}{5b}\right)+\gamma_0 d \tag{8.13}$$

式中，c——地基土黏结力，取基底以下 $0.707b$ 深度范围内的平均值；考虑饱和黏性土与粉土在不排水条件的短期承载力时，黏结力应采用土的不排水抗剪强度 c_u；

B，l——基础的宽度和长度（m）；

d——基础的埋置深度（m）；

γ_0——基础埋置深度 d 范围内的土的重度（kN/m^3）。

工程实践表明，用斯肯普顿公式计算的软土地基承载力与实际情况是比较接近的，安全系数 K 可取 1.10 ～ 1.30。

3. 太沙基地基极限承载力公式

太沙基对普朗特尔理论进行了修正，他考虑：地基土有重量，即 $\gamma \neq 0$；基底粗糙；不考虑基底以上填土的抗剪强度，把它仅看成作用在基底水平面上的超载；在极限荷载作用下基础发生整体剪切破坏；假定地基中滑动面的形状如图 8.13（a）所示。

由于基底与土之间的摩擦力阻止了剪切位移的发生，因此，基底以下的 Ⅰ 区就像弹性核一样随着基础一起向下移动，为弹性区。由于 $\gamma \neq 0\ kN/m^3$，弹性 Ⅰ 区与过渡区（Ⅱ 区）的交界面为一个曲面，弹性核的尖端 b 点必定是左右两侧的曲线滑动面的相切点，在此假定为平面。如果弹性核的两个侧面 ab 和 a_1b 也是滑动面，如图 8.13（d）所示，则按极限平衡理论，它与水平面夹角为（$45°+\varphi/2$）；假定基底完全粗糙，根据几何条件，滑动面与水平面的夹角为 φ，如图 8.13（b）所示；基底的摩擦力不足以完全限制弹性核的侧向变形，则它与水平面的夹角 ψ 界于 φ 与（$45°+\varphi/2$）之间，如图 8.13（c）所示。Ⅱ 区的滑动面假定由对数螺旋线和直线组成。除弹性核外，在滑动区域范围 Ⅱ、Ⅲ 区内的所有土体均处于塑性极限平衡状态，取弹性核为脱离体，并取竖直方向力的平衡，考虑单位长基础，有

$$p_u b = 2P_p\cos(\psi-\varphi)+cb\tan\psi - G \tag{8.14}$$

或

$$p_u = \frac{2P_p}{b}\cos(\psi-\varphi)+\left(c-\frac{\gamma b}{4}\right)\tan\psi \tag{8.15}$$

式中，b——基础宽度（m）；

ψ——弹性楔体与水平面的夹角（°），$45°+\varphi/2 > \psi > \varphi$；

P_p——作用于弹性核边界面 ab（或 a_1b）的被动土压力合力，即 $P_p=P_{pc}+P_{pq}+P_{p\gamma}$，被动土压力系数 K_{pc}，K_{pq}，$K_{p\gamma}$ 的函数；

其余变量物理意义同前。

太沙基建议采用式（8.16）简化确定：

$$P_p=\frac{b}{2\cos^2\varphi}\left(cK_{pc}+qK_{pq}+\frac{1}{4}\gamma b\tan\varphi K_{p\gamma}\right) \tag{8.16}$$

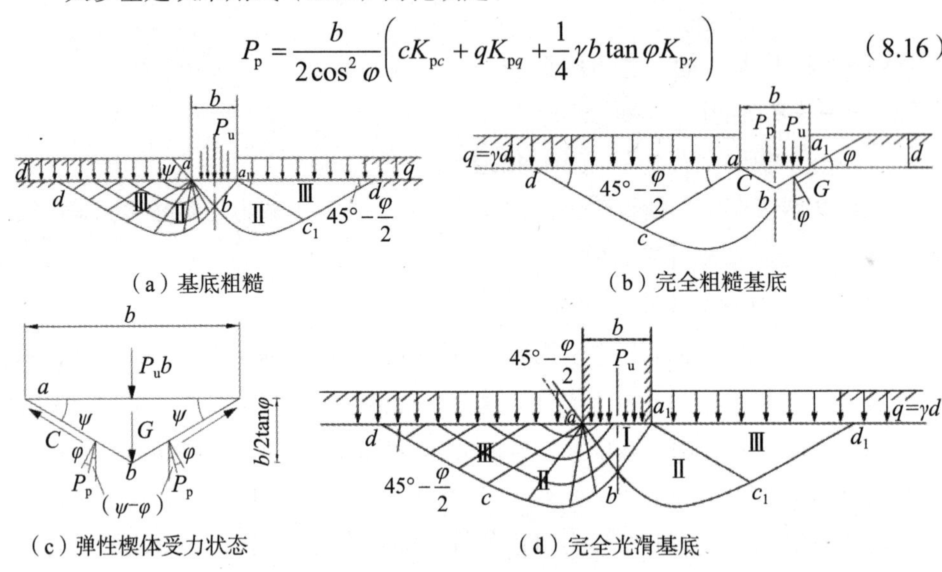

图 8.13　太沙基承载力解

将式（8.16）代入式（8.14）与或（8.15），可得

$$P_u=cN_c+qN_q+\frac{1}{2}\gamma bN_\gamma \tag{8.17}$$

式中：N_c，N_q，N_γ——粗糙基底的承载力系数，是 ψ 与 φ 的函数，可通过查表8.7获得。

式（8.17）即基底不完全粗糙情况下太沙基极限承载力理论公式。其中弹性核两侧对称边界面与水平面的夹角 ψ 为未定值。

太沙基给出了基底完全粗糙情况下的解答。此时，弹性核两侧面与水平面的夹角 $\psi=\varphi$，承载力系数由式（8.18）至式（8.20）确定：

$$N_c=\left(N_q-1\right)+\cot\varphi \tag{8.18}$$

$$N_q=\exp\left[\left(3\pi/2-\varphi\right)\tan\varphi\right]/2\cos^2\left(45^\circ+\varphi/2\right) \tag{8.19}$$

$$N_\gamma=\left[\left(K_{p\gamma}/2\cos^2\varphi\right)-1\right]\tan\varphi/2 \tag{8.20}$$

从式（8.20）可知，极限承载力系数为土的内摩擦角 φ 的函数，表示土重影响的承载力系数 N_γ，包含相应被动土压力系数 $K_{p\gamma}$，需由试算确定。

表 8.7　太沙基公式的承载力系数表

φ/°	0	5	10	15	20	25	30	35	40	45
N_γ	0	0.51	1.20	1.80	4.00	11.0	21.8	45.4	125.0	326.0
N_q	1.00	1.64	2.69	4.45	7.42	12.7	22.5	41.4	81.3	173.3
N_c	5.71	7.32	9.58	12.9	17.6	25.1	37.2	57.7	95.7	172.2

对于圆形或方形基础，太沙基建议按下列半经验公式计算地基极限承载力：

对方形基础（宽度为 b）有

整体剪切破坏　　$p_u = 1.2cN_c + qN_q + 0.4\gamma bN_\gamma$　　（8.21）

对圆形基础（半径为 b）有

整体剪切破坏　　$p_u = 1.2cN_c + qN_q + 0.6\gamma bN_\gamma$　　（8.22）

对宽度 b、长度 l 的矩形基础，可按 b/l 值在条形基础（b/l=0）和方形基础（b/l=1）的计算极限承载力之间用插值法求得。

根据太沙基理论求得的是地基极限承载力，在此一般取它的（1/2~1/3）作为地基容许承载力，它的取值大小与结构类型、建筑物重要性、荷载的性质等有关，即对太沙基理论的安全系数一般取 K=2 ～ 3。

【例题 8.2】某条形基础置于一均质地基上，宽 3 m，埋深 1 m，地基土天然重度为 18.0 kN/m^3，天然含水量为 38%，土粒比重为 2.73，抗剪强度指标 c=15 kPa，φ=12°。要求：

（1）按太沙基理论求地基整体剪切破坏时的极限承载力，取安全系数 K 为 2，求相应地基容许承载力。

（2）边长或直径为 3 m 的方形、圆形基础，其他条件不变，地基产生了整体剪切破坏，试按太沙基理论求其地基容许承载力。

（3）要求（1）（2）中，若地下水位上升到基础底面，问承载力各为多少？

【解】根据题意 c=15 kPa，φ=12°，γ=18.0 kN/m^3，b=3 m，d=1 m，q=18 kPa，查表 8.7 用插值法可得 N_c=10.90，N_q=3.32，N_γ=1.66。

（1）对条形基础

整体剪切破坏，按式（8.17）计算

$$P_u = cN_c + qN_q + \frac{1}{2}\gamma bN_\gamma$$

$$=15\times10.90+18.0\times3.32+\frac{1}{2}\times18.0\times3\times1.66$$

$$=268.08\text{ kPa}$$

地基容许承载力 $[\sigma]=\dfrac{p_u}{K}=\dfrac{268.08}{2}=134.04\approx134\text{ kPa}$。

（2）①边长为 3 m 的方形基础

整体剪切破坏，按式（8.20）计算

$$\begin{aligned}p_u&=1.2cN_c+qN_q+0.4\gamma bN_\gamma\\&=1.2\times15\times10.90+18.0\times3.32+0.4\times18.0\times3\times1.66\\&\approx291.82\text{ kPa}\end{aligned}$$

地基容许承载力 $[\sigma]=\dfrac{p_u}{K}=\dfrac{291.82}{2}=145.91\approx146\text{ kPa}$。

②半径为 1.5 m 的圆形基础

整体剪切破坏，按式（8.22）计算

$$\begin{aligned}p_u&=1.2cN_c+qN_q+0.6\gamma bN_\gamma\\&=1.2\times15.0\times10.90+18.0\times3.32+0.6\times18.0\times1.5\times1.66\\&\approx282.85\text{ kPa}\end{aligned}$$

地基容许承载力 $[\sigma]=\dfrac{p_u}{K}=\dfrac{282.85}{2}\approx141.43\approx141\text{ kPa}$。

（3）地下水上升到基础底面，则各公式中的 γ 应由 γ' 代替

$$\begin{aligned}\gamma'&=\frac{G_s-1}{1+e}\gamma_w=\frac{(G_s-1)\gamma}{G_s(1+\omega)}\\&=\frac{(2.73-1)\times18.0}{2.73(1+0.38)}\\&\approx8.27\text{ kN/m}^3\end{aligned}$$

①条形基础整体剪切破坏，按式（8.17）计算

$$\begin{aligned}P_u&=cN_c+qN_q+\frac{1}{2}\gamma bN_\gamma\\&=15.0\times10.90+18.0\times3.32+\frac{1}{2}\times8.27\times3.0\times1.66\\&\approx243.85\text{ kPa}\end{aligned}$$

地基容许承载力 $[\sigma]=\dfrac{p_u}{K}=\dfrac{243.85}{2}\approx121.93\approx122\text{ kPa}$

②方形基础整体剪切破坏，按式（8.21）计算

$$\begin{aligned}p_u&=1.2cN_c+qN_q+0.4\gamma bN_\gamma\\&=1.2\times15.0\times10.90+18.0\times3.32+0.4\times8.27\times3.0\times1.66\\&\approx272.43\text{ kPa}\end{aligned}$$

地基容许承载力 $[\sigma]=\dfrac{p_u}{K}=\dfrac{272.43}{2}\approx 136.22\approx 136\ \text{kPa}$。

③圆形基础整体剪切破坏，按式（8.22）计算

$$
\begin{aligned}
p_u &= 1.2cN_c + qN_q + 0.6\gamma bN_\gamma \\
&= 1.2\times 15.0\times 10.90+18.0\times 3.32+0.6\times 8.27\times 1.5\times 1.66 \\
&\approx 268.32\ \text{kPa}
\end{aligned}
$$

地基容许承载力 $[\sigma]=\dfrac{p_u}{K}=\dfrac{268.32}{2}=134.16\approx 134\ \text{kPa}$。

8.2.3　规范法

1.《建筑地基基础设计规范》（GB 50007—2011）

关于承载力计算，《建筑地基基础设计规范》（GB 50007—2011）表述为：地基承载力特征值可由载荷试验或其他原位测试、公式计算，并结合工程实践经验等方法综合确定。相比老版本，2011 年版规范建议综合各种方法来确定。当基础宽度大于 3 m 或埋置深度大于 0.5 m 时，从载荷试验或其他原位测试、经验值等方法确定的地基承载力特征值，还应按式（8.21）进行修正

$$f_a = f_{ak} + \eta_b\gamma(b-3) + \eta_d\gamma_m(d-0.5) \tag{8.23}$$

式中，f_a——修正后的地基承载力特征值（kPa）；

f_{ak}——修正前的地基承载力特征值（kPa）；

η_b，η_d——基础宽度和埋置深度的地基承载力修正系数，按基底下土的类别查表 8.8 取值；

γ——基础底面以下土的重度（kN/m^3），地下水位以下取浮重度；

b——基础底面宽度（m），当基础底面宽度小于 3 m 时按 3 m 取值，大于 6 m 时按 6 m 取值；

γ_m——基础底面以上土的加权平均重度（kN/m^3），位于地下水位以下的土层取有效重度；

d——基础埋置深度（m），宜自室外地面标高算起。在填方整平地区时，可自填土地面标高算起，但填土在上部结构施工后完成时，应从天然地面标高算起。对于地下室，当采用箱型基础或筏基时，基础埋置深度自室外地面标高算起；当采用独立基础或条形基础时，应从室内地面标高算起。

表 8.8　承载力修正系数

土的类别		η_b	η_d
淤泥和淤泥质土		0	1.0
人工填土 e 或 I_L 大于等于 0.85 的黏性土		0	1.0
红黏土	含水比 a_w>0.8	0	1.2
	含水比 $a_w \leqslant 0.8$	0.15	1.4
大面积压实填土	压实系数大于 0.95、黏粒含量 $\rho_c \geqslant 10\%$ 的粉土；	0	1.5
	最大干密度大于 2100 kg/m^3 的级配砂石	0	2.0
粉土	黏粒含量 $\rho_c \geqslant 10\%$ 的粉土	0.3	1.5
	黏粒含量 $\rho_c < 10\%$ 的粉土	0.5	2.0
e 或 I_L 均小于 0.85 的黏性土		0.3	1.6
粉砂、细砂（不包括很湿与饱和时的稍密状态）		2.0	3.0
中砂、粗砂、砾砂和碎石土		3.0	4.4

注：①强风化和全风化的岩石，可参照所风化成的相应土类取值，其他状态下的岩石不修正。

②地基承载力特征值按深层平板载荷试验确定时，η_b 取 0。

③含水比是指土的天然含水量与液限的比值。

④大面积压实填土是指填土范围大于两倍基础宽度的填土。

需要强调的是，地基承载力特征值 f_{ak} 相当于载荷试验时地基土 p-s 曲线上线性变形段内某一规定变形所对应的值，其最大值不会超过该 p-s 曲线上的比例极限值（临塑荷载 p_{cr}）。所以，按照《建筑地基基础设计规范》（GB 50007—2011），地基承载力特征值是小于临塑荷载 p_{cr} 的，具有较高的安全储备。

2.《公路桥涵地基与基础设计规范》（JTG 3363—2019）

公路桥涵地基承载力容许值，可根据地质勘测、原位测试、野外荷载试验的方法取得，其值不应大于地基极限承载力的 1/2。

容许承载力设计原则是我国最常用的方法，我国在容许承载力设计方面亦已积累了丰富的工程经验。《公路桥涵地基与基础设计规范》（JTG 3363—2019）采用容许承载力设计原则，还有其他一些规范也采用容许承载力设计原则。

按照我国的设计习惯，容许承载力一词实际上包括两种概念：第一，取用的承载力仅满足强度与稳定性的要求，在荷载作用下地基土尚处于弹性状态或仅局部出现了塑性区，取用的承载力值相对于极限承载力有足够的安全度；第二，取用的承载力不仅满足强度和稳定性的要求，同时还满足建筑物容许变形的要求，即同时满足强度和变形的要求。前一种概念完全限于地基承载力能力的取值问题，是对强度和稳定性的一种控制标准，是相对于极限承载力而言的；后一种概念是对地基设计的控制标准，地基设计必须同时满足强度和变形两个要求，缺一不可。显然，这两个概念说的并不是同一个范畴的问题，但由于都使用了“容许承载力”这一术语，容易混淆概念。《公路桥涵地基与基础设计规范》（JTG 3363—2019）将地基容许承载力称为地基承载力容许值，并定义地基承载力基本容许值为在地基土的压力变形曲线线性变形段内相应于不超过比例界限点的地基压力值。

对于中小桥、涵洞，当受到现场条件限制，或载荷试验和原位测试有困难时，可按《公路桥涵地基与基础设计规范》（JTG 3363—2019）提供的承载力表来确定地基承载力基本容许值，步骤如下：

①确定土的分类名称。通常把一般地基土，根据塑性指数、粒径、工程地质特征等分为：黏性土、粉土、砂类土、碎卵石类土及岩土。

②确定土的状态。土的状态是指土层所处的天然松密和稠密状态。黏性土的软硬状态按液性指数分为坚硬状态、硬塑状态、可塑状态、软塑状态和流塑状态；砂类土根据相对密度分为松散、中等密实、密实状态；碎卵石类土则按密实度分为密实、中等密实、稍密及松散。

③确定土的承载力基本容许值 $[f_{a0}]$。当基础最小边宽度 $b \leqslant 2$m、埋置深度 $h \leqslant 3$m 时，各类地基土在各种有关自然状态下的承载力基本容许值 $[f_{a0}]$ 可按表 8.9 至表 8.15 查取。

表 8.9　一般黏性土地基承载力基本容许值 $[f_{a0}]$

kPa

e	I_L												
	0	0.1	0.2	0.3	0.4	0.5	0.6	0.7	0.8	0.9	1.0	1.1	1.2
0.5	450	440	430	420	400	380	350	310	270	240	220	—	—
0.6	420	410	400	380	360	340	310	280	250	220	200	180	—
0.7	400	370	350	330	310	290	270	240	220	190	170	160	150
0.8	380	330	300	280	260	240	230	210	180	160	150	140	130
0.9	320	280	260	240	220	210	190	180	160	140	130	120	100
1.0	250	230	220	210	190	170	160	150	140	120	110	—	—
1.1	—	—	160	150	140	130	120	110	100	90	—	—	—

注：①土中含有粒径大于 2 mm 的颗粒质量超过全部质量 30% 以上的，可酌量提高。

②当 $e < 0.5$ 时，取 e=0.5；$I_L < 0$ 时，取 I_L=0。此外，超过表列范围的一般黏性土，$[f_{a0}] = 57.22E_s^{0.57}$。式中，$E_s$ 为土的压缩模量（MPa）。

表 8.10　老黏性土地基承载力基本容许值 $[f_{a0}]$

kPa

E_s/MPa	10	15	20	25	30	35	40
$[f_{a0}]$ / kPa	380	430	470	510	550	580	620

注：当老黏性土 $E_s < 10$ MPa 时，承载力基本容许值按一般黏性土表确定。

表 8.11　新近沉积黏性土地基承载力基本容许值 $[f_{a0}]$

kPa

e	I_L		
	< 0.25	0.75	1.25
≤ 0.8	140	120	100
0.9	130	110	90
1.0	120	100	80
1.1	110	90	—

表 8.12　粉土地基承载力基本容许值 $[f_{a0}]$

kPa

e	ω					
	10 %	15 %	20 %	25 %	30 %	35 %
0.5	400	380	355	—	—	—
0.6	300	290	280	270	—	—
0.7	250	235	225	215	205	—
0.8	200	190	180	170	165	—
0.9	160	150	145	140	130	125

表 8.13　砂土地基承载力基本容许值 $[f_{a0}]$

kPa

土 名	湿 度	密 实 度		
		密 实	中 密	松 散
砾砂、粗砂	与湿度无关	550	400	200
中砂	与湿度无关	450	350	150

续表

细砂	水上	350	250	100
	水下	300	200	—
粉砂	水上	300	200	—
	水下	200	100	—

表 8.14　碎石土地基承载力基本容许值 $[f_{a0}]$

kPa

土名	节理发育程度			
	密实	中密	稍密	松散
卵石	1000 ～ 1200	650 ～ 1000	500 ～ 650	300 ～ 500
碎石	800 ～ 1000	550 ～ 800	400 ～ 550	200 ～ 400
圆砾	600 ～ 800	400 ～ 600	300 ～ 400	200 ～ 300
角砾	500 ～ 700	400 ～ 500	300 ～ 400	200 ～ 300

注：①由硬质岩石组成，填充砂土者取高值；由软质岩石组成，填充黏性土者取低值。

②半胶结的碎石土，可按密实的同类土的 $[f_{a0}]$ 值提高 10% ～ 30%。

③松散的碎石土在天然河床中很少遇见，需要特别注意鉴定。

④漂石、块石的 $[f_{a0}]$ 值，可参照卵石、碎石适当提高。

表 8.15　岩石地基承载力基本容许值 $[f_{a0}]$

kPa

坚硬程度	节理发育程度		
	节理不发育	节理发育	节理很发育
坚硬岩、较硬岩	＞ 3000	2000 ～ 3000	1500 ～ 2000
较软岩	1500 ～ 3000	1000 ～ 1500	800 ～ 1000
软岩	1000 ～ 1200	800 ～ 1000	500 ～ 800
极软岩	400 ～ 500	300 ～ 400	200 ～ 300

④按基础深、宽度修正 $[f_{a0}]$，确定地基承载力容许值 $[f_a]$。从前述临界荷载及极限荷载计算公式可以看到，当基础越宽，埋置深度越大，土的强度指标 c、φ 值越大时，地基承载力也增加。因此当设计的基础宽度 $b > 2$ m，埋置深度 $h > 3$m，地基承载力容许值 $[f_a]$ 可以在 $[f_{a0}]$ 基础上修正提高：

$$[f_a]=[f_{a0}]+k_1\gamma_1(b-2)+k_2\gamma_2(h-3) \tag{8.24}$$

式中，$[f_a]$——地基土修正后的承载力容许值（kPa）；

b——基础验算剖面底面的最小边宽或直径（m），当 $b<2$ m 时，取 $b=2$ m；当 $b>10$ m 时，取 $b=10$ m；

h——基础的埋置深度（m），自天然地面起算，有水流冲刷时自一般冲刷线起算；当 $h<3$ m 时，取 $h=3$ m；当 $h/b>4$ 时，取 $h=4b$；

γ_1——基底下持力层的天然重度（kN/m^3）。如持力层在水面以下且为透水性者，应取用浮重度；

γ_2——基底以上土的重度［如为多层土时用加权平均重度（kN/m^3）］；如持力层在水面以下并为不透水性土时，则不论基底以上土的透水性性质如何，应一律采用饱和重度；当透水时，水中部分土层应取浮重度；

k_1，k_2——基底宽度、深度修正系数，根据基底持力层土的类别按表 8.16 选用。

表 8.16　地基土承载力宽度、深度修正系数 k_1，k_2

系数	土名						
	黏性土					黄土	
	新进沉积黏性土	一般黏性土		老黏性土	残积土	一般新黄土、老黄土	新进堆积黄土
		$I_L<0.5$	$I_L\geq 0.5$				
k_1	0	0	0	0	0	0	0
k_2	1.0	2.5	1.5	2.5	1.5	1.5	1.0

系数	砂土								碎石土			
	粉砂		细砂		中砂		砾砂、粗砂		碎石、圆砾、角砾		卵石	
	密实	中密	密实	中密	密实	中密	密实	中密	密实	中密	密实	中密
k_1	1.2	1.0	2.0	1.5	3.0	2.0	4.0	3.0	4.0	3.0	4.0	3.0
k_2	2.5	2.0	4.0	3.0	5.5	4.0	6.0	5.0	6.0	5.0	10.0	6.0

注：①对于稍密和松散状态的砂、碎石土，k_1、k_2 值可采用表列中密值的 50%。

②强风化和全风化的岩石，可参照所风化成的相应土类取值；其他状态下的岩石不修正。

【例题 8.3】 某桥墩基础如图 8.14 所示。已知基础底面宽度 $b=5$ m，长度 $l=10$ m，埋置深度 $h=4$ m，作用在基底中心的竖直荷载 $N=8000$ kN，地基土的性质如图 8.14 所示。试按《公路桥涵地基与基础设计规范》（JTG 3363—2019），验算地基强度是否满足。

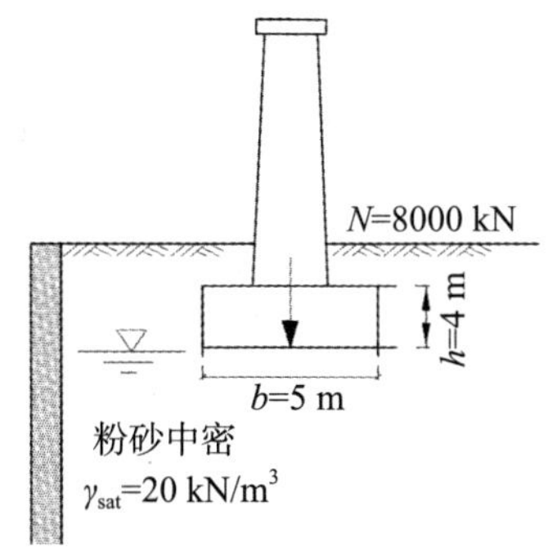

图 8.14　桥墩基础下地基强度验算

【解】按《公路桥涵地基与基础设计规范》（JTG 3363—2019）确定地基承载力容许值：

$$[f_a]=[f_{a0}]+k_1\gamma_1(b-2)+k_2\gamma_2(h-3)$$

已知基底下持力层为中密粉砂（水下），土的重度 γ_1 应考虑浮力作用，故 $\gamma_1=\gamma_{sat}-\gamma_w=20-10=10\ \text{kN/m}^3$。由表 8-12 查得粉砂的承载力基本容许值 $[f_{a0}]$ =100 kPa。由表 8-15 查得宽度及深度修正系数 $k_1=1.0$，$k_2=2.0$，基底以上土的重度 $\gamma_2=20\ \text{kN/m}^3$。由式（8.22）可得粉砂经过修正提高的承载力容许值 $[f_a]$ 为

$$[f_a]=100+1\times10\times(5-2)+2\times20\times(4-3)=100+30+40=170\ \text{kPa}$$

基底压力为

$$p=\frac{N}{b\times l}=\frac{8000}{5\times10}=160\ \text{kPa}<[f_a]$$

所以，地基强度满足要求。